stb 28

Anton-Andreas Guha, geboren 1937, studierte Deutsch, Geschichte, Englisch sowie Psychologie und Soziologie in Erlangen und Frankfurt. Neben zahlreichen Artikeln und Aufsätzen in Zeitungen und Zeitschriften veröffentlichte Guha mehrere Bücher. Er ist Redakteur bei der »Frankfurter Rundschau«.

Anton-Andreas Guha

Der Planet schlägt zurück

Ein Tagebuch aus der Zukunft

Steidl

Bitte bestellen Sie unser kostenloses Gesamtverzeichnis.

1. Auflage Oktober 1993
2. Auflage Januar 1995

Umschlag: Klaus Detjen
Gedruckt auf Fortuna Werkdruckpapier »Pegasus« chlorfrei, säurefrei der Steinbeis Temming Papier GmbH, Glückstadt
Satz, Lithographie, Druck: Steidl, Göttingen
Printed in Germany
ISBN 3-88243-271-3

VORWORT

Science-fiction hat eine große Lesergemeinde, die sich zwar von der Spannung fesseln läßt, im übrigen aber weiß, daß die Handlung und die sie umgebende Wirklichkeit fiktiv sind, erfunden, der Phantasie des Autors entsprungen. Dieses »Tagebuch aus der Zukunft« ist keine Science-fiction, auch wenn es in der und von der Zukunft handelt: Die Grundlagen für die Handlung und die geschilderten ökologischen Prozesse sind schon jetzt höchst real und aktuell. Sie existieren bereits und sind dabei, unsere künftige Realität, wie sie dieses Buch schildert, zu gestalten, also auch und gerade die soziale, die gesellschaftliche, die politische Wirklichkeit bis hinein in die Psyche sowohl des einzelnen Individuums als auch der Massen.

Dichterische Freiheit habe ich mir nur beim vorhersehbaren Eintrittsdatum der einzelnen geschilderten Katastrophen genommen: Mag sein, daß die prognostizierten Ereignisse 40 oder 50 Jahre später eintreten werden, vielleicht gar erst in 100 Jahren – jedenfalls aber in naher Zukunft. Doch Vorsicht, die Entwicklung droht die Phantasie einzuholen: In einer ersten Fassung dieses Buches ging ich zum Beispiel von 18 Grad Höchsttemperatur für einige Tage im Januar 2000 aus und hielt dies für äußerst fiktiv, also unwahrscheinlich. Doch Mitte Januar 1993 wurden in Süddeutschland eben diese 18 Grad gemessen. Die Zukunft kommt schneller als angenommen, und die Phantasie reicht kaum aus, die künftige Realität zu schildern.

Die literarische Gattung des Tagebuchs schien mir besonders geeignet, den künftigen Alltag aus der Sicht eines Betroffenen, d. h. Erlebenden, nachzuzeichnen und nachvollziehbar zu machen. Der Tagebuchschreiber hat dabei alle nur denkbaren stilistischen und gedanklichen Freiheiten, er hat lediglich eine Bedingung zu erfüllen: Die Zwiesprache mit sich selbst muß subjektiv-ehrlich sein, sie sollte sich weder selbstverliebt-narzißtisch gerieren noch auf künftige Leser, gar heimliche, schielen.

Was Sachbücher nicht oder offenbar nur unzulänglich vermögen, soll das Tagebuch bewirken: dem Leser den künftigen Alltag vor Augen führen, den er womöglich noch selbst erleben wird – falls keine globale, radikale Kurskorrektur erfolgt. Der Leser sollte auch die subjektiv geäußerten Ängste nachempfinden können, mit denen sich der Tagebuchschreiber auseinandersetzt, denn es werden allgemeine Ängste sein, also auch die seinen. Das Buch will Angst wecken, allerdings keine neurotische, wirklichkeitsfremde Angst, sondern Realangst – und diese ist Voraussetzung für alle Lebewesen, auf eine konkrete Gefahr angemessen zu reagieren.

Anton-Andreas Guha

SYLVESTER 1999, nachmittags

Nur noch wenige Stunden, und das zweite Jahrtausend versinkt in der Ewigkeit. Nebenan spielt Tina Bach. Die Akkorde ziehen wie eine fromme Prozession durchs Haus, zeitlos und wie vom Irdischen gelöst. Musik als Weisheitslehre, die diese Welt nur als Durchgangsstadium begreift. Unsere Heimstatt ist nicht hier, will sie mitteilen, sondern woanders, bei Gott, im Jenseitigen. Aber hier schon sei Gott gepriesen. Würde mich gerne der feierlichen Stimmung überlassen, die sich meiner bemächtigen will, aber es gelingt nicht: Sylvies unaufhörliches Hüsteln, ihr Ringen um Luft. Dazu Neurodermitis, der nicht nachlassende Juckreiz. Im Schlaf windet sie sich zuweilen wie ein Aal im Sand. Zäh hat sich ein frühes Gebrechen in dem Kind festgesetzt. Dieses resignierende, unentwegt still fragende, keine Antwort erwartende Leiden von Kindern. Wenn es mit ihr nicht besser wird, müssen wir wohl umziehen, fort aus der Stadt mit ihren giftigen Ausdünstungen. Aber wohin? Wo wäre es denn besser? Die Lebensqualität in Europa gleicht sich allmählich aus, und bald auf dem gesamten Globus.

Das Gesetz der Entropie, das auch für eine Gaskammer gilt. Silvester 2000. Die Luft zum Atmen ist dünn geworden.

Auf den Straßen schon seit dem frühen Nachmittag Gedränge. Das Festprogramm »Fortschritt 2000« wird gleich abrollen. Bands und Tanzkapellen bereits postiert, dazwischen unentwegt krachende Knallkörper. Überschäumende Ausgelassenheit scheint sich aber noch nicht einstellen zu wollen, obwohl die Karnevalsvereine – und, wie albern! auch die politischen Parteien mit Ausnahme der Grünen – das Festprogramm wesentlich mitgestaltet haben, damit es an Stimmung nicht fehle. Die Weinbuden und Ausschankstände aber schon dicht umlagert, in Erwartung des Kommenden. Das Glas ist immer noch der wirkungsvollste Animateur, der wohl auch heute nicht versagen wird.

Was soll schon kommen? Das Jahrtausend ist tot, es lebe das Jahrtausend! Auch Besinnliches ist organisiert. Für jeden etwas. Gebets- und Meditationsstunden in den Kirchen.

Schweigeandachten, die immer größeren Zulauf finden. Schweigen als neue Form der Kommunikation. Es ist alles gesagt, man weiß gut Bescheid. Wichtiger ist die körperliche Anwesenheit des anderen als Vergewisserung der eigenen Existenz. Allenfalls leise Gesten der Berührung und Umarmung. Ebenso unvermeidlich allerdings auch die ins Kraut schießenden, singenden und predigenden Sektengruppen und Erweckungsbewegungen. Ihre routinierten, erhobenen Zeigefinger, ihre, wenn auch etwas allzu glatten, Mahnungen zur Einkehr und Buße samt ihrer exstatischen, sado-masochistischen Strafdrohungen sind diesem Sylvester so unangemessen nicht.

Aus der sich offenbar steigernden Fröhlichkeit – die ersten Schunkellieder dringen etwas lästig in mein Arbeitszimmer – schließe ich, daß die bestellten Animateure eingegriffen haben. Eine Vorsichtsmaßnahme des Organisationskomitees nach den Ereignissen der vergangenen Wochen, nein, des letzten Jahrzehnts dieses Jahrtausends. Leider kann man es nicht abschütteln wie eine Nachtmar nach dem Aufwachen. Das neue Jahrtausend ist das alte, es übernimmt auch noch die kleinste Hypothek. Kein »Fortschritt 2000« wird sie abschütteln.

Das Thermometer zeigt 22 Grad. Neuer Temperaturrekord für Sylvester. Laue, blaue Luft fächelt durch den Raum. Dagegen Sylvester 1980: klirrender Frost, knöcheltiefer Schnee auf der Bierstädter Höhe, eisigklarer Sternenhimmel, in dem die Raketen lustvoll und noch unbeschwert explodierten. Auch die fünf, die mein Vater aus China mitgebracht hatte.

Die Magnolien, die sich so rasch und kraftvoll verschwenden, stehen in voller Pracht, auch Tulpen, Narzissen und Krokusse. Für die Schneeglöckchen blieb diesmal keine Zeit, die Wärme hat sie überrumpelt. Die Hecken können das Grün nicht länger zurückhalten. In der dick knospenden Kastanie vor meinem Fenster lärmen die Stare. Scheinen sich darüber zu freuen, daß sie den Winter hier verbringen durften. Sylvester 2000.

Heute vor 1000 Jahren hat es die Menschen in die Kirchen und auf die Friedhöfe getrieben. Das Ende der sündigen, verblendeten Welt stand bevor. Massenhysterie, Massenpsychose, die Menschen waren den zahllosen Bußpredigern hilflos und doch dankbar ausgeliefert. Aber die Welt war in Ordnung, auch wenn das kaum einer glauben wollte. Zehntausende entäußerten sich ihrer irdischen Habe, um würdig zu sein für das Jüngste Gericht, Unzählige büßten sich zu Tode. Die Sünden des einzelnen wogen schwer – damals! Sie haben sich um 1000 Jahre vertan. Heute wiegen die Sünden viel schwerer – und die Angst ist auch da, aber sie hat sich verkrochen, sie wird nicht wie damals öffentlich und kollektiv zu bewältigen versucht. Jede einzelne Brust ein Schlupfwinkel, in dem uneingestandene Einsamkeit haust. Nicht von ihr reden, sie statt dessen im Jahrmarktrummel ersäufen. Gott hat sich wohl einer Unterlassung schuldig gemacht, damals kein Zeichen gesetzt zu haben. Damals hätten sie ihn noch ernstgenommen. Heute setzt er Zeichen, klare, erschreckend deutliche, jedermann sichtbare, erlebbare, aber man nimmt sie nicht ernst. Oder verdrängt sie – in der Wirkung dasselbe. Das simple Mißverständnis vor 1000 Jahren, Gott wolle die Welt vernichten. Weswegen denn? Gewiß, die Mönche, Nonnen, Pfaffen und Päpste logen und betrogen, hurten und trieben es mit Konkubinen. Das Volk wollte trotz der Plackerei auch ein bißchen leben, vor dem Ärgsten bewahrt werden, wollte einen leichten Tod haben, so in den Vierzigern. Vielleicht noch den ersten Enkel segnen. Das Volk sah allenthalben Fingerzeige Gottes – in der Feuersbrunst, im Blitz und Hagel, in mißgestalteten Kindern, in Krankheit und Kriegen. Dieweil plünderte die weltliche Obrigkeit Land und Leute. Und das Jahrtausend hatte Jahrhundert um Jahrhundert Steigerungen parat. Fortschritt, immer schneller, zuletzt atemberaubend. Die Hurerei war eine läßliche Sünde, der Fortschritt sündigte schwerer.

Schillers naiver Jubel an Sylvester 1799: Die Menschheit auf dem Höhepunkt der Kultur, das alte Jahrhundert reiche die Palme der Vernunft an das kommende weiter, der sittliche Mensch unmittelbar vor seiner Vollendung, als Verwirklichung einer Idee, als Ziel der Schöpfung.

Welch ein intellektueller Abstieg hundert Jahre später. Wilhelm Zwo: »Ich werde euch herrlichen Zeiten entgegenführen!« Heute also das Festprogramm »Fortschritt 2000«, die Animateure, die Angst. Lauter Fragezeichen und Zweifel. Die Wasserhähne der Zeit sind voll aufgedreht. Niemand weiß mehr, wie spät es ist. Das Gefühl für die Zeit, und damit für das Leben selbst, ist verlorengegangen. Als gäbe es nur eine Gegenwart, von der Hand in den Mund. Als gäbe es nur den Wandel durch Fortschritt, als könnte jeder das Jahrtausend überleben.

Der gute Schiller. Bei Aristoteles hätte er nachlesen können, daß es nur den wissenschaftlich-technischen Fortschritt gibt, nicht aber den moralischen – und wohl auch nicht den der Vernunft. Warum das so ist, hat Rupert Riedl schön erklärt: Ersterer ist ein Ergebnis des wuchernden Großhirns, eines »Etremorgans«, ein Erfolg des Lernens und des sich kumulierenden Wissens, ist also auch ein Produkt der gestalteten Kultur. Seine Maßeinheit sind Jahrhunderte, Jahrzehnte – und jetzt nur noch Jahre. Der moralische Fortschritt aber hängt ab von Veränderungen des Verhaltens und ist ein Produkt der Evolution. Die aber bemißt sich nach Jahrhunderttausenden.

Und Gott! Er hat das Strafbedürfnis der Menschen vor 1000 Jahren nicht befriedigt – oder doch? Hat er nicht die Entscheidung über die Fortexistenz dieses Planeten in die Hände seines selbsternannten Ebenbildes gelegt? Wissend, daß dieses mit einer solchen Verantwortung überfordert sein würde, weil der sechste Schöpfungstag noch andauert und das Ebenbild noch nicht fertig, allenfalls das »missing link« ist, nach dem die Anthropolgen immer noch suchen. Eine Million Jahre, meinen die Anthropologen, fehlten uns noch bis zum Ebenbild, bis zum Menschen. Wir können den Menschen nur denken als eine Idee. Wir verkörpern nur eine Idee. Doch Gott hat sich verabschiedet wie anno 1918 der sächsische König, ganz unfeierlich, ganz prosaisch: »Macht euren Dreck alleene!« Dieser Aufforderung sind wir nachgekommen.

Bin offenbar nicht gerade in erhabener Stimmung.

NEUJAHR 2000

Ein gelungener Sylvester! Das Komitee »Fortschritt 2000« hat gute Arbeit geleistet. Die karnevalserprobten Animateure mußten sich wohl nicht allzusehr ins Zeug legen. Die Leute wollten einfach fröhlich sein und ein Fest feiern. Wer erlebt schon eine Jahrtausendwende! Selbst die Weltuntergangspropheten, die sich in den letzten Jahren beträchtlichen Zulauf verschafft haben, wurden problemlos integriert, sofern sie sich blicken ließen, indem man sie kurzerhand als kauzige Typen nahm, die irgendwie dazugehören und zur Stimmung beitragen. Fulminantes Feuerwerk im Kurpark! Andreas und Sylvie bekamen es schließlich mit der Angst zu tun, starrten aber atemlos in die Farbengewitter und niederregnenden Funkenbänder. Störend allerdings, daß man die Schäden des Orkans von Heilig Abend noch nicht völlig beseitigt hatte. Die Lichtkaskaden und Schattenreflexe ließen die in den Kurparkweiher gestürzte Eiche wie einen ertrinkenden Riesensaurier erscheinen, der noch zuckt.

Tina macht mir Sorgen. Sie war so still, als ob sie etwas bedrückte. Sylvies Krankheit geht ihr doch näher, als sie es sich eingestehen will.

Zum Lieblingsjahrhundert des letzten Jahrtausends ist in Deutschland das 19. gewählt worden. Kein Wunder, Befreiungskriege, 1871, Bismarck. Reichsgründung, heile Welt, die gute alte Zeit, die ständigen Hurras aus teutscher Brust. Die Franzosen entschieden sich für das 17. Ludwigs XIV., Mazarins, Richelieus, der drei Musketiere. Die Engländer zogen das 18. vor. Verständlich, denn sie begannen mit den Wellen der Meere auch die Welt zu beherrschen, obwohl sie Amerika verloren. Die Italiener begeistern sich für das 15., die ewige Sehnsucht der Südländer nach der Renaissance, der Wiedergeburt als römische Cäsaren. Das abgelaufene 20. Jahrhundert weit abgeschlagen auf dem letzten Platz. Nur sechs Prozent der Europäer wollten in der Zeit gelebt haben, in der sie tatsächlich leben! Allein die US-Amerikaner finden das abgelaufene Jahrhundert »great«. Es war ja auch das amerikanische, beinahe jedenfalls. Wenn das Schillern wüßte!

In den Abendnachrichten wird ein Bergrutsch im Glötschnertal gemeldet. Die Nachrichten sind noch spärlich, immerhin hat die österreichische Regierung den Notstand ausgerufen.

3. JANUAR 2000

Die nächste Sturmwarnung für Hl. Dreikönige angekündigt. Die Realität des zweiten Jahrtausends holt uns wieder ein, greift nahtlos ins dritte hinüber. Alarmstufe 1 für die Nordseeküste. Die Regierung erwägt, Hamburg diesmal zu evakuieren. Man will nicht wieder 700 Tote in Kauf nehmen wie vor einem Jahr. Geübt haben die Hansestädter ihren E-1- Plan bereits zur Genüge. Wahrscheinlich ist die Stadt auf Dauer nicht zu halten, auch wenn man die Elbufer fünf Meter hoch aufschütten will. Die Luftwirbel über dem Nordatlantik werden von Jahr zu Jahr stärker. Amrum längst evakuiert, Sylt seit zwei Jahren unbewohnt, wie die meisten friesischen Inseln. Wie verlassene Wracks liegen sie in der See. Die meisten Halligen abgesoffen. Das Risiko ist zu groß geworden. Der nächste Tornado kann die Reste von Sylt ins Meer spülen. Nur Helgoland trotzt dem Blanken Hans wie eh und je.

Plötzlich wird deutlich, daß die gestörten Öko-Systeme keine technischen Lösungen mehr zulassen oder sie gar ins Gegenteil verkehren: Die neuen Deiche entlang der Elbmündung zum Schutz der Marsch zwängen den Strom ein und drücken das Wasser bei Sturmflut nur noch tiefer in die Stadt.

Die Schlagzeilen der Presse »Kündigt sich neue Katastrophe an?« notabene falsch. Katastrophe heißt Wendung, Umkehr, Umdrehen, das Unerwartete. Die Katastrophen der letzten Jahre signalisieren aber eine künftige Normalität. Daher sind sie entweder keine Katastrophen oder die Normalität wird allmählich katastrophal.

Auf jeden Fall keine »Natur-Katastrophe«, sondern Menschenkatastrophe. Katastrophen des Menschen. Der Mensch als Katastrophe?

7. JANUAR 2000

Sprachloses Entsetzen: Hamburg! Die 1000jährige Freie und Hansestadt. Hamburg am Rande des Untergangs. Muß die Stadt aufgegeben werden? Das Inferno des 6. Januar 2000 hat sie leckgeschlagen wie ein altes Schiff. Die Flut acht Meter über Normal Null, Windgeschwindigkeiten um 320 km/Std., gewaltiger und gewalttätiger noch als die, die vor neun Jahren über Bangladesh wüteten. Der Hafen ein Trümmerhaufen, verwüstet, abgesoffen. Autos, Kräne und Lagerhallen fortgerissen oder zu Schrottbergen aufgetürmt und bis in die Straßen von Altona und St. Pauli geschleudert. Schiffe rammten Häuser und trieben auf den Straßen. Die Stadt, die vom Meer lebte, in vermeintlich sicherer Entfernung, ein Raub des Meeres.

Auch der Michel eingestürzt. Das Wahrzeichen als Menetekel! Dank der Teilevakuierung hält sich die Zahl der Opfer offenbar in Grenzen. Aber der Überblick fehlt. Gewißheit ist nur, Hamburgs Zukunft ist verloren. Das Tor zur Welt ein Einfallstor entfesselter Gewalten, deren überdimensionierte Wucht kein Computermodell berechnet hat. Die vage Ahnung von unbekannten Entwicklungen, die sich nicht in Simulationsmodellen darstellen lassen, die ergo nicht geschehen dürften. Die Angst der Kreatur vor dem Unbekannten, das hilflos macht.

Die Kastanie vor meinem Haus ist umgeknickt, liegt stumm und starr quer über der Straße. An die 120 Jahre wird sie wohl standgehalten haben. Bis gestern. Heute wieder Sonne, italienisch-blauer Himmel, kein Lüftchen regt sich. Die Natur spielt Katz und Maus. Wie zum Hohn. Das Erlebnis wird zum Alptraum, löst den Schock nicht auf. Nicht das Ausmaß der Schäden oder die Zahl der Opfer schockieren, sondern das schier grenzenlose Ausmaß der Gewalt, das so fremd wirkt und daher so unerbittlich. Wie der Racheakt eines tief Verletzten, der keine Gnade kennt.

Die sich aufdrängende Ahnung, daß die Grenzen der Gewalt noch nicht erreicht sind, noch längst nicht.

8. JANUAR 2000

Das Bewußtsein kann das Geschehene nur allmählich aufnehmen. Unmöglich, eine Falschmeldung, ein Irrtum: Sylt endgültig verschwunden, von der See verschluckt, als hätte es dieses kleine Paradies nie gegeben. Amrum um ein Drittel geschrumpft, abermals. Unvermeidliche Beute wie die anderen Inseln. Nur noch Reste von Juist und Texel. Das friesische Watt eine Beute der See, für immer verloren. Die Reconquista der See, Rückeroberung. Der Blanke Hans lauert jetzt ganz dicht an der Küste. Sprungbereit. Ob er mit den bestehenden Dämmen und Deichen ferngehalten werden kann, ist die bange Frage. Die Inseln und das Watt wirkten wie Wellenbrecher.

Daß die großen Deiche im großen und ganzen diesmal noch gehalten haben, ist kein Wechsel auf die Zukunft. Sind ja erst in den 90er Jahren verstärkt worden, in Voraussicht des Unabwendbaren. Zwar nur ein Kurieren an Symptomen, verschafft aber der ganzen norddeutschen Tiefebene eine Atempause. Man ist schon für Atempausen dankbar.

Dennoch das große Zittern in den Niederlanden, wie in einer belagerten Festung. Die Deichbrüche bei Harlingen und Bierum lassen für Leuwaarden und Delfzjil das Schlimmste befürchten. Sogar Groningen in Gefahr. Zwei Drittel der Niederlande liegen unter dem Meeresspiegel! Was sich in Hamburg erst andeutete, droht auch Holland: Das Meer greift nach einem Stück europäischer Kultur. Holt sich wieder, was ihm gehörte. Unausdenkbar, wenn dieser Teil herausgebrochen werden sollte! Die 24 Milliarden Gulden für das neue Deichbauprogramm werden nicht ausreichen. Die See setzt zum Sturm an.

Westeuropa vom Ministerrat der EG zum Katastrophengebiet erklärt. Dienstverpflichtung der Arbeitslosen zur Schadensbeseitigung durch die nationalen Regierungen wie geplant. Auch die Streitkräfte im Einsatz. Die große Defensive im Krieg gegen die Natur. Im Krieg der Natur gegen uns? Wer ist Aggressor und wer Verteidiger?

Die norddeutschen Wälder: Kleinholz. Erdfest und sturmverwachsen ...

Im Glötschnertal notabene bisher 324 Tote geborgen. Die Nordwand des Stifzerkogels war niedergegangen und hatte Gschwand sowie St. Görgen begraben. Eine Fußnote angesichts der Tragödie an der Nordseeküste.

8. JANUAR 2000, abends

Wieder die Suche nach Gründen und Zusammenhängen. Wie war das möglich? Was geht hier vor? Banale Fragen. Offenbar wird der Mensch von einer unbewußten archaischen Aggressivität gegen die Natur angetrieben, die sich aus seiner Angst erklärt. Das erwachende Bewußtsein muß eine fatale Folge gehabt haben: Es entfremdete den Menschen von der Natur, weil er sich einerseits als Subjekt zu begreifen begann, das von seiner Umwelt geschieden ist, andererseits aber blieb ihm diese Umwelt fremd und rätselhaft und unbegreiflich. Über Jahrmillionen hinweg. Und wie reagierte das Bewußtsein auf die vielen Wunder, die auf- und niedergehende Sonne, den wandernden Mond, den Wechsel der Jahreszeiten, Blitz und Donner, das Wachsen und Vergehen, wie vor allem auf Geburt und Tod? Mit Angst und dem Gefühl der völligen Hilflosigkeit, des totalen Ausgeliefertseins. Angst – über Jahrmillionen hinweg erlebt! Die Natur als ständige Bedrohung, der man das kümmerliche Dasein abtrotzen mußte, von unzähligen Gefahren umstellt. Sie war der Feind, gegen den man sich behaupten mußte, wollte man überleben. Man mußte Verbündete suchen – Geister und Götter –, die einem beistanden, weil sie mächtiger waren als die Natur und über sie gebieten konnten.

Der Mensch ist ein Geschöpf der Angst, ein letztlich psychotischer Fall. Sein Bewußtsein kann sich nicht nur künftige Gefahren vorstellen, er kann sie sich auch erfinden: böse Geister und Götter, die ihn verfolgen, wenn er sie nicht gnädig stimmt. Er kann aber auch sich selbst zum Feind erklären, der den Göttern, seinen Göttern, mißfällt und bestraft werden muß, wenn er nicht gehorsam ist. Psychose und Neurose – die Normalität des Menschen.

Seine Angst hat der Mensch der Natur offenbar nie vergessen und nie verziehen, jedenfalls nicht der abendländische.

Sie auszuforschen und zu enträtseln, um sie zu bändigen, zu unterdrücken, zu verformen, verändern, sich dienstbar zu machen und zu beherrschen, um in ihre Regelkreisläufe einzugreifen – das bereitet ihm Lust, weil er sich als der Stärkere und Überlegenere fühlen kann. Er kostet seine Omnipotenz aus. Ecce homo! Der Kampf gegen die Natur als Voraussetzung für die Transzendierung des Menschseins. Der unselige Francis Bacon: Wissen ist Macht, Naturwissen ist Macht über die Natur. Die Natur versklaven, sie foltern wie ein Tier. Der Aufklärer und Rationalist in eins mit den frommen Mythologen: Machet euch die Erde untertan, und ihr werdet sein wie Gott. Der Anthropozentrismus, die Naturferne der griechischen Philosophie, des Judentums und der Bibel, die die Natur, die unbelebte und belebte, zum bloßen Material und Menschenbesitz degradierten. Immerhin weigerten sich Aristoteles und Platon, ihr Wissen über die Natur zu werfen wie ein Netz, mit dem man ein Tier einfängt. Das Wissen sollte kontemplativ sein, kein technisch-praktisches. Sollte zu einem sittlichen Leben führen, zu Erkenntnis und Demut. Hätten die Griechen ihr Wissen technisch umgesetzt und ökonomisch verwertet – alles wäre vermutlich ausgestanden. Es gäbe uns nicht mehr.

Jetzt erst dämmert uns, daß wir über kein beherrschbares Opfer verfügen, sondern selbst unser eigenes Opfer sind. Der Rücksichtslosigkeit gegen die Natur entspricht die Rücksichtslosigkeit des Menschen gegen den Menschen. »Jede Lehre, die den Menschen nicht in die Natur einordnet, sondern gegen die Natur stellt, stellt durch sich selbst zugleich den Menschen gegen den Menschen«. Eugen Drewermann. Homo homini lupus. Wieviel doch erkannt und niedergeschrieben und archiviert, aber nie verstanden wurde!

8. JANUAR 2000, Mitternacht

Den ganzen Abend mit Sylvie und Andreas gespielt. Tina lag auf der Couch und las, beobachtete uns aber schmunzelnd. Schließlich die unvermeidliche Gute-Nacht-Geschichte. Erzählte – zum wievielten Male? – vom Raben Ralf, der als Küken aus dem Nest gefallen war, weil er noch nicht fliegen konnte, und den ich mit nach Hause nahm und aufzog. Als er ein richtiger schwarzer, glänzender Rabe geworden war, begleitete er mich jeden Morgen zur Schule, auf meinem Ranzen hockend. Und war die Schule aus – schwupp –, kam er aus dem Baum im Schulhof herabgestürzt, krächzte vor Freude – und vor Hunger. Der zahme Ralf hatte leider nie gelernt, selbst für seine Nahrung zu sorgen. Dafür aber verteidigte er mich, wenn mich einer der großen Jungen verhauen wollte. Er hat aber nicht mit dem Schnabel nach ihm gehackt, sondern sauste wie ein Pfeil ganz dicht an dem Schurken vorbei und – wehe!– wenn er ihn mit den Flügelspitzen streifte. Das tat so weh wie ein Peitschenhieb. »Und dann?« pflegt Andreas atemlos zu fragen, obwohl er die Geschichte vom Raben Ralf fast auswendig kennt. Aber er gibt sich zufrieden, daß die Fortsetzung morgen folgen soll.

10. JANUAR 2000

Wieder heftige Debatte in der Redaktion über unsere künftige Berichterstattung und die Bewertung der ökologischen Problematik. Die Mehrheit neigt dazu, den Weisungen des Nationalen Umweltsicherheitsrates nicht mehr zu folgen. Schluß mit den Beschwichtigungen und Verharmlosungen! Der Öffentlichkeit muß endlich reiner Wein eingeschenkt werden, die Fakten lassen sich ohnehin nicht mehr verharmlosen und schon gar nicht aus der Welt schaffen. Dem Patienten – uns allen – muß seine lebensbedrohliche Lage deutlich vor Augen gestellt werden, damit er sich für eine riskante Operation, die aber gleichwohl seine einzige Chance ist, entschließt. Das bedeutet, den Lesern, also Bürgern und Wählern, muß klar gemacht werden, daß sie harte Opfer bringen müssen. Erst wenn sie sich dieser Bereitschaft sicher sein können, werden die Politiker den Mut zum Handeln aufbringen. Denn die wissen ja längst, daß es so nicht weitergehen kann.

Mag sein, daß es im 12. und 14. Jahrhundert und 1712 ähnliche Sturmflutkatastrophen gegeben hat wie in den letzten Jahren, aber nicht in dieser Häufung und nicht mit dieser Regelmäßigkeit wie im vergangenen Jahrzehnt. 16 der letzten 20 Jahre waren Extremjahre. Die Presse muß die Menschen aufrütteln, muß das Ausmaß der Bedrohung schonungslos beschreiben. Dazu ist sie da! Die Verantwortung für die Zukunft, für Kinder und Enkel, für die künftigen Generationen muß endlich wahrgenommen werden – mit allen Konsequenzen. Dieses System hat so viel zerstört, sogar Bewußtsein und Verantwortung. Es schafft sich seinen eigenen Typus Mensch. Ein fatales und fatalistisches In-den-Tag-Hineinleben. Roß und Reiter sind jetzt zu nennen, also Ursachen und Verursacher. Das Paradigma des Politischen hat sich gewandelt: Nicht mehr nur Gipfeltreffen und Politikerstatements sind Politik und gehören auf die Nachrichtenseiten, sondern die ökologische Frage. Die Existenzfrage, die auf den bunten, vermischten Seiten »aus aller Welt« abgehandelt wird.

Natürlich ist jedem bewußt, daß dies Akzeptanzprobleme aufwerfen und somit gefährlich sein könnte. Gleichgültigkeit und Fatalismus können leicht in Massenhysterie umschlagen. Die Angst ist ja da, sie wird nur verdrängt. Und Panik entsteht aus verdrängter Angst. Die Presse kann gesellschaftliche Autorität nicht ersetzen, allenfalls schwächen oder stärken. Berechtigter Einwand, daß aus unkontrollierten Angstreaktionen heraus der Ruf nach Verantwortlichen und ergo Schuldigen laut werden könnte. Dann wäre das Desaster personifiziert, einige Opfer gefunden – und nichts gewonnen. Die Suche nach Sündenböcken hat noch stets ein Problem verschleiert. Erst kürzlich die einträchtige Warnung der Kirchen und Arbeitgeberverbände vor einer Hexenjagd auf »Umweltsünder«.

Aber gibt es denn nicht auch Kollektivverantwortung oder gar Kollektivschuld? Habe erhebliche Zweifel. Verantwortung und Schuld bemessen sich nach dem Handeln des einzelnen. Natürlich hat fast jeder einzelne, also die meisten, von diesem System profitiert, von Wohlstand und Wachstum. Jeder ist also Teil dieses Systems, daher ein unvermeidlicher Naturzerstörer: als Autofahrer und Energieverbraucher, als Konsument und Müllproduzent. Jeder hat dieses bequeme System legitimiert. Insofern ist jeder und sind wir alle Verursacher und Schuldige, die Informationen ignoriert und die Zeichen der Zeit zu spät erkannt haben, Gefangene der von uns selbst geschaffenen Sachzwänge. Niemand kann sagen, er habe nichts gewußt. Wenige können sagen, sie hätten etwas getan.

Aber wer könnte dem System schon entrinnen? Muß nicht jeder ein Naturzerstörer sein und seinen Beitrag zur Existenzvernichtung leisten, ob er will oder nicht? Und eine Zeitung, die ihren Lesern kollektive Verantwortung für das Umweltdesaster zuwiese, wäre bald weg vom Fenster. Der Widerspruch, die emotiven und kognitiven Dissonanzen halten die intellektuelle Einsicht in Grenzen.

Die These von Kollektivverantwortung und Kollektivschuld deckt das Problem zu, da sie keine Lösung ermöglicht. Alle Systeme, in der Natur wie in der Gesellschaft selbst, sind hierarchisch strukturiert, unverzichtbares Organisationsprinzip der Evolution. Entsprechend wird zu Recht Verantwortung von unten nach oben delegiert. In der Spitze konzentriert sich Verantwortung. Also ist auch die Spitze verantwortlich. Fatalerweise ist es bei der Moral umgekehrt, sie nimmt gegen die Spitze hin ab. Das ist das Problem der Macht, obwohl Verantwortung ein Eckstein jeder Moral ist. Wer einen Menschen tötet, ist ein Mörder, wer einen Krieg vom Zaun bricht, ein Staatsmann, sofern er ihn gewinnt. Wer seine Autobatterie in den Wald wirft, wird, zu Recht, hart bestraft. Wer beiträgt, den ganzen Wald mit saurem Regen und Abgasen zu zerstören, zählt womöglich zu den erfolgreichen, Arbeitsplätze schaffenden Unternehmern, denen Denkmäler gesetzt werden. Moral und Ethik haben einen Gradienten ! Sie werden nach oben hin schwächer. Daher ist es auch mit der Verantwortung nicht weit her. Im alten Athen haben sie Feldherren geköpft, wenn diese keine Fortune hatten. Und im republikanischen Rom wußten die Verantwortlichen, daß sie dazu da waren, den Staat vor Schaden zu bewahren. Videant consules, ne quid detrimenti capiat res publica. Verantwortung! Sollen die Verantwortlichen zusehen, daß Staat und Gesellschaft gut über die Runden kommen.

Heute undenkbar. Wer sind »die Verantwortlichen«? »Korporative Akteure«, sagen die Soziologen, anonyme Vorstände von Konzernen und Verbänden. Sie treffen Entscheidungen, deren Risiken sie nicht überblicken, für deren Schäden sie nicht einstehen können – und brauchen. Das individualethische Prinzip der Verantwortung reduziert sich auf Gefährdungshaftung, aber auch die ist begrenzt: Für Bophal, für Sèveso mußten die Konzerne nicht das ganze Ausmaß des Schadens beheben, auch wenn sie dabei über die Klinge hätten springen müssen. Was hätte es auch gebracht außer Arbeitslose. Und auch Tschernobyl mußten die Betroffenen selber, bis zum letzten Kind, zu Ende leiden.

Es gibt keine Verantwortung mehr. Nur noch Risiken, also Anarchie.

13. JANUAR 2000

Die Toten werden an der heimgesuchten Küste geerntet wie abgefallene Früchte. Ihre Zahl läßt sich noch nicht überblikken. Auch das Ausmaß der Schäden kann noch niemand schätzen. 30 Milliarden, 100 Milliarden? Wie teuer ist ein Krieg?

Seit ich auf der Welt bin, wird über Umwelt geredet, wird gewarnt. Unsere Zukunft, der ökologische Umbau! Die Verantwortung vor den kommenden Generationen. Worthülsen, Standardgerede, Phrasen. Meine Ängste als Zwölf- und Dreizehnjähriger wurden nur übertroffen von der Angst vor einem Atomkrieg. Wir glaubten damals, in einem Atomkrieg sterben zu müssen, ausgelöscht von Pershing-Raketen und Marschflugkörpern. Hatten uns mit dieser Angst arrangiert. Die Ängste meiner Generation haben sie in vielen Expertisen untersucht und analysiert und publiziert – aber letztlich in den Wind geschlagen. Sie dienten wohl nur der eigenen Beruhigung: Die Welt ist eben so. Mit der Bombe leben.

Meine Generation ist eine Generation der Angst, der gesellschaftlich vermittelten, der kollektiv für den einzelnen erzeugten. Dieser Angst ist nicht Herr zu werden. Angst essen Seele auf. Wahrscheinlich sind wir deshalb so diszipliniert, so hilflos und wehrlos. Wahrscheinlich übernehmen wir deshalb so kritiklos die Hinterlassenschaft unserer Eltern, weil sie uns neben ihrer Angst auch ihre Verdrängungstechniken hinterlassen. Tradition ist nicht nur Inbesitznahme des kulturellen und materiellen Erbes oder Akzeptanz des Normenkatalogs, sondern auch Anpassung, mehr noch aber Verdrängung der erlittenen Angst. Würden sich die Erwachsenen ihrer Ängste als Kinder erinnern, würden sie eine andere Welt schaffen, in der sich ihre Kinder nicht mehr ängstigen müßten. Ich fürchte, wir werden unsere Kinder so gut »erziehen«, daß sie die Tradition fortsetzen werden, wo doch nur noch ein Traditionsabriß helfen könnte. Also eine Revolution.

15. JANUAR 2000

Seit neun Jahren verweigern die Regierungen der Welt, die UNO-Charta zu ratifizieren, in der den Kindern das Erbe einer intakten Umwelt als ein Menschenrecht versprochen wird... Wir Journalisten könnten die Verantwortlichen schon beim Namen nennen, und es wären viele. Aber es fehlt uns der Schneid. Wir trauen uns nicht. Kollektive Verantwortung, das ist bequem und tut keinem weh. Dabei kann man so schön moralisch und unverbindlich schwadronieren wie über kriminelle Individuen.

16. JANUAR 2000, abends

War da etwas? Zum Lachen, mehr noch: Difficile est satiram non scribere: Der UNO-Generalsekretär kritisiert die prominenten Mitglieder des Sonderrates für die »Dekade zur Verhinderung von Katastrophen« wegen ihrer de facto wirkungslosen Arbeit. Unbemerkt von der Weltöffentlichkeit werkelt seit zehn Jahren eine UNO-Organisation dahin, mit einer lebenswichtigen, wahrhaft globalen Aufgabe. Niemand hat etwas davon gewußt. Harte Worte des Generalsekretärs: »Wir sind mit der Umsetzung der Ziele, die sich die Dekade gesetzt hat, nicht schnell genug vorangekommen!« Das walte Gott! Abdul Asis Cohene hat ein »weltweit sinkendes Interesse am Katastrophenschutz« ausgemacht. Wie das? Seit 1991 hat die Natur rund 9000mal zugeschlagen. Allein die Stürme und Fluten richteten einen Schaden von 2,5 Billionen Dollar an. 54 große Versicherungsgesellschaften gingen pleite, Schäden in risikoreichen Klimazonen werden kaum noch abgedeckt – und dennoch »weltweit sinkendes Interesse am Katastrophenschutz«?

Unglaublich, unfaßbar! Allgemeine Resignation? Masochismus? Globale Lust am Untergang? Nietzsches amor fati?

16. JANUAR 2000, Mitternacht

Der Mensch ist ein Gruppenwesen, seine Verantwortung reicht nicht über die Gruppe hinaus. Verantwortung über die Gruppe hinaus kann nur delegiert werden, allerdings mit Erwartungsdruck, dann muß sie von der Spitze in Gestalt von Plänen, Vorschlägen, Gesetzen und Verhaltensweisen zurückkommen. Also Taten. Verantwortung jenseits der Gruppe – oder gegen die Gruppe – erfordert ein Höchstmaß sowohl an Intelligenz als auch an Ich-Stärke. Dann aber müßte er verantwortlich handeln, als Individuum. Verantwortlich ist, wer zwischen Alternativen mit jeweils klar erkennbaren Folgen entscheiden kann; wer Einsicht in Zusammenhänge hat – oder haben könnte, wenn er wollte. Wessen Entscheidungen andere mitbetreffen.

Aber besteht denn diese Einsicht noch? Die technisch-wissenschaftliche, organisatorisch komplexe Massenzivilisation überfordert das Individuum, sie löscht Individualität aus. Verantwortung wird nicht mehr möglich. Die Handlungsketten, die eine Entscheidung auslöst, sind zu lang und zu komplex, Fehler und Konsequenzen weder einzukalkulieren noch zu vermeiden. Das ethische Prinzip der individuellen Verantwortung muß versagen, es widerspricht obendrein dem angeborenen Verhalten, sofern es über die Gruppe hinausreichen soll. Es ist ein Produkt der Intelligenz und der Kultur, nicht der Evolution. Kants kategorischer Imperativ ist der biologisch-psychischen Ausstattung des Menschen fremd. Mit ihm ließe sich in der Industriegesellschaft nichts mehr entscheiden. Vernunft ist ein philosophisches Konstrukt – wie das Gebot der Feindesliebe. Oder bestenfalls Teleologie, ein Ziel der Evolution in weiter Ferne.

Heiß diskutierte Frage heute morgen in der Redaktionskonferenz, ob denn Hinz und Kunz dieselbe Verantwortung für das Umweltdesaster trügen wie beispielsweise Hoechst-Chef Professor Walter Hauckh, der vor zehn Jahren, Regierungs- und EG-Beschlüsse mißachtend, die Jahresproduktion der FCKW bei seinen Auslandstöchtern erhöhen ließ und den Export steigerte, obwohl er die schädlichen Folgen für den Ozon-Abbau öffentlich einräumte? Auch wenn er jetzt pensioniert ist, bleibt er verantwortlich und mitschuldig. Er hatte die Verantwortung, die ihm delegiert war, mißbraucht. Er wäre zu benennen. Einer von unzähligen.

Man muß Namen nennen, muß Pranger aufstellen, darf sich nicht auf anonyme Institutionen und Verbände berufen. Wer hat denn den Beschluß des EG-Parlaments von 1997, den Autoverkehr drastisch zu begrenzen, hintertrieben? Natürlich die Automobil-Industrie, die Mineralölwirtschaft, das Kfz-Handwerk, die Automobilclubs, die CDU/CSU; doch dann bleibt die Verantwortung der »korporativen Akteure« anonym wie diese selbst. Nein, es waren die Herren Rauter, Hennes, Kuenhausen, Beringer, Stammler, Brohl usw. Man muß Namen nennen, auch wenn klar ist, daß es sich nur um »Charaktermasken« handelt, um austauschbare Figuren. Mag sein, daß sie ihren Sachzwängen unterworfen sind, daß sie auch wider bessere Einsicht handeln müssen, für ihre Partikularinteressen und gegen die kollektive Vernunft.

Aber was, wenn sie verantwortlich gemacht würden? Haftbar für den angerichteten Schaden? Bestraft? Was wäre gewonnen? Kollektive Verantwortung gibt es nicht – das Sittengesetz Kants gilt nur für das Individuum – und endet am Horizont der Gruppe. Der Versuch, das Maß an Verantwortung den gestiegenen Risiken anzugleichen und sie in der hierarchischen Spitze einer Gesellschaft zu organisieren, ist gescheitert. Für die Entwicklung der technischen Zivilisation ist niemand verantwortlich, weder für ihre Risiken noch für ihre Gefahren. Kein Individuum, kein Kollektiv. Keine Regierung, kein Vorstand. Weil sich die Risiken nicht mehr kompensieren lassen. Sie werden zu Gefahren. Wo aber keine Verantwortung ist, da gibt es keine Steuerung und keine Gefahrenvorbeuge. Nur noch Anarchie. Hat die Menschheit trotzdem noch eine Chance?

Ergebnis der Redaktionskonferenz: Wir werden den Druck verstärken, energischer für den Umweltschutz eintreten. Die Routine des Blattmachens wird geändert. Umweltschutzthemen kommen auf die erste Seite und haben Priorität als Aufmacher. Entsprechendes gilt für die Kommentierung. Was ist schon eine Gipfelkonferenz inkompetenter Regierungschefs gegen das Waldsterben und die Vergiftung unserer gesamten Lebenswelt?

Anordnung der Geschäftsführung: Alle Beschäftigten des Druck- und Verlagshauses sind gehalten, mit öffentlichen Verkehrsmitteln zur Arbeit zu kommen. Das Monatsticket bezahlt der Verlag. Für die Außenredaktionen werden Fahrräder und Elektromobile angeschafft. Die Seite »Auto – Motor – Sport« soll eingestellt werden. Der Widerspruch wäre unerträglich. Immerhin! Schon das Fünkchen Konsequenz ermuntert, tröstet fast. Ein Weniges von dem Prinzip begriffen: global denken, lokal handeln. Verantwortung!

Mir fällt Günter Herburgers Bemerkung von 1989 ein, damals, als das SED-Regime zusammenbrach, die Mauer sich öffnete und die Wiedervereinigungseuphorie dem Höhepunkt zustrebte, monatelang die Schlagzeilen beherrschend: »Angesichts der kommenden Umweltkatastrophe ist das, was hier geschieht, historisch belanglos.«

Das war journalistisch gedacht. Niemand hat ihn verstanden.

17. JANUAR 2000, mittags

Immer noch spülen die Nordseewellen täglich Tote an den Strand. Der Krisenstab in Berlin berät die Lage pausenlos. Die Deiche sollen noch höher werden. Der Vorschlag wird erwogen, die Elbe in die Ostsee umzuleiten, damit sie sich bei Sturmflut nicht mehr staut und das Hinterland ertränkt. Hamburg! Geologen sollen die Realisierungschancen und die Konsequenzen prüfen. Die Holländer wollen Wellenbrecher vor den Friesischen Inseln sowie der Rhein- und Schelde-Mündung verankern. Es wird teuer. Die offenen Rechnungen des letzten Jahrhunderts werden präsentiert.

17. JANUAR 2000, abends

Das Glötschnertal wird aufgegeben. Zum einen ist nichts mehr zu retten, zum anderen ist das Risiko für die Rettungsmannschaften zu groß geworden. Die Berge beginnen offenbar zu kreißen, aber sie gebären Unheil.

Morgen in Salzburg und im Wiener Stefansdom große Trauergottesdienste. In Hamburg haben sie diese fromme Geste vergessen.

Sylvies Krankheit hält mich in der Realität fest und verhindert, daß ich mich einer depressiven Stimmung überlassen kann. Nächste Woche wird sie in ein Sanatorium östlich von Zilina kommen. Die Luft in der slowakischen Hohen Tatra soll heilkräftig sein. Keine Zauberberge ... Glaube zu ahnen, was Tina so bedrückt: Schuldgefühl gegenüber Sylvie. Ich empfinde es selbst so. War es notwendig, dieses Kind in die Welt zu setzen? Haben wir nicht lange das Für und Wider diskutiert, haben wir denn nicht die Risiken gekannt? Haben wir gegenüber dieser so ganz neuen – modernen – Verantwortung versagt? Warum keine pränatale Genomanalyse?

Und doch, um nichts in der Welt möchte ich Sylvie missen. Mich peinigt ihre Krankheit mehr als sie, aber gleichzeitig hilft sie mir, der ich ihr so wenig helfen kann, mit meinen Ängsten fertig zu werden.

19. JANUAR 2000

Alarm in Südniedersachsen und Sachsen-Anhalt! Die Wasserwerke können vor allem die Schwermetalle nicht mehr vollständig aus dem Trinkwasser filtern. Gefährliche Rückstände sind unvermeidlich. Trinkwassersperre in den gefährdeten Regionen, obwohl die Landesregierungen allzugern auch diesmal noch die Grenzwerte heraufgesetzt hätten, um sich den Ärger jetzt zu ersparen. Die Bevölkerung von Göttingen und Umgebung wird vorerst über den Einzelhandel und das Technische Hilfswerk versorgt. Wasser, das Lebensmittel schlechthin. Alles Leben entstand aus dem Wasser und erhält sich durch das Wasser. Vergiftet. Dieser Tatbestand ist mehr als ein ethisches Problem, er ist ein pathologisches. Nur:

Wenn eine Gesellschaft als Kollektiv pathologisch handelt, läßt sich das Pathologische nicht mehr vermitteln. Ein Geisteskranker vermag vielleicht noch einzusehen, daß er geisteskrank ist. Die geisteskranken Bewohner einer Stadt schon nicht, die Menschheit erst recht nicht. Sie wird ihre Krankheit als Normalfall, also als Gesundheit betrachten. Therapie daher zwecklos. Der Therapeut müßte von außerhalb der Erde kommen. Offenbar wußten dies unsere Altvorderen und legten diese Erwartung ihren Kosmogonien und Religionen zugrunde. Geholfen hat freilich keiner dieser extraterrestrischen Therapeuten.

Die Landesregierungen in Hannover und Magdeburg erlassen für dieses Frühjahr ein generelles Verbot für den Einsatz von Düngemitteln. Dafür Entschädigung der Bauern für eventuelle Ernteausfälle. Proteste dagegen schon angekündigt. Außerdem sollen zwei Sondermülldeponien mit Beton untermauert werden. In Deutschland gibt es 200 000 Mülldeponien. Nur zwei Drittel von ihnen sind bekannt! Altlasten ...

Auch dieser Maßnahme dürfte das Etikett »zu spät« anhaften, wie fast allen in den letzten Jahren. Die Zeitspanne der Grundwasserkreisläufe beträgt zwischen 45 und 350 Jahren, wahrscheinlich sogar 750 Jahre. Das Wasser wurde also bereits vor wenigstens 45 Jahren vergiftet, ergo werden die Maßnahmen erst in 45 Jahren wirksam, wenn nicht erst in 750.

24. JANUAR 2000

Seit Neujahr ununterbrochen Regen. Dabei feuchtwarm und schwül. Akuter Notstand, Hochwasseralarm. Im Gegensatz zum Norden säuft Süddeutschland allmählich ab. Die Gletscher schmelzen rapide dahin. Bei diesen Temperaturen bleibt der Schnee erst ab 2200 Metern liegen. Das Trinkwasser ist gefährdet. In Regensburg reicht der Donaupegel bis zum Domplatz. Neuer Rekord. Die Steinerne Brücke mußte gesprengt werden, das achte Weltwunder! – weil sie das Wasser staut. In Frankfurt ist Sachsenhausen überflutet, der Main kriecht zum Römer hinauf. In Wiesbaden alle Bahndämme vor dem Hauptbahnhof unterspült. Zugverkehr eingestellt. Auch die Strecken beiderseits des Rheins gesperrt. Der Main bildet von Hoechst bis zur Mündung einen riesigen See. Mit dem Pkw nach Frankfurt zu kommen schier aussichtslos. Der Kollaps der modernen Zivilisation droht allmählich chronisch zu werden.

25. JANUAR 2000, mittags

Die Regierungen Bayerns, Baden-Württembergs und Hessens verhandeln mit Schweden und Norwegen über den Import von Trinkwasser! Darüber hinaus sollen Trinkwasser-Stauseen gebaut werden nach dem Vorbild der Rachel-Talsperre im Bayerischen Wald.

In der Po-Ebene soll es noch katastrophaler sein. Die überlaufende Riesenkloake vergiftet den fruchtbarsten Teil Italiens. In die Speisekammer des Südens schütten die Mailänder und Turiner ihren immer noch ungeklärten, giftigen Dreck.

Wolkenbrüche in den Alpen, Blitz und Donner. Ein bislang unbekanntes »Naturschauspiel«. Ein Schauspiel nur?

26. JANUAR 2000, abends

Wieder ein Erdrutsch, diesmal irgendwo im Wallis. Die künstlichen Verbauungen halten das Erdreich an den Hängen nicht mehr. Sie haben eben keine Wurzeln wie Bäume. Die aber haben sich rar gemacht, abgestorben oder im Begriff, es zu tun. Die »Substitution des Großgrüns im Alpenraum durch geeignete Verbauungsmaßnahmen« – die Sprache entlarvt schon den Schwachsinn – ist gescheitert.

Tina mit Sylvie gut in Zilina angekommen. Andreas scheint gar nicht sonderlich betrübt zu sein, ohne Mutter und Schwester auskommen zu müssen, denn jetzt hat er mich mit Beschlag belegt. Das ist natürlich eine spannende Zeit für ihn. Mir wird bewußt, wie wenig ich mich um ihn gekümmert habe. Ich werde den Urlaub wohl verlängern müssen.

28. JANUAR 2000, mittags

In der Nacht hat es begonnen: Fast stündlich mehrere Erdrutsche in der gesamten Alpenregion. Wie eine Verschwörung unheimlicher Gewalten, Schlag auf Schlag. Ganze Täler sind eingeebnet, Städte und Dörfer unter Schlamm und Geröllmassen begraben. Alle Verbindungen abgerissen. Hunderttausende vermißt, kaum ein Lebenszeichen, wahrscheinlich tot. Unausdenkbar! Die Erdlawinen bilden rasch wachsende Stauseen, in die sich reißende Flüsse stürzen. Die werden alles mit sich fortspülen. Italien, Österreich, Frankreich, die Schweiz und Deutschland mobilisieren ihre Streitkräfte für die Katastrophenhilfe.

Der Bundeskanzler spricht von der größten Katastrophe, die Europa seit dem Zweiten Weltkrieg heimgesucht habe. Vermutlich weiß er gar nicht, wie recht er hat: Es ist eine Kriegserklärung. Die Natur hat uns ihrerseits den Krieg erklärt, den wir seit Jahrzehnten gegen sie führen. Ihre Geduld ist am Ende, sie will nicht mehr. Ich muß mir die Natur als handelnde Person vorstellen, wie Lovelock das empfiehlt. Die zur Furie gewordene Mutter Gaia. Irgendwie tröstet es mich, daß wir uns mit einem Gegner konfrontiert sehen statt mit anonymen, blinden Gewalten. Ein Gegner wäre zu versöhnen, könnte vielleicht Mitleid empfinden, wenn wir Einsicht zeigten und Buße täten und umkehrten. Wahrscheinlich ist diese Vorstellung als Archetypus der Ursprung des Übels: die Natur, die Erde als Mutter, die der heranwachsende pubertierende Sohn zu vergewaltigen trachtet. Wenn er ein Mann werden will, muß er sich von ihr lösen, muß er sie verstoßen.

Krisensitzung der EG. Im Fernsehen geschockte Menschen, die vor Entsetzen nur wimmern, unfähig eines Wortes. Sie würgen an ihrem Entsetzen. Und dann die aufgerissenen Bergflanken, die aufgeschütteten Täler. Und der grauenhafte, stumme Frieden über den Massengräbern vermittelt sich selbst über den Bildschirm. Nichts regt sich dort, totale Ohnmacht. Dumpfe Angst. Verzweiflung. Sogar Wut. Es erfüllt sich der bittere Rest. Dennoch – wie konnte das geschehen? Wie war das möglich? Ohne jede Warnung, mit dieser Unerbittlichkeit, mit dieser erbarmungslosen Gewalt? Die bekannten, vertraut gewordenen hilflosen Fragen, die die Angst vor der Antwort kaschieren.

Zum ersten Mal sehe ich Kollegen bei der Arbeit, die ihre Verstörtheit nicht verbergen, abgebrühte Journalisten, die sich sonst schon mal für einen Unglücksfall oder eine Katastrophe mit einem Kalauer bedanken, weil er ihnen einen Aufmacher beschert.

Sonderausgabe der Zeitung. Das Entsetzliche wird dokumentiert, es verkauft sich auch gut. Clevere Anzeigenkunden berappen auf die Schnelle gerne den dreifachen Preis. Die Menschen hat es auf die Straße getrieben. Sie stehen im Nieselregen vor der Hauptwache dicht beieinander, als suchten sie sich durch ihre Nähe zu vergewissern, daß sie noch da sind. Wie eine Herde verängstigter Tiere drängen sie sich aneinander. Eine instinktive Gewißheit, daß auch sie betroffen sind.

Das Bundeskabinett hat alle Karnevals- und Faschingsveranstaltungen untersagt. Das Paradox: Narretei im Tollhaus verboten.

28. JANUAR 2000, abends

Todmüde nach Hause gefahren. In der S-Bahn verstörte Menschen, hilfesuchende Blicke, auf die niemand antwortete. Aus dem Main bei Hochheim, der sich selbst in einem See ertränkt hat, ragten die Weiden und Eschen ins Graue und riefen um Rettung vor dem Ertrinken.

Die Herumtoberei von Andreas und seiner beiden Freunde zerrt an meinen Nerven. Dieses Noch-nicht-begreifen-Können der Kinder! Die Angst von Kindern bleibt uns meist verborgen, weil wir uns nicht mehr erinnern können oder wollen. Sie wissen mehr und haben umfassender begriffen, als wir Erwachsenen ahnen. War es mit mir nicht genauso? Hat er mich nicht erst vorgestern gefragt, ob auch die Kinder im Glötschnertal sterben mußten, so wie die Erwachsenen? Es war wohl eine hypothetische Frage, denn natürlich kennt er die Antwort. Der Bengel bekommt alles mit. Die alte Frage, ob und wie lange man Kinder von den

Brutalitäten der Wirklichkeit fernhalten soll. In der Dritten Welt gibt es keine Wahl der Antworten, dort hungern die Kinder schon als Föten im Mutterleib, und das Sterben ist ihnen so vertraut wie das Leben.

28. JANUAR 2000, Mitternacht

Meine Hände zittern vor Übelkeit und Angst. Die Wahrnehmung schmerzhaft aktiviert. Lastende Stille, stumm schreien die Bücher in den Regalen. Durch die Schwärze der Fenster dringt alptraumhafte Fremdheit. Die Bäume, die Wolken, der Regen – drohend, feindlich, abweisend. Sie kreisen uns ein, sie wollen uns vernichten, ausspeien, auswerfen.

30. JANUAR 2000

Die redaktionelle Routine läßt uns im Stich. Das geht über unsere Kräfte! In der Phantasie ließe sich jede Katastrophe beschreiben, das Jüngste Gericht, der Weltuntergang, die Apokalypse, der Atomkrieg. Doch vor der eingetretenen Realität versagen die Begriffe, werden inhaltsleere Worte. Diese Erbarmungslosigkeit der Totalität! Das Plötzliche dieses Ereignisses, das Übermaß an Gewalt, die Vollkommenheit des Resultats.

Zwar hat es Vorwarnungen gegeben – das Glötschnertal, das Wallis, die abgestorbenen Bergwälder, die tagelangen Wolkenbrüche –, aber doch keinen langwierigen Erosionsprozeß, jedenfalls keinen unmittelbar sichtbaren. Und dann dieser Schlag und diese Ruhe, fast zynische Stille. Der Zynismus dieses Ereignisses liegt in seiner gesetzeshaften Konsequenz. Die als unbelebt gedachte Natur, ein System von Regelkreisläufen, ohne Bewußtsein und ohne Zweck, beginnt mit dem Menschen plötzlich zu kommunizieren, als sei sie ein riesiges Lebewesen, dessen Geduld nun am Ende ist. Das Hohe Gericht hat lange genug Nachsicht geübt, jetzt ist die Stunde des Scharfrichters gekommen. Ist dies die Botschaft? Sollte diese Katastrophe so gedeutet werden? Wäre diese Botschaft so zu vermitteln? So wie Sodom und Gomorrah, die scheinbar von Feuer und Erdbeben, von Naturgewalten, verwüstet wurden. Und doch war es Gott – ein Individuum eine Person –, der sie vernichtet hat. In dieser Vernichtung durch eine vorstellbare Person liegt noch etwas Tröstliches. Der Gedanke, Opfer von unabänderlichen, abstrakten Gesetzmäßigkeiten und »Prozessen« zu werden, ist dagegen unerträglich. Daher dachten sie sich auch den Tod noch als Person, zwar als schreckliches Gerippe, aber immer noch erträglicher als die Vorstellung einer unerbittlichen Gesetzmäßigkeit.

Bin ich so geschockt, daß ich sentimental werde? Warum formuliere ich nur Fragen, obwohl die Antworten bekannt sind? Vermutlich, weil die Antwort wie der Anblick des Medusenhauptes wäre.

1. FEBRUAR 2000

Hektischer Aktionismus, ohne daß das Ausmaß der Katastrophe sich begreifen ließe. Daher auch keine koordinierten Maßnahmen. Über eine Million Soldaten und Freiwillige sind mobilisiert. Aus ganz Europa rollt schweres Räumgerät in die Alpenregion. Verhängung des Notstandes. Die Möglichkeiten der Hilfe sind niederschmetternd gering. Die Straßen fortgespült, aufgerissen, zugeschüttet. Nur an den Randzonen können die Bagger eingesetzt werden, in Salzburg, Garmisch, Oberstdorf, Sonthofen. In der Tiefe der Täler bleiben nur Schaufel und Hacke. Aussichtslos, als wollte man mit Hammer und Meißel die Zugspitze abtragen. St. Anton, St. Moritz, Bad Gastein, Kitzbühel – verschwunden, begraben, von der Erde getilgt. Auf ihren Gräbern landen Hubschrauber mit Soldaten, ausgerüstet mit Schaufel und Pickel und verängstigt wegen der nachrutschenden Hänge. Oberhalb von Brixen sind drei Dörfer nur halb verschüttet. Hilfe wäre für einige noch möglich, die Rettungstrupps arbeiten nur bei laufenden Rotoren der Helikopter.

Die Vereinten Nationen empfehlen ihren Mitgliedern eine vierwöchige Staatstrauer. In Europa werden Fahnen drei Monate lang auf Halbmast gesetzt. Und was dann?

4. FEBRUAR 2000, mittags

Bisher erst einige hundert Tote geborgen – von wahrscheinlich Hunderttausenden. Millionen? Immer noch Geröll-Lawinen, die Berge kommen nicht zur Ruhe. Das macht die Rettungsversuche vollends hoffnungslos. Ununterbrochener Nieselregen. Das Leichentuch über den Alpentälern besteht aus Geröll, Felsbrocken und Schlamm. Ohnmächtig stehen fünf Industrienationen an dem riesigen Katastrophenort, ohne wirklich helfen zu können. Das schwere Räumgerät ist nutzlos. Wo man es brauchen könnte, versinken die Bagger im Schlamm. Die Soldaten und freiwilligen Helfer frustriert, geschockt, an der Grenze ihrer Leistungsfähigkeit. Spontane Hilfsangebote aus der ganzen Welt – zwecklos. Für die Verschütteten ist es ohnehin zu spät.

4. FEBRUAR 2000, abends

Der lähmende Schock weicht allmählich einer gereizten Stimmung. Die Öffentlichkeit ist aufgebracht. Erste Anzeichen von Panik. Das kann gefährlich werden. Die Angst treibt die Leute auf die Straße. Die Rufe nach Schuldigen und Verantwortlichen werden lauter. Am lautesten das Echo in den Medien. In den zahllosen Schweigemärschen, Demonstrationen, Trauerkundgebungen und Gedenkgottesdiensten der letzten Tage schaukelt sich bedrohliche Aggressivität auf. Irgend jemand muß doch verantwortlich sein. Irgend jemand muß doch dafür haften. Man ruft nach Rechenschaft. Wer es mit Erklärungen versuchte, wäre schon schuldig.

Die Hilflosigkeit der Politiker und Regierungssprecher, der Kirchen und der Presse. Die Sprachlosigkeit ist vielleicht jetzt angebracht. Phrasen, auch als Aufmunterung gedachte, würden die gereizte Stimmung nur verstärken. Naturkatastrophe, Schicksalsschlag, Tragödie – das Pathos hat ohnehin Inflation. Natürlich sind alle erschüttert, fassungslos, entsetzt, geschockt.

Letztlich fehlen die Worte. Das Zeitalter der totalen Kommunikation.

Die zermalmende Wucht des Ereignisses verschleiert erste, zum Glück für die Politik und ihre Repräsentan daß es sich nicht um eine »Naturkatastrophe« handelt, sondern um eine Zivilisationskatastrophe, um eine vom Menschen gegen sich selbst inszenierte Tragödie. Sie war mehr als ein Verbrechen, sie entsprang einem großen Irrtum.

Die Natur hat allenfalls auf eine jahrzehntelange Provokation reagiert. An Warnungen, Mahnungen, Beschwörungen hat es nicht gefehlt, seit einem Menschenalter ist dieses Desaster vorhergesagt worden, freilich nicht in diesem Ausmaß und in dieser Plötzlichkeit. Erst die Abholzung der Bergwälder für immer mehr Skipisten und Lifte, dann das verheerende Waldsterben, dann die sich beständig einrichtenden Wärmeperioden, das Abschmelzen der Gletscher, die frühe Schneeschmelze, schließlich der Dauerregen. Das war zuviel. Die fatale Kombination lokaler und globaler Ursachen ließ das Ökonetz der Alpenregionen zusammenbrechen. Erwartet worden war ein langsames Siechen und Reißen, dann wollte man offenbar weitersehen, welche Reparaturmöglichkeiten es gäbe.

Vor zehn Jahren hatten die Grünen in der Schweiz und in Österreich eine Begrenzung des Tourismus gefordert, um der geschundenen, zertrampelten Alpenregion eine Atempause zu gönnen. Das Gewerbe antwortete mit einem Schrei der Empörung über soviel Verantwortungslosigkeit, die politischen Parteien spotteten ob dieser Gefühlsduselei. Die Presse hob den Zeigefinger. Man müsse Augenmaß bewahren und den Umweltschutz nicht auf dem Rücken der Alpenbewohner austragen. Die wollten doch auch leben. Ihnen dürfe man die Existenzgrundlage nicht durch unüberlegten Umweltschutzidealismus entziehen. Verantwortungsethik, keine Gesinnungsethik. Wider die Ethikinflation der Öko-Idealisten.

4. FEBRUAR 2000, Mitternacht

Bin ratlos, teile diese Ratlosigkeit aber mit jedem, den ich kenne. Eine kollektive Ratlosigkeit hat sich unser bemächtigt. Die uralte anthropologisch-philosophische Weisheit, nichts sei dem Menschen fremder als er sich selbst, wird zu einer konkreten Erfahrung eines jeden einzelnen. Eine Allerweltsweisheit. So muß es sein – der Mensch hat Bibliotheken über sich geschrieben, aber die eine, die wesentlichste Erkenntnis über sich selbst ist ihm nicht zuteil geworden. »Gnothi seauton« war an die Stirnwand des Appollon-Tempels in Delphi gemeißelt. Seither bemühen wir uns vergeblich, uns selbst zu erkennen.

Seit 30 Jahren kennt man die Zahlen und Fakten, weiß um die ökologischen Zusammenhänge. Man kennt auch das Risiko und weiß, daß es jeden Tag größer wird. Allgemeiner Konsens, daß es so nicht mehr lange weitergehen könne, daß eine Kurskorrektur erfolgen müsse. Die Einsichtigen unter den Lobbyisten der Tourismusindustrie hatten bereits begonnen, das große Mea culpa zu bekennen, zumindest in der Vorsaison. Jährliche Waldschadensberichte, Klagen über die Verschlimmerung »der Situation«, Versprechen auf rasche Abhilfe. Gesetze, Verordnungen, Erlasse, Konferenzen, Computersimulationen, Modelle, Berechnungen, Analysen, Untersuchungen, Statistiken, Enquetekommissionen, Hearings, Talk-Shows, Experten, Zahlen, Daten, Fakten, Prognosen, Warnungen, Demonstrationen.

Und alles für die Katz.

Kollektive Fahrlässigkeit? Blindheit? Unfähigkeit zu Systemveränderungen? Hat die Entwicklung der Industriegesellschaften den point of no return erreicht? Sind nicht einmal Reformen mehr möglich? Zeugt sich das System selber fort, und wir nur Handlanger? Eine Halbierung des Bruttosozialproduktes würde uns auf den Lebensstandard von 1975 zurückwerfen. Na und? Haben wir damals nicht komfortabel gelebt? Warum erscheint dieser Gedanke so abwegig? Wir haben in den letzten 30 Jahren soviel produziert und konsumiert wie die Menschheit in den Jahrtausenden der bekannten Geschichte zuvor. Würde die Industriegesellschaft bei »Minuswachstum« kollabieren? Oder sind Wohlstandssucht und Profitstreben schon so verinnerlicht, daß der elementare Lebenstrieb der Arterhaltung versagt? Vermutlich hat die technische Zivilisation den angeborenen Lebenstrieb verfremdet durch eine Form des Funktionierens. Wenn Freud recht hat, bedeutet die Schwächung der Lebenstriebe die Stärkung des Todestriebes. Oder aber der Mensch ist ein Irrläufer der Evolution, das Großhirn samt Bewußtsein und Verstand eine Fehlmutation, eine bloße Wucherung, ein Tumor. Tinbergen hat es gesagt, Nietzsche, Arthur Koestler, Max Born. Konrad Lorenz und Rupert Riedl wollen es nicht ausschließen. Fehlmutationen aber rottet die Natur aus.

Vielleicht ist dies die zentrale Erkenntnis zum Verständnis unserer selbst, um die wir uns bisher herumzudrücken versucht haben? Meinte dies die Inschrift auf dem Appollon-Tempel in Delphi? Dann wäre sie die sadistischste Aufforderung gewesen, die je formuliert worden ist.

Tiana aus Ziliana wieder zurück. Sylvie fehlt uns. In den Karpaten befürchten sie ein ähnliches Desaster wie in den Alpen. Auf mittlere Sicht. Also nicht gleich. Aufschub. Galgenfrist. Wenigstens das.

5. FEBRUAR 2000

Evakuierung und Massenflucht aus den Alpenregionen. Die Parlamente in Wien, Berlin, Bern, Rom und Paris beschließen ein EG-einheitliches Noteinquartierungsgesetz. Ab 25 Quadratmeter Wohnfläche pro Kopf werden Zwangseinquartierungen möglich. Alle Bürger in der EG müssen die Flächen ihrer Wohnungen angeben.

12 000 Polizisten schützen das Regierungsviertel in Berlin. Bundespräsident und Regierung, Kirchen und Gewerkschaften rufen zur Besinnung auf. Die Bundesregierung werde zusammen mit den EG-Staaten alles tun, um dem Umweltschutz und der »Sicherung unserer natürlichen Existenzgrundlagen« höchste Priorität des politischen Denkens und Handelns einzuräumen. Eine solche Tragödie (schon wieder diese Verharmlosung!) dürfe und werde sich nicht wiederholen, versichert der Kanzler. Woher er das weiß, wo es doch so einfach wird, Prophet zu sein? Wenn er nur die Rechnung nicht ohne den Wirt gemacht hat!

6. FEBRUAR 2000

Die Politik ist offensichtlich mit dem Schutz der Natur restlos überfordert. Die herkömmlichen intellektuellen und ethischen Voraussetzungen für politisches Handeln reichen nicht mehr aus, sie sind überholt. Politik war immer national, bestenfalls regional orientiert, aber immer am nationalen Interesse. Jetzt müßte sie global denken – und handeln. Die Interessen sind weltweit identisch: überleben, den Planeten erhalten. Ein so alter Grundsatz wie der, daß die Politik die Kunst des Möglichen sei, ist schlicht lebensgefährlich geworden. Politik muß künftig die Kunst des Notwendigen sein. Es muß politisch umgesetzt werden, was für die Fortexistenz der Gattung Mensch notwendig ist. Es geht also um das Sein, nicht um die Modalität, etwa ob und wie wir die Sicherung der Fortexistenz komfortabel gestalten können.

Dazu freilich müßte man verstehen – wieder verstehen lernen –, was die Natur ist. Sie als »unsere Existenzgrundlage« zu bezeichnen, verrät nur wieder einen, wenngleich subtilen, Anthropozentrismus, der die Natur als Zweck setzt um des Menschen willen. Die Natur ist Existenzgrundlage aller Lebewesen, die selber zweckfrei existieren, um ihrer selbst willen. Sich selbst eine Sonderstellung anzumaßen, um über die Natur zu herrschen und für sich auszubeuten, ist das fatalste Mißverständnis der Kultur – und der biblischen Religionen. Dieser epochale Irrtum eint Judentum, Christentum und den Islam. Andreas, das Kind, hat es begriffen – und es erscheint ihm auch vollkommen selbstverständlich – daß der Mutter Natur alle ihre Kinder gleich lieb sind und sie zwischen dem Schmetterling und dem Menschen keinen Unterschied macht. Diese biophilosophische Wahrheit, diese Weisheit, kann er sogar seinen Kinderbüchern entnehmen. Ich selber war nicht imstande, sie ihm zu sagen, weil ich sie selbst erst lernen mußte.

Eben in den Spätnachrichten: Die Regierungen in Bern, Rom und Wien sind zurückgetreten.

7. FEBRUAR 2000, abends

Schwere Verwüstungen durch Demonstranten auch in Zürich, Bern, Wien, Mailand und Rom. Die Steinewerfer und Randalierer sind keine Halbstarken, Skinheads oder ausgeflippten Randgruppen aus irgendeiner Szene, sondern es ist der sogenannte brave Bürger, der die Verantwortlichen bisher so gut hat schlafen lassen. Plötzlich hat ihn die Angst gepackt. Der brave Bürger mit Angst aber ist unberechenbar, zu allem fähig, und wenn er nach Verantwortlichen, also Schuldigen sucht, sogar zu einer Revolution. Die Regierungen taten daher gut daran, zurückzutreten und dem Volkszorn ein Opfer zu bringen. Kommenden Donnerstag EG-Gipfel in Paris. Sondersitzung der Vereinten Nationen. Allgemeines Erwachen? Glaube es nicht. Nur Aktivität.

Das Interesse der Lobby und in ihrem Gefolge die Regierungen haben bislang noch jeden Experten aufgeboten, der bereit war, die fast schon zur Gewissheit werdende Klimakatastrophe gesundzubeten. Gekaufte Kreaturen oder regierungsamtliche Helfer, Panik zu vermeiden. Die Presse tat allerdings nichts anderes. Damit wird diese Existenzfrage zu einem wissenschaftlichen Streit nivelliert. Die Experten nehmen dieses unvorstellbar komplexe Gefüge der Natur auseinander, zerteilen es und zergliedern die Teile in Systeme und Subsysteme, ohne das Ganze je zu begreifen. Wirtschaft und Politik rufen dann nach dem Konsens der Wissenschaft und dem letzten Beweis, um eine »verantwortungsvolle« Basis für konkrete Maßnahmen zu haben. Ohne den schlüssigen Beweis sei Abwarten die klügste Reaktion. Dabei wissen sie, daß dieser Konsensus nie zustande kommen wird. Also glauben sie, ein – quasi wissenschaftlich abgesichertes – Alibi fürs Nichtstun zu haben.

Dabei müßte man aber vom Risiko her denken und dem möglichen Ausmaß der irreversiblen Folgen. Aber die technische Zivilisation hat gelernt, mit dem Risiko zu leben. Sie ist selbst ein Risiko. Alle nur denkbaren Risiken sind längst schon in Kauf genommen, aber es sind Einzelrisiken, die je für sich tolerabel erscheinen. Das Risiko der Grundwasserverseuchung, der Luft- und Bodenvergiftung, der vergifteten

Lebensmittel. Das Risiko des Waldsterbens und des Treibhauseffekts, das Risiko des Straßenverkehrs und des Luftverkehrs, das Risiko der Atomkraftwerke und des Super-GAU. Jeder Dritte hat eine Allergie, der Fünfte stirbt an Krebs. Jedes zweite Neugeborene kommt mit einer Krankheit zur Welt. Risiko, Pech gehabt. Nun binden sich alle diese Risiken zu einem einzigen Risikobündel – und genau das begreifen wir nicht, weil auch die Natur es bislang nicht kannte. Das individuelle Risiko soll alle möglichen Vorkehrungen und Sicherungen verringern. Niemand würde in einem Haus leben wollen, das auf sumpfigem Boden steht, dessen Wände wackeln, dessen Dach einzustürzen droht und in dem der Gashahn undicht ist. Das kalkulierbare Risiko der Versicherungswirtschaft, Produkt aus Schaden mal Eintrittswahrscheinlichkeit ist überholt.

7. FEBRUAR 2000, Mitternacht

Andreas zu Bett gebracht. Zuvor Geschichten erzählt und mit ihm ein Stündchen gealbert. Wichtig für ihn, vor allem aber für mich.

Die produktive Redundanz der technischen Zivilisation degradiert den Menschen de facto zu einem ebenfalls redundanten, überflüssigen Wesen. Nur seine – möglichst unreflektierte – Rolle als Verbraucher ist von Belang. Eine freiwillige, gegen sich selbst gerichtete Menschenverachtung. Und alle fühlten sich vorgeblich wohl in diesem System, mit Ausnahme derjenigen, die das System als wertlos, weil nicht verwertbar, ausscheidet, oder derjenigen, die in der Lage sind, sich ihres Verstandes ohne Anleitung eines anderen zu bedienen. Die Pein, denken zu können und daher denken zu müssen! Freilich setzt das Denken nicht von selbst ein, es bedarf der Sensibilität, der Goethe'schen Empfindung.

Anhand eines in der Lüneburger Heide ausgebuddelten Einbaums will Prof. Eichborn nachweisen, daß es von 610 bis 655 n. Chr. und dann wieder im 13. Jahrhundert ebenfalls extreme Klimaschwankungen gegeben habe. Die Merowinger, Franken und Sachsen hätten dies jedoch allem Anschein nach gelassen hingenommen. Offenbar vibriere die Polachse der Erde alle 500 bis 600 Jahre – einem Kreisel vergleichbar –, ehe sich seine Drehung wieder stabilisiere und ruhig werde. Eichborns Fazit: Der Klima-Anstieg beruhe auf natürlichen Ursachen und sei kein hausgemachter Treibhauseffekt.

Krimineller, bestellter Unsinn eines »Experten«.

Der Aralsee ist nun auf ein Fünftel seiner ursprünglichen Fläche zusammengeschrumpft. Das Land ringsum längst Wüste. Nun versalzt auch Usbekistan, die Baumwolle hat den Boden ruiniert. Das Gebiet ist immerhin so groß wie zwei Drittel Deutschlands.

10. FEBRUAR 2000

Den Schweizer Rettungstrupps ist es gelungen, von Norden her den Eingang zum Gotthard-Tunnel freizulegen. Über 4000 Menschen befreit! BILD hat recht – Europa weint vor Glück. 4000 Menschen gegen schätzungsweise eine Million! Statistisch zählt das nicht. Und doch, es ist wie der Gnadenerweis eines rachedurstigen Fatums.

Die Gedanken immer wieder bei Sylvie, die so weit weg ist. Wird ihr die Kur in den Karpaten Erleichterung bringen? Aus der Sicht eines Kindes erscheint die Welt von den Erwachsenen mit Vernunft gestaltet, in die man sich fügen kann und – muß. Aber vielleicht täusche ich mich nur. Vielleicht können Kinder nur nicht artikulieren, daß sie uns Erwachsene als Monster empfinden.

Tina äußerte den Wunsch, wieder als Lehrerin zu arbeiten. Sie will ihre Beurlaubung beenden. Ein bißchen Bammel hat sie schon, nach mehr als zwei Jahren wieder in die Berufsschule einzusteigen. Die Schulen stecken in der Krise, das Aggressionsniveau ist erschreckend, die Verhältnisse gleichen sich denen in Harlem oder der Bronx an. Fast alle Schüler bewaffnet. In den Klassenzimmern wachen Monitore. Der Drogen ist nicht mehr Herr zu werden. Kiffen auf dem Schulhof ist üblich, im Klassenzimmer keine Seltenheit. Jede Elterngeneration hat die Kinder, die sie verdient. Das Verhalten der Kinder spiegelt das moralische Niveau der Elterngeneration wieder. Wie soll sich da eine Lehrerin verhalten?

Ich selbst muß mich an den Gedanken erst gewöhnen, künftig nur noch halbtags zu arbeiten. Obwohl - warum eigentlich nicht? Journalismus hat längst masochistische Züge angenommen. Chronistenpflicht schmerzt - und befriedigt - nur den Chronisten selbst, bewegt aber nichts. Obendrein die narzißtische Lust des Kommentators. Das Ethos des Journalismus, unser hehrer Selbstanspruch, gesellschaftliche Prozesse zu verstehen und verstehbar zu vermitteln, längst pure Selbsttäuschung.

Werde also künftig häufiger Gelegenheit haben, mich um meine beiden zu kümmern. Außerdem kann ich mich intensiver dem Schreiben widmen. Schreiben bewirkt zwar auch nichts, bringt aber wenigstens Selbstentlastung.

26. FEBRUAR 2000

Rosenmontag. In Europa wehen die Fahnen auf Halbmast. Stumme Tristesse. Indessen Anlaß genug, sich der Narretei dieser »Kultur« zu entsinnen.

3. MÄRZ 2000

Wer hätte das gedacht, der Februar mit Eis und Schnee! Und in welcher Fülle. Wie früher! Ein plötzlicher Kälteeinbruch. In Wiesbaden 40 cm Pulverschnee, auf der Platte gar ein Meter. Jedes Anzeichen einer Normalität dämpft die Angst. Vielleicht doch nur extreme »Launen« der Natur, die sich wieder einpendeln? Professor Eichborns Polachse? Oder nur eine einsame Schwalbe im März? Freilich, Blüten und Blätter sind für dieses Jahr erfroren. Was tut's!

In mir erwachen alte Erinnerungen an meine Kindheit im Bayerischen Wald: im Schnee Purzelbäume schlagen, auf knirschenden Skiern durch den stillen, weißen Wald wandern, das Ächzen der schneebepackten Bäume hören.

Andreas erlebt zum ersten Mal einen weißen Winter. Erst war er ängstlich, als wir auf dem Schlitten die Platte hinuntersausten. Doch jetzt kann es nicht genug sein. Tina muß jeden Tag mit ihm und seinen Freunden hinauf.

Der Schnee in den Alpen tut gut: Über die riesigen Gräberfelder ist ein dickes, weißes Leichentuch gebreitet. Der letzte kümmerliche Rettungsversuch hat nun ein Ende. In den Tälern kahle Öde. Die Hänge und Pisten, auf denen einst um diese Zeit Gewimmel und Gedränge herrschte, sind in die Täler gerutscht. Über die scharfen Bruchkanten stürzen jetzt die Schneelawinen. Aber sie decken die Wunden zu, die der Mensch geschlagen hat. Niemand läuft dort mehr Ski. Niemand will über Gräberfelder gleiten.

Doch die Freude über die weiße Pracht trügt. Es beginnt wieder das Zittern vor der Schneeschmelze. Wenn jetzt, wie letztes Jahr, ein plötzlicher Wärmeeinbruch mit Dauerregen kommt – nicht auszudenken. Dann säuft ja schon wieder alles ab. Die Natur beginnt, uns durchs Jahr zu hetzen. Chaotisch für uns, mit System für sie.

In einer Studie der Bundesregierung heißt es:» Der Habitationswert der Alpenregion ist auf langfristige Sicht stark reduziert. Tendenz negativ.« Zu deutsch: Dort kann niemand mehr leben und existieren.

4. MÄRZ 2000

Das 1996 beschlossene Renaturierungsprogramm für fließende Gewässer ist nicht vorangekommen, dank des Boykotts der Bauern- und Winzerverbände, obwohl die unter den jährlich zwei oder drei Überschwemmungen am meisten leiden. An der Mosel und bei Rüdesheim sind ganze Weinberge, darunter berühmte Lagen, fortgespült worden.

5. MÄRZ 2000

Dämpfer für unsere Winterfreuden. In der vergangenen Nacht fiel rostbrauner Ruß auf den Schnee. Deutschland – ein Wintermärchen. Die Taunuswälder wie in einem Science-fiction-Film. Niemand weiß, wo der Rost herkam. Das Weiß des Schnees dokumentiert dieses stupide Verbrechen für eine Weile. Sonst hätte man es womöglich gar nicht gemerkt.

1. APRIL 2000

33. Geburtstag. Die geplante Fete kurzerhand abgeblasen. Mir ist nicht nach Feiern zumute. Milde Rüge von Tina. Wir sollten uns bemühen, das Draußen nicht in unsere Privatsphäre einbrechen zu lassen. Sie meint es gut, aber wie soll das gehen? Wie könnte man die beiden Lebenswelten trennen? Vielen mag es gelingen, mir nicht. Das »System« hat es zuwege gebracht, die Menschen auf ihre Privatsphäre zu verweisen und ihnen einzureden, hier seien sie ihr eigener Souverän, hier seien sie frei und autonom. Dadurch hat sich das System selber entpolitisiert. Es hat den einzelnen abgehalten, an der Politik, an der öffentlichen Sphäre teilzuhaben, wo die wirklich existentiellen Entscheidungen fallen.

Andererseits – ich nehme an der öffentlichen Sphäre stärker teil als der Normalbürger sonst. Und was bewirke ich? Nichts, im Gegenteil: nur meine Ohnmachtsgefühle sind stärker.

Warum fühle ich mich mit 33 schon so alt, so zukunftsverbraucht? Vermutlich, weil ich seit meiner Kindheit Angst habe. Das Eingeständnis fällt schwer. Ich verdanke es Tina, daß ich mit mir selber über meine eigenen Ängste reden kann. Hier ist Wiederholung Fortschritt zur Selbstbefreiung. Die Ängste niederzuhalten deformiert, macht mich krank und erfordert alle psychische Kraft.

Erst Angst vor den alten Sowjets, dann Angst vor der Atombombe, jetzt Angst vor der ausbrechenden Natur. Klimakatastrophe, Ozonloch, Bevölkerungsexplosion, Gott weiß was. Angst vor der Zukunft, Angst vor den Menschen. Die Vergiftung des Alltags. Angst essen Seele auf, Angst tötet die Fähigkeit zur Freude. Und dabei geht es schon nicht einmal in erster Linie um meine Zukunft, die mir bereits reichlich passé erscheint. Meine Kinder! Werden auch sie einer Generation der Angst angehören? Oder werden sie mit der Angst fröhlich leben lernen? Was könnte ich tun? Wie könnte ich sie schützen? Verstärke ich ihre Ängste, wenn ich ihnen meine mitteile? Ich war sechs oder sieben, als ich mir meiner Ängste bewußt wurde. Meine Eltern haben nichts gemerkt. Erwachsene merken nicht, wenn Kinder Angst haben. Kinder sollen ja Angst haben vor der Autorität. Angst macht gefügig, befähigt zur Übernahme des Erbes. Jede Generation verdrängt ihre Ängste auf Kosten der Kinder und weckt sie dadurch bei diesen aufs neue. Die soziale Vererbung des Pathologischen als Bedingung für Tradition.

Die Dakota-Indianer und die anderen »Naturvölker« – wie richtig dieser einst denunziatorische Begriff doch geworden ist! – kannten den Zusammenhang von Angst, Tradition und Reproduktion des Pathologischen nicht. Die heute Zehn- und Dreizehnjährigen der Industriekultur wissen, daß wir ihre Zukunft bereits verplempert haben. Ich ahnte es vor 20 Jahren auch. Aber Kinder können sich nicht wehren. Und wenn sie erwachsen sind, haben sie die Lektionen verinnerlicht. – Ein Teufelskreis der Generationen und der Tradition.

11. APRIL 2000

Kaum im Amt, muß auch der neue Schweizer Bundesrat zurücktreten – wegen des Pkw-Verbots an Wochenenden. Freie Fahrt für freie Bürger, der Borniertheit ist kein Maß gesetzt. Die österreichische Regierung muß das geahnt haben: Sie hat vor 14 Tagen einen ähnlichen Erlaß nach Massendemonstrationen zurückgezogen. Die EG-Staaten, die Automobilindustrie und die Automobilklubs sind stärker. Und das Volk, dieser Souverän.

Der Gipfel an snobistischer »Kultur«: nicht auf den Abgrund zugehen, sondern auf ihn zufahren, airconditioned.

Die Mineralölindustrie hat bislang »mit Erfolg« den Wasserstoffantrieb boykottiert. Vor genau zehn Jahren wurde die Katalysator-Pflicht für Lkw gefordert. Nichts. Aber der Lkw-Verkehr seitdem verdoppelt. Nietzsches Amor fati oder Freuds Todestrieb haben so gar nichts Dramatisches an sich. Keine heroische Verblendung, sondern zähe Banalität.

14. APRIL 2000

Die Olympischen Sommerspiele wurden abgesagt. Die Jugend der Welt hat nichts mehr zu lachen.

16. APRIL 2000

Der Himmel – buchstäblich – hatte wenigstens ein Einsehen: Wir sind halbwegs passabel durch die Schneeschmelze gekommen. Vor 20 Jahren hätte man zwar von einer Jahrhundertüberschwemmung gesprochen, aber man gewöhnt sich an die veränderten Realitäten und Relationen. Das ist es ja eben: der berühmte Paradigmenwechsel. Die Hochwasserstände vom Januar wurden nicht erreicht. Endlich einmal keine Rekordmarge, und alles ist in Ordnung. Gleich mindert sich die Angst. Man ist dankbar geworden für noch den kleinsten Strohhalm.

23. APRIL 2000

Die Bundesregierung rechnet für dieses Jahr wegen der – wie es aus Berlin heißt – »widrigen Umwelteinflüsse« mit einem Rückgang des Bruttosozialproduktes um ein Prozent. Der Nachtragshaushalt muß entsprechend korrigiert werden. 80 Milliarden Mark zusätzlich für die Beseitigung der bisherigen Schäden (Hamburg!, Alpenregion!) und für Vorsorgemaßnahmen. Der Etat des Umweltministeriums sei jetzt der größte Einzelposten, versicherte der Regierungssprecher, das sei ein Grund zur Befriedigung. Man könnte auch sagen, die Reparaturkosten für jahrzehntelange Untätigkeit werden immer höher. Wobei die Hauptverursacher am wenigsten zur Kasse gebeten werden. Das Transportgewerbe kommt wie alle anderen »Schädlinge« ungeschoren davon. Auch diese Schäden werden privatisiert. Die Versicherungswirtschaft sieht sich außerstande, für die Schäden noch aufzukommen, trotz drastisch gestiegener Prämien. Die Frankfurter Rück ist bankrott, die München-Stuttgarter dürfte demnächst folgen. Deren Rücklagen sind bereits aufgelöst – größtenteils Investitionen in die Ölindustrie und Energiewirtschaft, den Hauptproduzenten von Kohlendioxyd, als dessen Folge man jetzt das Handtuch werfen muß. Das Drama hat auch viele komische Szenen ...

Die technischen und vor allem personellen Möglichkeiten werden bereits von der Schadensbeseitigung fast vollständig erschöpft. Größtes Problem nach wie vor Hamburg und die Alpentäler (Berchtesgaden, Garmisch, Reit im Winkel, Oberstdorf). Dort sind die Aufräumarbeiten noch längst nicht abgeschlossen. Und schon braut sich ein neues Desaster zusammen: Die rasch anschwellenden Stauseen – bei Innsbruck hat sich einer von 32 km Länge gebildet – sind eine tödliche Bedrohung für das gesamte Alpenvorland. Fast ununterbrochene Bombardierung der sich immer wieder neu bildenden Dämme aus Geröll und Schlamm, Steinen und Bäumen. Auf Dauer ein hoffnungsloses Unterfangen. Es werden wohl noch einmal Hunderttausende evakuiert werden müssen! Aber wohin mit diesen Menschen? Es wird eng in Europa.

So makaber es sein mag: Im Augenblick beschäftigt mich der Plan der Bundesregierung stärker, unser Haus demnächst umrüsten zu müssen. Schrägdach und Ziegel haben ausgedient, sie halten den Orkanen nicht mehr stand. Desgleichen sollen alle Fenster von Süd bis Nord mit sturmfesten Läden gesichert werden.

Das Europaparlament beschließt, Ökologie endlich als Schulfach einzuführen.

2. MAI 2000

Umweltschutz beherrschendes Thema am Tag der Arbeit. »Sichere Umwelt – Sichere Zukunft«. Nicht sehr originell, aber wenigstens wahr. Mit ihren Vorwürfen gegen Regierung und Industrie sind die Gewerkschaften etwas zu schnell bei der Hand. Gewiß: »schwerste Versäumnisse und fahrlässiges Verhalten«, Verantwortungslosigkeit, »Profitdenken und Gewinnmaximierung um jeden Preis«, Sackgasse, Ende der Fahnenstange. Gewiß: Wir alle sitzen in einem Boot, auch Unternehmer und Spekulanten müßten dies jetzt einsehen. Das vielbeschworene Raumschiff Erde. Eine ebenso alte wie bislang folgenlose Metapher. Aber wie oft haben die Gewerkschaften das Totschlagargument »Arbeitsplätze« hervorgeholt, wenn es – in welchem Zusammenhang auch immer – um ein wenig Umweltschutz ging. Stillegung veralteter Kohlekraftwerke? Arbeitsplätze. Sondersteuer für Pkw? Arbeitsplätze. Ausstieg aus der Kernenergie? Arbeitsplätze. Einschränkung des Lkw-Verkehrs? Arbeitsplätze. Härtere Auflagen für die Chemie-Industrie? Arbeitsplätze. Kontrolle der Gentechnologie? Arbeitsplätze. Das Niveau der gewerkschaftlichen Einsichtsfähigkeit überstieg das Normalmaß keineswegs, war also unzureichend.

Immerhin Verzicht auf Lohn- und Gehaltsforderungen zugunsten des Umweltschutzes. Heraufsetzung der wöchentlichen Arbeitszeit auf wieder 40 Stunden! Diese Opfer können sich sehen lassen. Und die Wirtschaft wird mitziehen müssen, sonst werden wieder die Kleinen die Zeche bezahlen. Der Solidarpakt, vorerst noch ein Doppelfremdwort.

14. MAI 2000

Der Antrag der Grünen im Europaparlament auf ein generelles Pkw-Verbot an Sonn- und Feiertagen sowie im Urlaub gescheitert, das Schicksal der Schweizer Regierung schreckt ab. Die Vorstellung, der Automobilindustrie das Totenglöckchen zu läuten, damit die Umwelt überlebe, ist in dieser Form offenbar noch immer nicht leistbar. Immerhin aber Bereitschaft für einige Maßnahmen, die in die richtige Richtung weisen: Der Benzinpreis wird europaweit trotz der zu erwartenden Proteste auf drei Mark heraufgesetzt, Autos ohne Katalysator endgültig verboten. Ab 2005 soll Fahrerlaubnis nur für jeden zweiten Tag bestehen, wechselnd nach geraden und ungeraden Nummern der Kennzeichen. Massive Subvention für die Wasserstofftechnik. Ab 2007 soll Wasserstoff zur Verfügung stehen und das Benzin ersetzen.

Noch ist freilich die Rechnung ohne die Lobby gemacht, die Automobilindustrie, Mineralölwirtschaft, Automobilklubs und – die Fahrer selbst, die Masse der freien Bürger. Diese Lobby war noch immer stärker als jede Regierung. Mobil in die Zukunft, egal, was diese bringt. Hätten Freiheit und Gerechtigkeit je in der Geschichte nur solche Fürsprecher und Vorkämpfer gehabt wie das Auto!

3\. JUNI

Auf die karibischen Inseln rast ein Tornado von nie dagewesener Gewalt zu. Die Meteorologen rätseln, wie er sich so plötzlich, fast über Nacht, über dem Atlantik gebildet haben kann. Die Springfluten erzeugen Wellen von 18 Meter Höhe! 54 Frachter und sieben Tanker in Seenot. Der atmosphärische Druck im Innern dieses Superorkans ist auf fast 800 Millibar gefallen, die Fachleute glaubten zunächst an fehlerhafte Meßgeräte. »Sonnyboy« erreicht Geschwindigkeiten von 400 km/Std. Man hat sie bisher auf der Erde für unmöglich gehalten. Allerdings hat sich der Atlantik auf die Rekordtemperatur von 26,5 Grad erwärmt. Und das warme Wasser reicht tief hinab, so daß der Orkan nicht abgekühlt und daher auch nicht abgebremst wird, sondern seine vernichtende Dynamik selbst erzeugt. Gnade Gott dem Fleckchen Erde, auf das er trifft! Zu befürchten ist, daß es Kuba und Florida sein werden. Dort bereits Massenflucht und Evakuierungsmaßnahmen. Ausrufung des akuten Notstandes. Wieder so ein Spektakel, das diejenigen fasziniert, die selbst nicht betroffen sind. Die Nahaufnahmen aus dem Satelliten zeigen einen wirbelnden Höllenschlund.

Das sich abzeichnende Drama in der Karibik drückt auf unsere Stimmung. Kuba, vor drei Jahren. Die fröhlichen Kinder, die nicht um Geld, sondern um Kugelschreiber bettelten! Die Altstadt Havannas, verfallend, bald ein Trümmerhaufen, das schönste und größte Kleinod spanischer Baukunst in Lateinamerika. Die UNO gibt kein Geld – aus Angst vor den Amerikanern.

War ziemlich barsch heute abend, scheuchte Andreas und seinen Freund, der neuerdings partout immer bei uns schlafen will, ins Bett. Mit Tina anschließend einen langen Spaziergang gemacht, hinauf zum Jagdhaus Platte. Die Erregung und das Gefühl der Niedergeschlagenheit begannen allmählich nachzulassen. Die sinkende, purpurn aufgeplusterte Sonne hatte bereits Mühe, die schwarzen Schatten im Wald aufzuhalten, obwohl sie mit langen, glitzernden Lichtstangen in das Dunkel stocherte. Am Wegrand hatten sich die ersten Fingerhüte aufgerichtet. Einen Monat lang werden sie ihre samtig-roten Glocken abläuten. Tinas Bewegungen im Gleichmaß mit den meinen. Der Abendwind spielte in ihrem Haar, strich es ihr aus der Stirn. Zuweilen blieb sie stehen und lauschte, den Kopf schräg gesenkt und mich am Arm zurückhaltend, dem Flötensolo einer Amsel. Auch die Wildtauben waren noch unterwegs. Auf der Lichtung im Rabengrund äsende Rehe. Abwechselnd hob eines ruckartig den Kopf, die Lauscher starr gegen uns hin ausgerichtet. Das Rudel hatte uns gewiß bemerkt, aber in diesem Abendfrieden störten wir nicht. In den Büschen lärmte noch viel gefiedertes Volk, dennoch Stille, die aufkommende Kühle wie ein langer, tiefer Atemzug.

Auf der Bank vor der Ruine des Jagdschlosses, Tina dicht an mich geschmiegt, mit beiden Händen mich umfassend. Aus ihrem warmen Körper strömte Ruhe in den meinen. Transfusion von Glücksgefühl. Die Lichterketten der Stadt in dem schwarzen Tal begannen zu blinken, der Wald schon eine dunkle, gezackte Mauer. Die Räume lösten sich langsam auf und zerflossen mit der herabsinkenden Nacht. Dick und schwer kullerte ein roter Mond über den schwarzen Horizont im Osten und rüstete sich für den mühsamen Aufstieg in das glitzernde Gewimmel der Sterne. In dem Gemäuer der Ruine waren die Fledermäuse erwacht und schwirrten lautlos um die kraftstrotzenden Eichen, die noch die Restwärme des Tages hielten, Mücken und Falter anlokkend. Ganz in der Nähe begann der Kauz zu lachen, ihm antwortete der klagende Schrei des Ziegenmelkers. »Es war, als hätt der Himmel die Erde still geküßt, daß sie im Blütenschimmer, von ihm nur träumen müßt ... Und meine Seele spannte weit ihre Flügel aus, flog durch die stillen Lande, als flöge sie nach Haus.« Eichendorff. Das gibt es also noch. Und immer Tinas Gegenwart, warm, haltend, atmend.

Als wir dann endlich durch die Schwärze des Waldes hinabstolperten, einander fest an der Hand haltend, konnte uns der Mond bereits sein Licht leihen. Auch der Bach hatte sich wieder zu uns gesellt und begleitete uns mit seinem unentwegten Selbstgespräch bis zu den ersten Häusern.

5. JUNI 2000, mittags

»Die Hölle bricht über die Karibik herein« – »Der Himmel stürzt über der Karibik zusammen« – »Entfesselte Naturgewalten versenken Inseln« – Sprachlosigkeit der heutigen Schlagzeilen. Die Worte und die Sprache, an den Vorgängen der Natur entwickelt, beginnen zu versagen, veralten. Mit verstörtem Erstaunen wird die Welt Zeuge von der kosmischen Wucht dieses Orkans. Nirgendwo in der Geschichte etwas Vergleichbares an vernichtender Totalität. Santiago de Cuba und Nassau auf den Bahamas existieren nicht länger, kleinere Ortschaften gibt es nicht mehr. Das Verstörende an dieser Nachricht ist dabei nicht, daß diese Städte vernichtet wurden – wie oft sind Städte vernichtet worden –, sondern daß sie nicht mehr auffindbar sind. Buchstäblich ausradiert, als wären sie nie gewesen. Im Zentrum des Hurricans wurde das Erdreich auf zwei Meter Dicke fortgewirbelt, bis auf den nackten Fels. Auch größere Inseln sind verschwunden, die Jumentos Cays und die Berry Islands wird man künftig vergeblich auf den Landkarten suchen. Die große Bahama-Insel wie mit einem Messer geteilt, eine zwei Kilometer breite Schneise. Der blanke Fels. Wo »Sonnyboy« nicht selbst zuschlug, ertränkte er alles mit der Springflut, die er wie einen riesigen Teppich hinter sich herzog. Die Südspitze Floridas größtenteils ins Meer gerissen, in Tampa sieht es aus, als wären mehrere Atombombem explodiert. Wolkenkratzer wie Kartenhäuschen umgeknickt. Sogar New Orleans noch schwer verwüstet. Einige hunderttausend Tote.

Wieder dieser Schock, den das Unvermeidliche und Unabwendbare auslöst. Diese Unerbittlichkeit lähmt. Auch der eigene Tod ist unerbittlich und unabwendbar, aber man hat ein Leben lang Zeit, sich mit ihm zu arrangieren. Er gehört zum Leben selbst. Bisher waren die Vorgänge in der Natur trotz extremer Schwankungen berechenbar. Die »alte« Natur mit allen ihren »Launen« war zuverlässig, dem Menschen seit Anbeginn seiner Existenz vertraut. Ein kalkulierbares Risiko. Die »neue« dagegen ist unberechenbar geworden. Sie ist eine Gefahr.

Diese Hypertrophie an Gewalt indessen ist erniedrigend. Der Abschied von der Vorstellung unserer Omnipotenz gegenüber einer gütigen, allnährenden »Mutter Natur«, die sich alles gefallen läßt, fällt schwer. Wenn sich eine Mutter zur Furie wandelt, löst das ein Trauma aus. Aber dieses Bild droht falsch zu werden. Dieser Superorkan ist keine Naturgewalt, er ist ein Produkt unseres Daseins, ursächlich-unabwendbare Folge der Zivilisation, die den Planeten in ein Treibhaus – und Tollhaus – verwandelt hat. »Mutter Natur«, wie wir sie bislang kannten, existiert nicht mehr, sie ist tot, umgebracht worden. Wir sind mit uns selbst konfrontiert.

5. JUNI 2000, abends

Professor Stenton von Harvard hält es für möglich, daß im Ostpazifik und Ostatlantik Dauerstürme toben könnten, wenn sich die Erderwärmung weiter beschleunigen und bei vier Grad einpendeln sollte. Die tropischen Gewässer würden sich bis weit in südliche und nördliche Meeresgebiete um zwei Grad erwärmen und Spitzentemperaturen von 29 Grad erreichen. Das wären »ideale« Voraussetzungen für Orkane. Stenton erinnerte an die Dauerstürme auf der Venus, auch wenn diese ganz andere Ursachen hätten.

Stenton ist ein seriöser Wissenschaftler, man kann ihn keinesfalls zu den Regimentern von Untergangspropheten zählen, die im Gefolge von Katastrophen aufzutreten pflegen. Windgeschwindigkeiten von über 400 km/Std. galten immerhin bislang auf diesem Planeten als ausgeschlossen.

8. JUNI 1990

Jähes Aufwachen in den USA! Es bedurfte dieses Schocks, um endgültig den Ernst der Lage deutlich zu machen. Jetzt fordert die Bevölkerung von seiner Plutokratie rasches Handeln. Die Medien sind plötzlich außer sich und entdecken mit der ihnen eigenen Selbstgerechtigkeit schwere Versäumnisse in den letzten 30 Jahren. Welche originelle Erkenntnis! Die fahrlässige, zynische Torpedierung der Konferenz von Rio, von den amerikanischen Medien mit einem bedauernden Achselzucken begleitet und ad acta gelegt. Nun soll die Entwicklung rückgängig gemacht werden. Weithin erschallen die Rufe nach Reparatur, Ausdruck des technischen Zeitalters; alles ist doch reparierbar, sanierbar, also verfügbar. Das seit Descartes und Bacon bestehende Mißverständnis ist aber, daß die Natur keine Maschine ist, sondern ein hochkomplexes System aus Materiellem und Lebendigem, dessen Kreisläufe und Zusammenhänge wir noch längst nicht begreifen. Auch in den USA nicht. Das Fatale des Industriezeitalters: Fakten zu schaffen, ohne die Zusammenhänge und damit die Folgen zu kennen.

Der US-Präsident ist jetzt zu einer verbindlichen Begrenzung des Kohlendioxyd-Ausstoßes bereit. Der nächste Umweltgipfel in Dakka solle und müsse, anders als Rio, ein Erfolg werden. Die Vereinigten Staaten bekannten sich zu den Versäumnissen der Bush-Administration. Leidenschaftlicher Aufruf Bowies zum Energiesparen! Zwei Prozent der Weltbevölkerung verbrauchen ein Viertel der Energie. Ihr Verbrauch soll auf europäisches Niveau gesenkt werden. Na prima, das wäre eine knappe Halbierung! Aber das unsere ist schon viel zu hoch und müßte geviertelt werden. Mindestens! 40mal höher als in China. Und die 1,4 Milliarden Chinesen wollen europäisches Niveau erreichen. Ihr gutes Recht! Aber auch die Inder, die Lateinamerikaner. Das ständige Gerede über Umweltschutz und die von ihm bewirkten Regierungs- oder EG-Beschlüsse – allesamt faule Kompromisse, Augenauswischerei! – haben Europa der Welt zu einem Vorbild für Umweltschutz werden lassen. Eine fatale Täuschung. Mit der Natur kann man keine Kompromisse schließen. Die ist kein Handelspartner.

In China wird das achte Automobilwerk gebaut. Wenn die Chinesen unseren Motorisierungsgrad erreichen, wird sich der Pkw-Bestand weltweit verdoppeln. Und der amerikanische Präsident will im Kongress eine Gesetzesvorlage einbringen, den maximalen Benzinverbrauch von US-Autos auf zehn Liter zu begrenzen. Vier Billionen Dollar haben die USA in den letzten 20 Jahren für Rüstung und Militär ausgegeben. Reichlich viel für den Luxus, militärische Triumphe wie vor neun Jahren am Golf zu feiern und alte Traumata zu kurieren. Und sie rüsten weiter, obwohl sie niemand bedroht. Das SDI-Programm, Abwehr psychotischer Bedrohtheitsängste – oder Raffinesse der Rüstungslobby. Im Vergleich zu den Vereinigten Staaten sind alle anderen Staaten, selbst die EG insgesamt, militärische Zwerge. Eine unbegreifliche, aber traditionsreiche Blindheit liegt auf der politischen Führung, der Geldaristokratie, obwohl sie das Land zugrunde rüstet. Die Slums, die verfallenden Städte, die Armut, der Haß, die Gewalt, die Revolten der Betrogenen. Die unbegrenzten Möglichkeiten, die diesem Staat noch drohen. Die Energieverschwendung belastet die Wirtschaft und den Export der USA allein gegenüber Japan wie eine Steuererhöhung von 270 Milliarden Dollar.

Ein Zehntel der Rüstungssumme für die Vernunft, 400 Milliarden, und das Schlimmste hätte weltweit verhindert werden können. Die Vereinigten Staaten von Amerika wären zum moralischen Führer der Weltgemeinschaft geworden, der sie immer sein wollten, aber trotz des pathetischen Phrasengeschwulstes ihrer Regierenden nie geworden sind.

Es fehlt – allerdings nicht nur wegen der USA – an einer globalen Politik, nur dann wäre lokales Handeln wirksam. Die Natur ist ja auch global. Die Kohlekraftwerke in Ostsibirien, die Autos in Detroit oder New York vergiften die Luft auch in Frankfurt und erwärmen die Karibische See. Die Politik der kleinen Schritte, der relative Erfolg der Politik – mit dieser Weisheit ist es vorbei, sie verschlimmert nur die Lage. Aber ist globale Verantwortung dem Menschen möglich? Die Ethik ist ihren Prinzipien nach gobal. Auch das Wirtschafts- und Finanzsystem ist global, aber nur strukturell, funktional ist es Partikularinteressen verhaftet.

PS: Ist die Ethik wirklich global? Hans Jonas würde das bestreiten: Sie ist nur global, sofern sie sich auf das Verhalten des Menschen gegenüber seinesgleichen bezieht. Im übrigen ist sie anthropozentrisch, blendet also alle anderen Lebewesen und die Natur als Existenzgrundlage für alles Seiende aus. Insofern ist sie partikular und bar jeden Verständnisses für die Natur. Damit aber fehlt ihr in letzter Konsequenz auch das Verständnis für den Menschen.

10. JUNI 2000

Heute vor acht Jahren die Verabschiedung der Weltklima-Konvention von Rio de Janeiro, gedacht als globale Demonstration der Hoffnung und der Vernunft unserer Zivilisation, als Magna Charta für das Recht der künftigen Generationen auf einen unbeschädigten Globus. Das Ergebnis war deprimierend: ein kümmerlicher Kompromiß. Kompromiß mit wem? Kompromiß unter den Betroffenen der einen Vertragsseite, aber kein Kompromiß mit dem Vertragspartner Natur. Mit dem lassen sich keine Kompromisse schließen, der kennt – innerhalb einer beachtlichen Toleranzgrenze – nur ein Entweder-Oder. Der »Kompromiß«: den Anstieg der Luftverschmutzung »durch gemeinsame Anstrengungen begrenzen«. Worthülsen, aber nichts Verbindliches. Die Luftverschmutzung blieb ungebremst. Weigerung Japans und des damaligen US-Präsidenten Bush, Grenzwerte festlegen zu lassen. Klage über »ökologische Eiferer«. Wahlkampf damals in den USA, Arbeitsplätze, wirtschaftliche Talfahrt, Ausschreitungen in den Großstädten. Los Angeles, Bush in Bedrängnis. Das Hemd war ihm näher als der Rock, aber das Hemd wird ein Nessusgewand sein. Eine belanglose, intellektuell beschränkte Figur bestimmte das Schicksal des Planeten mit. Deutschland und die EG wollten den CO_2 Ausstoß auf das Ausmaß von 1990 fixieren, das Äußerste, was der kollektiven Vernunft damals möglich war. 1990 wurden 7,4 Milliarden Tonnen CO_2 in die Atmosphäre geblasen, in diesem Jahr werden es 14 Milliarden sein. Von einer »schrittweisen Verringerung« bis zum Jahre 2010 ist längst keine Rede mehr.

Einige Regierungen und Minister und Industriebosse heuchelten Enttäuschung über die Amerikaner, verspürten aber klammheimliche Freude. Die beste Legitimation gegenüber den »ökologischen Eiferern«. Von Rio hat sich das Umweltbewußtsein nicht wieder erholt.

Nicht einmal eine Artenschutzkonvention kam zustande. Das Ausrotten durfte weitergehen. Eine nekrophile Raubzivilisation demonstrierte, daß Vernunft bestenfalls eine individuelle Fähigkeit ist, aber niemals eine kollektive. Sie n
ab mit der steigenden Zahl der Individuen. Auf der F

der Menschheit tendiert sie gegen Null. Dabei hat »Sonnyboy« allein in den USA Schäden von 80 Milliaren Dollar verursacht. Die Rechnung ist also nicht aufgegangen. Sie wird immer teuerer und höher – für die kommenden Generationen. Wahrscheinlich schon unbezahlbar.

Es hat zu viele Bushs gegeben. Mit seinem Nachfolger Clinton wurde es nicht besser. Angesichts des ökonomischen und finanziellen Desasters der »Führungsmacht« hatte der Umweltschutz keine Chance. Clintons Vize Al Gore, ein gutwilliger »Umweltfachmann«, spielte das Feigenblatt, berief sich unentwegt auf sein Buch und verschlimmerte die Misere, weil er sich und alle anderen hinters Licht führte. Mißbrauchtes Vertrauen.

Jetzt versucht es also Christopher Bowie. Immerhin bekannte er sarkastisch seine Überraschung, als er nach dem »Sonnyboy«-Furor von der Existenz einer »Dekade zur Verhinderung von Katastrophen« hörte.

12. JUNI 2000

Bittere Kuriosität: In Indien zeichnet sich ein Frauenmangel ab. Amniozynthese und Genomanalyse haben zu massenhaften Abtreibungen weiblicher Föten geführt, vor allem beim Mittelstand und der Oberschicht. Auf 100 Knaben letztes Jahr nur noch 52 Mädchen. Woher künftig Frauen nehmen? Sie rauben wie einst die Sabinerinnen? Die Unterschichten werden freilich von diesem »Engpaß« profitieren. Bereits zahllose Heiratsverträge, Optionen auf eine künftige Frau. Selbst bettelarme Paria-Väter werden ihre Töchter los, ohne für Mitgift sorgen zu müssen. Der jahrhundertealte Trend kehrt sich um: die Töchter werden teuer. Mit ihnen ist jetzt auch in Indien ein Geschäft zu machen. Die Ware wird knapp, es steigen daher auch Preis und Prestige.

17. JUNI 2000

Zurück aus Oslo. Der Kongress war ideenreich, zwingende Analysen, klare Aussagen, hohes moralisches Niveau. »Mensch und Natur im 21. Jahrhundert. Ausblick auf die technische Zivilisation von morgen«. Der Ernst der Lage scheint begriffen zu sein, was noch nicht viel besagen will. Allmähliches Heraustreten aus dem düsteren Schatten von Rio. Neuanfang, neue Ansätze, zweiter Start? Freilich, die Natur hat uns auf die Sprünge geholfen: Die 2400 Wissenschaftler und ebenso viele Journalisten standen noch unter dem Schock der jüngsten Katastrophen. Allenthalben tiefe Ratlosigkeit, daß sie trotz neuester Computermodelle und Berechnungen nicht in diesem Ausmaß vorhergesagt werden konnten. Die Rückkoppelungsprozesse innerhalb des Naturgeschehens werden offenbar in ihren sich selbst verstärkenden Wirkungen immer noch nicht völlig verstanden, lassen sich daher auch nicht vollständig simulieren. Wir wissen, daß wir nichts wissen. Die Unkenntnis der Natur, zumindest eine falsche Vorstellung von ihr, hat diese Zivilisation erst ermöglicht. Die fatale Unschuld der Ignoranz, die freilich nicht vor Strafe schützt. Hätte man vor 200 Jahren die Zusammenhänge der Natursysteme gekannt, wäre dieses Industriesystem nicht entstanden.

Erschreckend aber bereits das, was als Fakt feststeht. Professor Björn Bjerkes Hinweis, sie hätten in den antarktischen Gewässern ultraviolett verätztes, absterbendes Phytoplankton entdeckt, aber auch augenkranke Pinguine und See-Elefanten. Die Ozonschicht dort unten sei zeitweise bis auf 60 Dobson-Units abgebaut – normal wären 300! Die Situation sei alarmierend. Das UV-Licht werde kaum noch absorbiert und verätze das Eiweiß der Zellen. Mit der Zerstörung des Planktons wäre die erste Masche des Öko-Systems aufgetrennt. Reiße das erste Glied der Nahrungskette, sei die Laufmasche nicht mehr aufzuhalten. Als nächstes verschwände wohl der Krill, dann die Fische und Meeressäuger, schließlich die Vögel und die Landsäuger – sofern sie nicht vorher erblindeten und eingingen. Pinguine und Seekühe trügen bekanntlich keine Schutzbrillen. Und am Ende der Nahrungskette – der Mensch. Wir, ich!

Wenn die gegenwärtige antarktische Nacht vorüber sei und die bisherigen Ereignisse sich bestätigen sollten, werde man die Alarmglocke läuten, schwört Bjerke. Amerikaner und Kanadier hätten ähnliche Beobachtungen gemacht.

Der gute Professor Bjerke! Wie viele Alarmglocken sind denn nicht schon geläutet worden. Sie schrillen unaufhörlich, seit mindestens 25 Jahren Daueralarm. Wir Presseleute könnten – müßten – täglich die Alarmglocke läuten, aber wir tun es nicht, weil niemand sie hört oder hören will. Das Publikum will von dem Drama nichts wissen, in dem es selber die Hauptrolle spielt. Man gewöhnt sich auch an Alarmglocken, sie machen auf Dauer taub. Die Freizeitkultur verträgt keine Alarmglocken und keinen weiten Horizont. Konsum will unbeschwert sein. Das Unbeschwert-Sein der Konsumkultur. Währenddessen wandeln sich die Alarmglocken zu Totenglöcklein für die Antarktis.

Mit Tina im »Alten Römer« zu abend gegessen. Wieder das warme Gefühl der Nähe, die alte Vertrautheit. Liebe. Sie hat recht, das Draußen darf nicht in unsere Beziehung einbrechen. Ihre Ängste sind ja auch die meinen, aber indem ich sie annehme, mildere ich die meinen. Ich brauche ihre Ängste, um mit meinen fertig zu werden. Nächste Woche wird sie nach Zilina fahren, um Sylvie zu holen.

18. JUNI 2000

Im Mittelmeerraum stehen die letzten Wälder in Flammen. Ein Wunder ohnehin, daß es nach drei Jahren anhaltender Dürre noch welche gibt. Spanien, Portugal, Südfrankreich, Italien, Griechenland unter schwarzen Rauchwolken. Resignation. Die Feuerwehren und die alarmierten Streitkräfte kämpfen an dieser Front vergeblich. Zahlose Ortschaften in leerer, schwarzer Öde. Aufgegeben, verlassen, Exodus, Vertreibung des Menschen aus dem Paradies. Sogar die Reste der bereits abgebrannten Wälder glühen und qualmen wieder. Dadurch wird Regeneration kaum noch möglich.

Und in Mitteleuropa fast ununterbrochen Regen. Wasser im Überfluß.

Die Sinnlosigkeit meiner journalistischen Arbeit. Ein höhnisch grinsendes Gespenst steht sehr real vor mir. Mein letzter Artikel, den Lesern den fatalen Circulus vitiosus darzulegen, ist der 34. in sieben Jahren. Klimaerwärmung durch Auto- und Industrieabgase – Dürre – Baumsterben – Waldbrände – Versteppung – Absinken des Grundwasserspiegels – Verschiebung der Klimazonen – Regen hier, Dürre dort – verstärkte Sonnenrückstrahlung – Kohlendioxyd durch brennende Wälder – wieder Klimaerwärmung: sinnlose Redundanz der Information. Wie 34 Telegramme desselben Inhalts.

Aber nicht nur unsere Informationen sind redundant und daher wertlos, auch wir Journalisten sind wertlos, das ganze System ist es, denn materiell ist es auf pure Redundanz ausgerichtet. Die Wegwerfgesellschaft. Redundanter Wegwerfprodukte wegen werfen wir sogar die Natur weg, die singuläre Existenzgrundlage allen Lebens – und damit uns selbst.

Vielleicht die Selbstkorrektur eines Irrtumes der Evolution.

Makabre Groteske: Vor Sizilien ist ein Wassertanker aus Albanien in Brand geraten und explodiert!

19. JUNI 2000

Wieder ein Jubiläum: Ab heute soll endlich auch in den Vereinigten Staaten das vor 10 Jahren beschlossene Verbot der Produktion von FCKW gelten. Und der Halone. Seit 70 Jahren ist bekannt, daß uns das Ozon vor dem Verbranntwerden schützt, und seit mindestens 25 Jahren, daß FCKW und Halone die Ozonschicht fressen. Jedes FCKW-Molekül ist 50 000 mal aggressiver als ein Kohlendioxyd-Molekül. Und seit 25 Jahren weiß man auch, vor allem wußten es die Hersteller und die US-Regierung, daß die FCKW 15 bis 20 Jahre brauchen, um in die Stratosphäre zu gelangen, und dort dann abermals 50 bis 90 Jahre aktiv sind. Ab heute also noch 90 Jahre ununterbrochene Zerstörung des Ozons, unseres Schutzschildes. Eine der Lebensbedingungen dieser Erde. 90 Jahre lang Einübung in den Selbstmord – und in den Mord. Diese Verbrecher, auf die aber kein elektrischer Stuhl wartet.

Das absterbende Phytoplankton in der Antarktis und die erblindenden Pinguine wären demnach eine Folge des vor 20 bis 70 Jahren produzierten FCKW. Und wir können nur zusehen und abwarten. Noch 1989 konnte der Vorstandssprecher von Hoechst mit viel Bedauern, aber ungerührt erklären, man müsse leider die Produktion von 50 000 Tonnen auf 70 000 Tonnen steigern, bis ein Ersatzstoff entwickelt sei. Man könne auf FCKW nicht verzichten. Wegen der strengen EG-Richtlinien werde man entweder exportieren oder im Ausland produzieren.

Aber auf das Leben kann man verzichten. Der Unternehmensbilanzen wegen. Eines sinnlosen Komforts wegen. Diese Verbrecher! Und kein Gesetz, das sie zur Rechenschaft zöge, in die Haftung nähme. Da die Konsequenzen jede Fähigkeit zur Rechenschaft oder Haftung übersteigen, gibt es auch keine Verantwortung. Die normative Ethik versagt ebenso wie die materiale Wertethik.

Jahrmillionen hat die Menschheit ohne Schaumstoffe und Kühlschränke gelebt. Nur ein Beispiel dafür, daß die Rationalität ökonomischer und wissenschaftlicher Verwertung mit der Rationalität des Öko-Systems in Widerspruch steht. Bislang setzte sich die ökonomische »Rationalität« stets durch, wie ein Fluch. Alles, was der Rationalität der Natur widerspricht, ist aber widersinnig.

Jetzt, in diesem Augenblick, sind 20 Millionen Tonnen Fluorchlorkohlenwasserstoffe und Halone unterwegs in die Stratosphäre. Sie haben die gleiche Wirkung wie eine Billion Tonnen Kohlendioxyd. Der 70fache Jahresausstoß von 1999! Was werden sie übriglassen? Unsere Enkel werden verbrennen und verhungern und uns verfluchen in ohnmächtigem Zorn.

In 20 Jahren bin ich 53 Jahre alt, Tina 47, Andreas 25, Sylvie 23. Unsere Zukunft ist dann vielleicht schon aufgebraucht.

Aber nur nicht dramatisieren. Haltung bewahren!

22. JUNI 2000

Zurück von Frizzi Doermer. Diese liebenswerte Kollegin. Schade, daß sie in Pension geht. Das Bedauern war allgemein und aufrichtig. Ich mag ihre direkte, ungeschminkte, gleichwohl sensible Art. Sagen, was Sache ist, ohne zu verletzen. Als Theater- und Filmkritikerin war sie gehaßt und geliebt, kreative Ambivalenz. Aber sie hat selten ein Stück wirklich verrissen. Dazu verstand sie zuviel von der Kunst und v der Plackerei, Kunst zu schaffen und zu gestalten. Die Arroganz des Kritikers war ihr immer bewußt, vermutlich, weil sie selber als Schauspielerin angefangen hat.

Was hat Frizzi nicht alles mitgemacht! Die Dramen und Tragödien des abgelaufenen Jahrhunderts erlebt, die Höhen der Kunst und den Tiefpunkt der Kultur. Tina hing ganz gebannt an ihrem Munde, wenn sie erzählte. Sie hat den Zweiten Weltkrieg noch erlebt, am eigenen Leib – Flucht aus Ostpreußen, die langen, grauen Trecks der Hoffnungslosigkeit und der Angst, die Tieffliegerangriffe. Zeitlebens bleibt ihr der Anblick zweier wegen Fahnenflucht gehenkter deutscher Soldaten haften, die steif und stumm an einem Apfelbaum am Eingang eines Dorfes im Wind schaukelten, mit verrenkten Köpfen. Die Siebenjährige hat begriffen, daß die beiden Hingerichteten noch Buben waren, aber die besseren Soldaten.

Frizzi wird uns fehlen, ihr Ausscheiden ist ein Verlust für die Redaktion. Ihr Ansehen rührt nicht allein von ihrer beruflichen Kompetenz her. Gerade deshalb konnte sie vor allem den Jüngeren glaubwürdig raten, sich nicht so wichtig zu nehmen und auch mal wieder zu einem Buch zu greifen! Ihr Wahlspruch wurde auch der meinige: »Jenseits meines Horizonts ist die Welt erst interessant.«

Sie freue sich auf ihr Pensionärsdasein, behauptet Frizzi, was ich ihr auch glaube. Sie werde ein Buch schreiben und ihre Begegnungen mit großen und kleinen Stars, Schriftstellern, Schauspielern, Sängern, Regisseuren und Dirigenten festhalten. Heinrich Böll hat sie gekannt, Friedrich Dürrenmatt, Thomas Bernhard und sogar noch Ingeborg Bachmann, Bernhard Minetti und Gustav Gründgens, Erika Köth und Maria Callas, Wilhelm Kempf und Claudio Arrau, Rainer Werner Fassbinder, Karl Böhm und Herbert von Karajan. Von jedem weiß sie eine Anekdote zu erzählen. Eine Zeugin des Jahrhunderts, in deren Gegenwart wir Jüngeren uns wie rechte Greenhorns fühlen. Frizzis jugendliches Temperament wird verhindern, daß diese Ahnengalerie einen Kokon um sie zu spinnen beginnt und sie in der Vergangenheit festhält. Ihre Schrullen und Skurrilitäten, so glaube ich zu wissen, pflegt sie bewußt. So weigert sie sich hartnäckig, ihre Manuskripte in den Computer einzutippen. Sie benutzt nach wie vor die Schreibmaschine, zur Verzweiflung des Technischen Leiters und der Layouter. Der Schreibcomputer stelle eine »Milieureduktion« dar, betont sie unbeirrt, weil er jede Individualität beim Schaffensprozeß zugunsten einer allgemeinen Nivellierung auslösche und die Kreativität beeinträchtige. Das bündig ausgedruckte Blatt Papier sei anonym, man sehe ihm das Ringen um Form und Inhalt nicht mehr an. Nichts mehr darüber oder an den Rand geschrieben, nichts ausgestrichen oder angefügt, keine Korrekturen mehr sichtbar, alles vollkommen steril und sauber. Man stelle sich vor, Goethe hätte sein »Über allen Gipfeln ist Ruh'« oder die Marienbader Elegie in den Computer geschrieben; oder Hölderlin seinen »Hyperion«, auf dem Manuskript kaum entzifferbar, ein Chaos, das aber den Schaffensprozeß eines Genies transparent machte. Dieser werde auch noch bei Hemingway-Manuskripten sichtbar, obwohl die bereits auf Schreibmaschine getippt sind. Aber diese Mechanisierung lasse noch ein hohes Maß an Individualisierung zu – der äußerste Kompromiß, zu dem sich meine berühmte Kollegin Frizzi Doermer bereit fand.

In ihrer Kindheit, gleich nach dem Ende des Weltkrieges, habe es in ihrem oberbayerischen Dorf keine Schreibfedern mehr gegeben. Sie hätten sich daher Federn aus Gänsekielen geschnitten – ganz recht, wie in »Es war einmal ...« Aber die Auseinandersetzung mit dem Material, dem Papier, der Feder, der Tinte, dem Ringen mit der Form und dem Formgefühl in der Hand und im Kopf sei ungemein fruchtbar gewesen, ein individueller, kreativer Prozeß, der heute verschwunden sei. Das Milieu sei reich gewesen, der Computer ebne alles ein und nehme die Individualität aus dem Arbeitsprozeß.

23. JUNI 2000

Andreas wird aufmüpfig, die Trotzphase setzt ein. Er protestiert energisch gegen seine Eltern, findet das meiste doof und geht seiner eigenen Wege. Vor allem mich will er nur noch als Kumpel akzeptieren, während Tina – vorerst – noch die Mutter bleibt. Die Rivalität um die Mutter! Er soll sich durchsetzen, wenn wir alles genau besprochen haben. Er will, daß ich mit ihm rede, dann fühlt er sich ernstgenommen.

Aber das Reden fällt schwer, gegenüber einem Kind! Wird er sich mit einer Welt arrangieren, die mir zunehmend fremd wird? Und soll ich ihm dabei helfen? Und wie? Was verdanke ich nicht der Fabulierkunst meines Vaters! Sie hat mich seine Welt übernehmen lassen. Kaum hatten wir uns zu einem Spaziergang aufgemacht, bedrängten ihn mein Bruder und ich: »Papa erzähl!« Und mein Vater legte los, vom Wald und seinen Tieren, dem Uhu, der nachts lautlos über die Wiesen der Glaserhäuser streicht, dem gerissenen Fuchs, der mit den Förstern des Barons und ihren Hunden seinen Schabernack treibt, vom gerissenen Odysseus und dem tapferen Siegfried, den der finstere Hagen meuchelte, vom »Kampf um Rom« und dem Untergang Pompejis, von Winnetou und dem »Hund von Baskerville«. Aber auch von seiner Kindheit, als die silbergrauen Flugzeugschwärme mit langen Kondensstreifen über den Himmel zogen, als sie fast jede Woche von der Schule zum Kriegerdenkmal marschierten, weil wieder ein Vater oder der ältere Bruder eines Schülers gefallen war. Dann die ersten Schwarzen unter den amerikanischen Soldaten, die so furchterregend aussahen und so lieb zu den Kindern waren. Und die Jagd nach den Zigarettenstummeln. Für ein Streichholzschächtelchen voll Amitabak gab es beim Bauern zehn Eier oder ein Pfund Butter.

Unverständlich sei das Verhalten der russischen und polnischen Gefangenen gewesen, die man so grausam behandelt hatte, ehe die Amerikaner kamen. Nach der Befreiung seien viele Dorfbewohner in den Wald geflüchtet, aus Angst vor Rache. Aber die verlausten und verdreckten Russen und Pollacken hätten sich zuerst fein hergerichtet, dann getanzt und gesungen, ehe sie fröhlich zum Bahnhof marschiert, in den Zug gestiegen und abgefahren seien. Lediglich auf dem Gemeindeplatz hätten sie zuvor die drei Fahnenstangen umgesägt, an denen so oft die blutroten Hakenkreuzfahnen gehangen hätten.

Als kleiner Junge wollte mein Vater Bunkerwart werden. Es hatte ihm mächtig imponiert, wie der Bunkerwart – es war der alte Pinter, ich kannte ihn noch – ruhig und scheinbar kaltblütig die zitternden und verängstigten Insassen betreute, sie beruhigte und aufmunterte, vor allem mit den Kindern spielte, während alle auf den Einschlag der Bomben lauschten und beim geringsten Laut zusammenfuhren. Und – seltsam – Andreas will, wie er mir neulich mitteilte, »Sturmwart« werden. Woher er nur diesen Ausdruck hat? Als Sturmwart will er den Menschen helfen, wenn wieder so ein schrecklicher Sturm wütet, damit sie keine Angst haben müßten. Der Junge hat wohl mitbekommen, daß beim letzten Orkan viele Leute in den Keller geflüchtet waren und häufig dort auch eingeschlossen wurden, ehe die Feuerwehr sie befreite.

Aber was sage ich ihm, wenn er mich fragen sollte, woher diese bösen und schrecklichen Stürme kämen, die Häuser zerstören und Menschen töten? Wer schickt sie, wer hat sie gemacht? Wie entstehen sie? Wenn ich ihm antworte, wir Menschen haben sie noch schrecklicher gemacht, als sie einst gewesen sind, wird er bestimmt fragen, »warum«? Und dann werde ich die Antwort schuldig bleiben – so wie der Blockwart Pinter damals die Antwort auf die Frage eines kleinen Jungen schuldig blieb, warum uns die Amerikaner bombardieren und töten wollten. Er hat gekniffen.

24. JUNI 2000

Es ist, als begänne sich ein Kreis zu schließen: Am Beginn des dritten Jahrtausends empfindet der Mensch wieder ebenso viel Angst wie einst der Frühmensch. Aber statt der feindlichen, unbegriffenen Natur plagt und ängstigt ihn seine selbstgeschaffene Zivilisation. Er begreift sie längst nicht mehr. »Der menschliche Verstand ist nicht dazu geschaffen, ein so komplexes Gebilde wie die Industriegesellschaft zu verstehen«, sagen übereinstimmend Jay Forrester, Friedrich von Hayek und John K. Galbraith. Unser Verhaltensrepertoire sowie die intellektuellen und emotionalen Fähigkeiten, Realität wahrzunehmen, die »angeborenen

Lehrmeister« Konrad Lorenz', reichen nur für den Alltag aus. Sie sind bestimmt zur Orientierung in der Umwelt des Frühmenschen. Die Evolution hat uns weder sinnlich noch intellektuell für ein Leben in der Industriegesellschaft ausgestattet, weil sie mit der Geschwindigkeit der Kulturentwicklung nicht Schritt halten konnte. Die Kulturrevolution, obwohl ebenfalls ein Produkt der Evolution, übertrifft die biologische um das Milliardenfache an Geschwindigkeit. Wir gestalten eine Welt von morgen mit den geistig-sinnlichen Fähigkeiten von gestern, da hat Rupert Riedl recht. Wir sind Zauberlehrlinge, denen aber kein Meister zu Hilfe kommen wird. In 300 000 oder einer Million Jahren wären wir vielleicht zu dem Wesen geworden, für das wir uns jetzt schon halten – die Krönung der Schöpfung, das Ebenbild Gottes. Aber wir haben die Kräfte der Evolution, was uns betrifft, aufgehoben. Die Natur wirkt nicht mehr auf uns ein, sondern wir auf sie. Statt möglicher Höherentwicklung ein kruder Sozialdarwinismus. Anpassung nicht mehr an die Natur, sondern an die Gesellschaft. Und das Produkt ist nicht der intelligente Typus, sondern der gedanken- und skrupellos starke Erfolgsmensch. Wir gehen an unseren Erfolgen zugrunde.

Zwar können wir unser Dilemma denken und reflektieren, aber die Sachzwänge, die Interessen, die Macht sind stärker. Daher bewegt das Denken nichts. Nicht einmal die Angst vor uns selbst bewegt etwas.

Eine Lebewesen-Art, die mit der Umwelt in Konflikt gerät, hat zur Ausrottung noch eine Alternative: die Anpassung, die meist zu Höherentwicklung führt. Was mit dem Menschen in Konflikt gerät oder seine Begehrlichkeit weckt, hat keine Chance.

Franz von Assisi würde sich schämen, ein Mensch zu sein!

27. Juni 2000

Der Taifun »Gory« verwüstet die Philippinen. Plötzlicher Wärmeeinbruch im Himalaja, Ost-Bengalen und Bangladesh stehen wieder unter Wasser. Fluten vom Norden durch die Flüsse, Fluten vom Süden durch das Meer. Was nicht erschlagen wird, ersäuft. Wieder diese »Überreaktion« der

Naturgewalten. Aber man gewöhnt sich an sie. Abstumpfung als Selbstschutz. Die Spendenaufrufe finden kaum noch Resonanz. Diese Katastrophen werden allmählich Bestandteil des Alltags.

4. JULI 2000

Hamburg hat seine Deiche um die Stadt und im Elbvorland in kürzester Frist von 6,20 Meter auf 7,90 Meter erhöht. Ein Rekord an Planung, Organisation und Ausführung. Senat und Bürgerschaft haben sich geweigert, die Stadt aufzugeben. Niemand hätte in der Tat auch eine Vorstellung gehabt, wo und wie fast zwei Millionen Menschen neu anzusiedeln. Die Angst ist der große Antreiber. Experten sind überzeugt, daß die neuen Schutzbauten jeder Sturmflut standhalten werden, jedenfalls nach menschlichem Ermessen. Die Bundesregierung erwägt daher den Wiederaufbau der erst vor einem halben Jahr fast völlig verwüsteten Stadt. Ein »Notopfer Hamburg« wird geplant. Ob freilich der Hafen der Hansestadt wieder voll in Betrieb gesetzt werden kann, ist fraglich. Die Kosten wären enorm, viele Unternehmen bereits abgewandert. Das sinkende Schiff. Da die Sachversicherer dem »menschlichen Ermessen« nicht mehr trauen, müssen Bundesregierung und EG mit Bürgschaften für Hamburg einspringen.

Wenn die Sturmfluten oder Überschwemmungen zu einer Dauererscheinung werden sollten, werden noch mehr Versicherungen über die Klinge springen.

9. JULI 2000

Urlaub – aber wohin? Wir haben noch keine Pläne. Stapelweise Hochglanzprospekte, traumhafte Fotos, verlockende Angebote. Auf dem Papier überall heile Welt, in Wirklichkeit nur Schein und Retusche. In Wirklichkeit überall kranke, siechende Ökologie, überall riecht es nach Intensivstation. Die Höhen des Bayerischen Waldes, meiner Heimat, sehen aus wie das Fell eines räudigen Hundes, ausgedünnt und immer mehr kahle Stellen. Die herrlichen Tannenwälder, einst wie gotische Dome, verschwunden, mit ihren Farndickichten, Moosflächen und Erdbeeren. Nicht anders der versteppende Schwarzwald, die Bergkuppen kahl wie riesige Mönchstonsuren. Die Sagen und Märchen von bösen und guten Feen, Köhlern und verzauberten Königskindern. Tot. Eine nekrophile Zivilisation setzt sich ihre Denkmäler.

Also Badeurlaub? Ostsee, Nordsee, Mittelmeer? Wir wollen uns nicht den Tod holen. Außerdem ist das Baden fast überall verboten. Die Misere treibt die Leute dorthin, wo das noch möglich ist. Auf den Azoren und Kanaren sind schon alle. Vielleicht noch Morea oder Tahiti im Südpazifik, dort war ich mal. Paradiesisch, aber unsere beiden sind noch zu klein. Neuseeland, Australien, Südafrika? Dort ist Winter, die Tage sind kurz, außerdem soll sich die Hautkrebsrate verzehnfacht haben – wegen des Ozonlochs. Seit vier Jahren regierungsamtliches Verbot, zwischen 12 und 15 Uhr in der Sonne zu liegen.

Eine Hütte in Schweden oder Norwegen mieten, an einem Binnenfjord! Traumhaft. Aber es regnet ja ständig, Regen, Regen. Frizzi Doermer hat neulich erzählt, wie sie 1956 als junges Mädchen nach Norwegen kam (wegen Ole, ihrem Freund, den sie bei einem Schüleraustausch kennengelernt hatte) und von der Klarheit des Wassers in den Binnenfjorden beeindruckt war. Sie habe noch in 20 Metern Tiefe jeden Stein erkennen können. Bis ihr Ole sagte, das sei eine Folge des sauren Regens, der aus Mittelengland und dem Ruhrgebiet komme und alle Mikroorganismen abtöte, so daß das Wasser diamantklar werde.

Also hierbleiben. Aber dieser ununterbrochene Regen, diese warme, klamme Nässe. Die Kinder sind ganz quengelig, wollen endlich draußen spielen. Schließlich Tinas gute Idee: Klagenfurt. Dort ist ein Wetterwinkel, wo die Sonne scheint. Also auf nach Klagenfurt.

14. JULI 2000

Mit Klagenfurt wird es vorerst nichts. Alles belegt. Außerdem auch dort Regen. Der Urlaub fällt also bis auf weiteres ins Wasser. Vielleicht Anfang August.

Für Aufregung sorgt hingegen die Fichte, die in Nachbar Thönnessens Garten steht. Ein 20-Meter-Prachtexemplar. Aber der Baum droht umzustürzen beim nächsten Sturm, der ständige Nieselregen hat den Boden aufgeweicht. Sollte der Wind aus Norden kommen, fällt er auf unser Haus und schlägt die Giebelfront durch, womöglich bis ins Kinderzimmer. Thönnessens Antrag beim Friedhofs- und Gartenamt, die Fichte zu fällen, wurde abgelehnt. Erst jetzt werden wir uns der Gefahr voll bewußt. Umquartierung im eigenen Haus. Die Kinder ins Arbeitszimmer, ich schreibe in der Küche.

15. JULI 2000

Thönnessen und ich heute morgen auf dem Amt. Den Beamten eindringliche Vorhaltungen gemacht. Es habe schon mehrere solcher Unfälle gegeben. Eine Fichte wurzelt flach, nicht tief. Das Amt, das um jedes gesunde »Stück Großgrün« kämpft, schickte am Nachmittag zwei Gutachter, die unsere Befürchtungen teilten. Der Baum muß weg, die Stadt kann die Verantwortung nicht übernehmen.

16. JULI 2000

Der Baum ist weg. Der Freund, der uns zu erschlagen drohte. Statt seiner ein großes Loch, das triefende, nasse Wolken füllen.

20. JULI 2000

Die Deutsche Ornithologische Gesellschaft teilte mit, daß der Bestand an Raben und vor allem Krähen drastisch zurückgegangen sei. Durch die Stürme der letzten Jahre seien die Nester aus dem Geäst gerissen oder mit den umstürzenden Bäumen zerstört worden, samt Gelegen und Brut. Aufgefallen sei, daß die klugen Vögel in diesem Jahr kaum noch versucht hätten, Nester zu bauen und zu brüten, auch nicht in windgeschützten Lagen. Offenbar eine Art Resignation. Das Lorenz'sche »Wirkungsgefüge der Natur«. Eine

Masche hält die andere, das ganze Netz. Trennt man eine auf, löst sich das ganze Netz auf.

31. AUGUST 2000

Den Urlaub in vollen Zügen genossen! Wie herrlich kann die Welt sein! Sonne, Wasser, Baden, Segeln, Lesen, Faulenzen. Die Seele baumeln lassen. Mit den Kindern spielen, ihnen Geschichten erzählen. Einfach drauflos leben. Tinas Lachen, wie eine Befreiung. Die Alltagsängste abschütteln, in ein paar glücklichen Stunden baden, sich wieder Albernheiten leisten dürfen: »Der Urlaub nimmt in Klagenfurt rasch alle deine Klagen furt...«

Dieser Urlaub war so wichtig!

Die Heimreise allerdings dann wieder in gedrückter Stimmung. Die Realität hält Versuche, zu entrinnen und zu vergessen, an der kurzen Leine. Hätten wieder den Nachtzug nehmen sollen. Aus dem Zugabteil zeigt sich das verheerende Ausmaß der Erdrutsch-Katastrophe vom Februar und wirkt wie ein Schock. Selbst Sylvie und Andreas haben das begriffen; sie waren ganz still, fast melancholisch. Keine Fragen. Das Surreale. Wie mit einem Riesenspachtel sind ganze Berghänge der Tauern blankgeschabt, die engen Täler bis zu hundert Metern aufgefüllt. Villach, Pörtschach! Halb Bad Gastein liegt unter den Geröllmassen begraben. Am Osthang, wo die noblen Hotels thronten, klafft eine riesige Wunde im Berg. Und der Zug fährt ganz langsam auf der notdürftig reparierten Strecke, als sollte uns das grausige Panorama ganz intensiv wie ein Memento mori vor Augen geführt werden. Ein hundertfaches Pompeji in den Alpen. Die makabre Frage, ob sich in ferner Zukunft wieder Archäologen glücklich schätzen werden, hier eine ganze Zivilisationsepoche konserviert vorzufinden? Wird man die Funde ebenfalls in Museen ausstellen, den verzweifelten Todeskampf von Menschen in Gips ausgießen und künftigen Generationen von Besuchern zum Begaffen anbieten?

Als hätten wir den Spätsommer aus Klagenfurt mitgebracht: Jetzt schon mehrere Wochen ohne Regen, sogar Sonne! Unglaublich! Süddeutschland wird allmählich wieder passierbar, taucht buchstäblich wieder aus dem Wasser auf.

Die jüngsten Schäden werden auf 40 bis 60 Milliarden Mark beziffert. Die Leier ist nun schon bekannt: Die Versicherungswirtschaft wäre weg vom Fenster, wenn der Staat nicht eingriffe. Berlin hat bereits Hilfen zugesagt. Der Ernteausfall kann für dieses Jahr wohl noch ohne Lebensmittelrationierung aufgefangen werden, die EG-Läger sind randvoll und die Dumping-Verkäufe in die Dritte Welt längst gestoppt. Das Vieh muß freilich größtenteils geschlachtet werden, es fehlt an Futter. Der Bauernstand in seiner schwersten Existenzkrise. Die traditionellen Strukturen weitgehend vernichtet. Die meisten Klein- und Mittelbetriebe werden trotz EG-Hilfe nicht überleben. Berlin will sie aufkaufen und Produktionsgenossenschaften gründen, ähnlich wie seinerzeit in der DDR.

Die Vorstellung, das nächste Jahr könnte sich klimatisch-meteorologisch in ähnlicher Weise fortsetzen, bereitet Alpträume. Eine Hungerkatastrophe wäre unvermeidlich. Europa würde wieder die Not kennenlernen, nicht nur seine Arbeitslosen und Sozialhilfeempfänger. Schon jetzt explodieren die Preise für Getreide- und Molkereiprodukte. EG und Bundesregierung werden subventionieren müssen, oder sie werden hinweggefegt. Aber was denn subventionieren, das nicht vorhanden ist? Wenn jetzt auch noch die USA zum Importland für Getreide werden... Die Dürre im Mittelwesten scheint chronisch zu sein. Ein Gebiet so groß wie Westeuropa trocknet einfach aus, wird zur Wüste.

Immerhin soll der Dauerregen das Waldsterben verlangsamt haben. Ohne Sonne wird das Schwefeldioxyd nicht so rasch zu Schwefelsäure, die den Boden versauert. Der ph-Wert des Regenwassers liegt wieder deutlich über dem Meßwert 5, also kein Essig mehr. Ein Trost, freilich nur ein kümmerlicher. Dafür wird das Grundwasser verseucht.

Schuldlos an der Katastrophe ist die Bauernschaft nicht, im Gegenteil. Kaum ein Berufsstand hat sich mit solcher Borniertheit gegen die Natur verschworen wie dieser, sehenden Auges und doch blind. Wer, wenn nicht die Bauern, hätte, aus Gründen der Vernunft und des Gefühls, aus generationenlanger Verbundenheit, die Natur verstehen und – schützen – müssen? Romantizismus?

An den Bauern wird das Grundübel der technischen Zivilisation deutlich: Der Wert der Natur, ihrer Geschöpfe und Systeme bemißt sich ausschließlich nach ihrem Tauschwert und dem ökonomischen Nutzen: Nutzland, Nutzholz, Nutzpflanzen, Nutztiere. Warum nicht auch Nutzwasser und Nutzluft? Was keinen Tauschwert hat, ist ohne Wert. Den Nutzmenschen gibt es längst: der Leistungsträger. »Machet euch die Erde zu Nutzen«, der verhängnisvollste Rat, der je gegeben wurde. Totaler Anthropozentrismus, das unnütze, lebensunwerte Leben. In der Natur ist jedes Leben gleich nützlich, die Fliege für die Evolution von gleichem Wert wie der Mensch.

Man kann für Evolution auch Gott sagen.

Seit meiner frühen Kindheit widert mich der Ausdruck »Fleischproduktion« an. Die unbarmherzige Reduktion des Lebewesens zu Material, die das qualvolle Dahinvegetieren von Schweinen, Kälbern und Hühnern nicht einmal mehr verschleiert, bis sie das Messer des Metzgers erlöst. Franz von Assisi würde nicht gezögert haben, ein Schweinesilo oder eine Nerzfarm mit Auschwitz in eins zu setzen. Der Umgang mit Tieren und die Verhöhnung ihrer artgemäßen Würde spiegelt den Umgang der Menschen untereinander wider. Das Töten und Quälen von Menschen erklärt sich aus dem Töten und Quälen von Tieren. Arthur Schopenhauers Skepsis gegenüber dem Menschen hat auch darin ihre Wurzel. Dieser große Philosoph wies als einer der wenigen auf das Schmerzempfinden der Tiere hin. Mitleid sei unteilbar. »Das bestimmt zugleich den Grad des Gebrauchs, den der Mensch ohne Unrecht von den Kräften der Thiere machen darf«. Die bedenkenlose »Menschlichkeit« gegenüber der Kreatur führt auf direktem Weg zu der Bestialität gegenüber den Menschen. »Der Mensch«, schreibt Eugen

Drewermann, »geht mit sich und seinesgleichen prinzipiell nicht anders um als mit der Natur draußen; auch er selbst ist ein Naturwesen, und eine Ideologie der Herrschaft des Menschen über die Natur ist und wird ipso facto eine Ideologie auch der Herrschaft des Menschen über den Menschen sein.« Die Folge dieser Denkweise: die riesigen Schlachthöfe der Großstädte, die schwimmenden Fischverarbeitungsfabriken, die Massentierhaltung und die ungeheuerliche Zahl der Tierversuche für medizinische, militärische und kosmetische Zwecke. Im letzten Jahr weltweit 740 Millionen Tiere »verbraucht«.

Die unzivilisierten Indianer wußten um diese Zusammenhänge, wenn sie den erlegten »Bruder Bison« um Verzeihung und Verständnis baten. Aber das waren ja auch nur Naturvölker, also Wilde, auf einer Stufe mit dem Tier, die von der christlichen Zivilisation folgerichtig gleich mit ausgerottet wurden. In den Hormonskandalen zeigt sich die Gleichgültigkeit auch vor der Gesundheit des Artgenossen. Die Lebensmittelindustrie vollendet den Zynismus. Kaum ein Nahrungsmittel, das noch bedenkenlos verzehrt werden könnte.

Menschlichkeit ist ein Synonym für naturwidrige Brutalität. Wir müssen lernen, unmenschlich zu sein, bestialisch. Und die christliche CDU/CSU weigert sich, den Tierschutz als Staatsziel ins Grundgesetz aufzunehmen. Bravouröse Konsequenz, da die Umwelt ja auch nicht in die Verfassung kommt. Der wird es aber egal sein.

Die Trägheit und Wirkungslosigkeit der Gesetze. Seit sechs Jahren ist der ungesetzliche Import von exotischen Tieren mit härteren Strafen bedroht. Wirkungslos. Seit sieben Jahren will die Bundesregierung dem Drängen der Tierschutzverbände nachgeben und im Bundestag ein Gesetz zur Begrenzung der Haustierhaltung einbringen. Experten sollen Richtlinien für artgemäßte Tierhaltung entwickeln. In Deutschland mittlerweile 90 Millionen Haustiere! Wieder das Kurieren am Symptom: Haustiere sind zu unverzichtbaren Gefährten geworden, sie lindern die grassierende, unerträglich gewordene Vereinsamung. Haustiere helfen gegen Langeweile, ein sinnloses Dasein, gegen Selbstmord.

Sie sind da, nehmen Zärtlichkeit, erwidern Zärtlichkeit. Die lebende, fühlende Kreatur in der elektronifizierten Freizeitgesellschaft. Bildschirm und Kommunikationscomputer haben bald die letzten Reste an Begegnungsmöglichkeiten von Menschen mit Menschen wegrationalisiert. Der Bildschirm erspart den Schritt aus dem Haus. Nur bleibt man dabei allein. Ich müßte eigentlich nicht mehr täglich in die Redaktion fahren, meine Arbeit ließe sich ohne Schwierigkeiten zu Hause am Bildschirm erledigen. Grauenhafte Vorstellung.

16. SEPTEMBER 2000

Gift in der Muttermilch. Ärzte und Behörden warnen die stillenden Mütter, ihre Babies noch an die Brust zu nehmen! Statt Nahrung, Leben, Wollust und dem ersten Begreifen des Du hält die Mutterbrust jetzt Gift bereit, Krankheit und womöglich den Tod. Schwermetalle und Dioxin. Aber kein Aufschrei der Empörung und des Entsetzens. Das stärkste Symbol für das Leben, das Kind an der Mutterbrust, ist zerstört. Die säugende Mutter wird als Sinnbild des Todes den sensenschwingenden Knochenmann ablösen. Die erste Kunst, die der werdende Mensch zustande brachte, waren Mütter mit prallen, lebensspendenden Brüsten. Ohne diese Brüste gäbe es die Menschheit nicht. Jetzt sind sie off limits! Hände weg! Säugen verboten, andernfalls macht sich eine Mutter des Totschlags schuldig.

Andererseits bleibt das Immunsystem ohne Muttermilch schwach. Die Gefahren werden unkalkulierbar. Selbst vergiftete Muttermilch ist lebensnotwendig. Das kleinere Übel.

17. SEPTEMBER 2000

Los Angeles muß evakuiert werden! Die anhaltende Dürre und die Wasserverschwendung, eins bedingt das andere, haben das Grundwasser erschöpft. Die Sechs-Millionen-Stadt hat ihre Existenzbasis verloren. Alle Überlegungen, mit noch so großem technischem Aufwand Wasser herbeizuführen, sind von der Regierung verworfen worden: zwecklos. Die Villenbesitzer von Hollywood und Beverly Hills werden es verkraften, aber was geschieht mit den Schwarzen in den Slums?

Die vertanen Chancen von Rio, damals. Damals? Die Vergangenheit ist schrecklich lebendiger als die Gegenwart. Wir leben von der Vergangenheit und ihrer Schuld. Die Vergangenheit ist sogar schon die Zukunft. Sie sucht die Generationen nicht nur heim bis ins dritte und vierte Glied, sondern alle ad infinitum. Der Fluch, den keiner mehr löst.

Die Regierung begreift das nicht, statt dessen vorsorglich 6000 Mann Nationalgarde nach Los Angeles.

19. SEPTEMBER 2000

Von Kourou der 10. Umweltsatellit gestartet. Die Ariane-Rakete brachte dieses technische Wunderwerk problemlos in die Umlaufbahn. Der ERS-10 kann ein Holzfeuer oder eine Öllache von fünf Quadratmetern orten, Unterschiede der Wassertemperatur bis auf 0,02 Grad messen und die Höhe der Meereswellen bis auf zwei Millimeter genau. Er kann das Absterben von Bäumen im Frühstadium erkennen, stellt sich abzeichnende Luftdruckgegensätze fest, warnt vor drohenden Orkanen und treibenden Eisbergen. Die Datenfülle soll so gewaltig sein, daß sie gar nicht gespeichert werden kann, sondern sofort abgerufen werden muß.

Datenrausch zur Beruhigung. Denn die Vorgänger dieses Satelliten, allesamt noch um die Erde kreisend und Daten ausspuckend, bringen fast dieselbe Leistung. Was nutzen die Daten, wenn sie nicht in Taten umgesetzt werden? Wir wissen doch alles, jedenfalls das, was gewußt werden muß, um die Umwelt zu erhalten. Jeder Satellit bestätigt nur die Daten des Vorgängers. Pure Redundanz. Was nutzen mir zehn Telegramme desselben Inhalts? Nichts! Was also nutzt der zehnte ERS...?

21. SEPTEMBER 2000

Der Herbst führt sich prächtig ein. Seidigblauer Himmel, die Sonne der Azteken. Die geschundenen Taunuswälder glühen in kräftigen Farben auf wie ein fiebernder Patient, der sich für einen Moment besser fühlt. In den Spinnennetzen glitzert der Tau. Glasperlenspiele. Die Intensität des Verlangens, die Farben, den Himmel, die Sonne einzusaugen, schmerzt fast. Im Unterbewußtsein das Gefühl des unwiederbringlichen Versäumnisses, wenn man es nicht täte. Die Melancholie des Herbstes weckt Sehnsucht und Resignation. Jeder Zweig, der sich im Winde wiegt, ist wie ein Winken. Adieu! Meine Jugend aber will mir sagen, ich hätte noch Zeit, nächstes Jahr würde sich alles wiederholen, denn alle Lust will Ewigkeit. Doch die Zweifel sind da. Eine bereits neurotisierte Sensibilität, die mich zwingt, in die Baumwipfel hinaufzublicken. Auch das Schöne muß sterben. Über die Höhenstraße von Taunusstein nach Wiesbaden röhrt ungehemmt wie eh und je die nicht endende Autoschlange.

Verdammter Kitsch! Laß dich nicht so durchhängen!

In Südeuropa beten sie um Regen. Seit vier Jahren fiel kein Tropfen Wasser, über dem Mittelmeer lastet die ägyptische Plage. Hunger. Die immer noch schwelenden Waldbrände äschern nun auch die Höhen des nördlichen Apennin ein. Sizilien, Sardinien, Korsika – längst verkohlte Eilande, unbewohnbar selbst für Bergziegen.

Gestern haben sie bei Catania die 11. Meerwasserentsalzungsanlage in Betrieb genommen. Der berühmte Tropfen auf den heißen Stein, im Wortsinne. Bulgarien und Rumänien verweigern den Bau einer Wasserleitung, die Donauwasser nach Griechenland bringen soll. Die EG bewilligt zehn Milliarden für neue Entsalzungsanlagen. Auch der Westen der Türkei dörrt allmählich aus, Irak droht den Türken mit Krieg, wenn sie Euphrat und Tigris weiter absperren und auf die anatolischen Felder leiten. Israel kämpft gegen die Offensive der Negev-Wüste und droht Syrien mit Krieg wegen des Jordans. Vermittlungen der UNO bislang gescheitert. Jetzt geht es wirklich um die nackte Existenz. Der wärmer gewordene Atlantik verdunstet zwar zehn Prozent mehr Wasser als noch vor wenigen Jahren, aber die Windrichung hat sich auch geändert: Die Wolken treiben nach Mittel- und Nordeuropa.

Sonne! Ob Lebensquelle oder Fackel bestimmt nun auch der Mensch. Unser Einfluß ist wahrhaftig planetarisch, nur leider destruktiv.

Und die Meteorologen halten keinen Trost parat. Das mediterrane Klima ist auf dem Rückzug nach Norden, sagen sie, auch wenn es dieses Jahr dort wahrhaftig nicht danach aussah. Damit kann die Vegetation nicht Schritt halten. Wälder »wandern« auf natürliche Weise höchstens um 60 Meter pro Jahr, die um zwei Grad gestiegene Temperatur hat die Klimazone jedoch um 200 km nach Norden verschoben. Da muß der mediterranen Vegetation die Puste ausgehen.

24. SEPTEMBER 2000

Für den Fremdenverkehr war dieses Jahr eine Katastrophe. Hier der nicht enden wollende Regen, dort die unaufhörliche Sonne, unerbittlich, gewalttätig, asphaltschmelzend. Die Hotels an der Riviera können die Swimmingpools nur noch mit Meerwasser füllen. Europa wird häßlich.

30. SEPTEMBER 2000

Die Vereinten Nationen drohen Brasilien mit dem Stopp jeglicher wirtschaftlicher Zusammenarbeit, wenn die Vernichtung der Regenwälder nicht sofort wirksam unterbrochen wird. Die bisherigen Maßnahmen seien unzulänglich und halbherzig. 42 Prozent der Amazonas-Wälder seien seit 1960 zerstört worden, unwiederbringlich verschwunden. Die grünen Lungen der Erde, die CO_2 einatmen und Sauerstoff freisetzen, leiden unter Schwindsucht. Das genetische Reservoir des Planeten – mindestens zwei Millionen Arten, wenn nicht gar 20 Millionen – ist vom Aussterben bedroht. Eine Regeneration würde 12 bis 15 Millionen Jahre dauern. Und die Brandrodungen blasen jährlich zwei Milliarden Tonnen Kohlendioxyd in die Atmosphäre. Die gerodeten Flächen werden nicht nur rasch zur Steppe, sie werfen auch die Sonneneinstrahlung zurück, was wiederum die Atmosphäre aufheizt. Wie im Mittelmeerraum auch.

Die UNO-Resolution Nr. 1416 enthält sogar die versteckte Drohung einer militärischen Intervention der Weltgemeinschaft.

Die Bundesregierung erklärt, daß sie sich besonders getäuscht fühle, weil sie seit dem Umweltgipfel von Rio vor acht Jahren über 600 Millionen Mark für die Erhaltung der Regenwälder zur Verfügung gestellt habe.

Pure Heuchelei, natürlich, und doppelte Moral obendrein, doch es gibt keine Alternative. Ohne Lungen kann man nun einmal nicht atmen, auch wenn man sie als Kettenraucher selber metastasiert hat. Die USA oder wir hier in Europa verdrecken die Umwelt stärker als die Brasilianer, aber die können uns zu nichts zwingen, sie können hier nicht militärisch intervenieren oder ein Handelsembargo verhängen. Also gibt es zum Recht des Stärkeren keine Alternative. Und was kümmert den Holzfäller und den landlosen Minifundisten der Umweltschutz, wenn er nur das besitzt, was er am Leibe trägt, und seine Kinder geschwollene Hungerbäuche haben?

Die angebotene Entschädigung von 15 Milliarden Dollar wird in den üblichen Korruptionskanälen versickern. Denn auch den Haziendeiros und Großgrundbesitzern ist der Umweltschutz egal, wie unseren Industriebossen auch. Die UNO hätte die Regierung in Brasilia zwingen sollen, endlich eine Landwirtschaftsreform durchzuführen, zugunsten der Landlosen und Hungernden. Die Wurzel des Übels ist die Unersättlichkeit der Reichen. Es sind ja nicht zuletzt die Verzweifelten und Verjagten, die Wälder niederbrennen, nicht die Latifundistas. Jetzt werden Polizei und Armee jeden niederschießen, der sich ein Stück Land roden will, weil er nicht satt wird, und stets werden sie einen Bettelarmen treffen – und zehn Kinder zu Halbwaisen machen.

Aber warum regt sich niemand über die Kanadier auf, die fast ebenso große Waldflächen abholzen wie die Brasilianer? Und der Raubbau in Thailand, Zaire, Indonesien? Und die Wälder in den Appalachen, in den Rocky Mountains, in Wisconsin? Verschwunden, verbrannt, verhökert.

2. OKTOBER 2000

Mit Beginn des Frühlings haben Australien und Neuseeland ihre Verbote verschärft, sich während der Mittagsstunden für längere Zeit der prallen Mittagssonne auszusetzen. Die Krebskliniken können den »Patientenanfall« mit Hautkrebs nicht mehr bewältigen. Die Krankenkassen und Versicherungen verweigern mit dem Segen der Regierungen die Ersatzpflicht bei Zuwiderhandeln. Arbeit im Freien wird in der Mittagszeit eingeschränkt. Es sieht schlimm aus für die südliche Halbkugel. Experten warnen: Mit dem Verschwinden der antarktischen Nacht wird unter der verstärkten Sonneneinstrahlung ein riesiges Loch in der Ozonhülle entstehen, direkt über Australien und Neuseeland. Befürchtet wird ein langanhaltendes Tiersterben. Die freilebende Fauna hat langfristig keine Überlebenschance. Und das Pflanzenwachstum wird sich um ein Drittel verringern.

Wäre ich ein Zyniker: Welch ein Drama! Der ganze Planet eine riesige Bühne mit zahllosen Nebenbühnen, jeder ist Zuschauer und Akteur zugleich, Opfer und Schuldiger – mit Ausnahme der Kinder. Jede Phantasie verblaßt vor diesem Schauspiel und seiner unerbittlichen Realität, die keine Katharsis mehr erlaubt, keine Selbstläuterung und keine Umkehr. Wirklich Schuld? Oder nicht doch lediglich der Vollzug eines unabänderlichen Gesetzes der Evolution: Was sich nicht anpaßt, wird ausgemerzt? Also doch eine griechische Tragödie: unausweichliches, unvermeidbares Verhängnis, für das der Mensch nicht verantwortlich ist. Dann aber sollten diejenigen aus Barmherzigkeit schweigen, die es besser wußten, die Warner und Mahner. Denn schon ein einziger Vernünftiger verkörpert zugleich die Möglichkeit der kollektiven Vernunft.

Dann aber doch Schuld und keine bequeme, letztlich irgendwie beruhigende griechische Tragödie? Es hätte nicht sein müssen, ihr hättet wissen können, was ihr tatet. Ihr hättet umkehren können!

Pech für die Australier, daß noch 20 Millionen Tonnen FCKW und Halone unterwegs sind in die Stratosphäre – und zwar noch 70 oder 90 Jahre lang. Da nutzt auch das Sonnenbad-Verbot nichts. Aus Millionen Kühlschränken und Klima-Anlagen quillt das Gift. Der König Midas mußte einst verhungern, weil ihm alles zu Gold wurde, was er anfaßte. Was wir anfassen, wird zu Gift.

Dringlichkeitsantrag Australiens und Neuseelands in den Vereinten Nationen, den Reisanbau einzuschränken zugunsten der Getreidekultur. Offenkundig eine Panikreaktion, wenngleich eine verständliche. Der Ozonabbau werde rapide beschleunigt durch das Methan, das aus den unendlichen Reis-Sümpfen Asiens aufsteigt. Millionen von Tonnen. Canberra erklärt sich gleichzeitig bereit, den Viehbestand um die Hälfte zu reduzieren, um die Methan-Emission entsprechend zu verringern. Obwohl dadurch die Existenz zahlloser Farmer ruiniert werde, sei die Regierung zu dieser drastischen Maßnahme entschlossen, weil andernfalls das Überleben auf der südlichen Erdhalbkugel auf dem Spiel stehe, wobei es nur eine Frage der Zeit sei, bis die Ozonausdünnung über dem Nordpol auch für Europa die Existenzfrage aufwerfe.

Die bedauernswerten Australier: Es ist richtig, daß aus den Reisfeldern jährlich 130 Millionen Tonnen Methan aufsteigen und daß dieses Gas zwanzigmal zerstörerischer ist als CO_2 – aber wovon sollen sich die Milliarden Asiaten ernähren? Läßt sich eine jahrtausendelange Ernährungskultur in wenigen Jahren ändern? Wie soll in den Sumpfgebieten, wo eben nur Reis wächst, Getreide angebaut werden? Aussichtslos.

Doch der Aufschrei der Australier hallt bis nach Europa, aber dort ist es still. Aus den Müllkippen der Industriestaaten quillt soviel Methan wie aus den Reisfeldern Indiens und Chinas zusammen. Das Freiburger Öko-Institut weist darauf hin, daß sich der Methangehalt in der Atmosphäre von 0,4 ppm auf 1,9 ppm erhöht habe. Das signalisiert eine Katastrophe. Das Problem der Australier und Neuseeländer ist also auch unseres, aber dennoch harmlos, wenn man die Perspektiven bedenkt: Sollten große Teile der Permafrost-Böden in Rußland und Kanada auftauen, würden Milliarden, wenn nicht Billionen Tonnen Methangas freigesetzt.

Und genau dies geschieht bereits.

Wieder diese Fatalität: Mit Reis assoziiert man Leben und Überleben, mit Vieh Wohlstand. Pecus, das Vieh, pecunia, das Geld. Aber da ist das Kohr'sche Gesetz: Unaufhörliches Wachstum ist Wucherung, ist Krebs und führt zum Erstikkungstod. In der Natur gibt es nur Systeme mit negativer Rückkoppelung, von den Galaxien bis zu den Quanten. Das ist ein Naturgesetz, das alles im Gleichgewicht hält. Was dagegen verstößt, muß sterben, wie die Dinosaurier. Was sich daran hält, überlebt, wie der Ameisenbär, obwohl er nichts dafür kann. Der Ameisenbär hätte sicher gerne eine dickere Haut, damit er die Termiten ungestört auffressen könnte. Und könnte er handeln wie ein Mensch, hätte er sich längst eine dicke Haut zugelegt. So aber hat die Evolution für ihn gedacht und sie ihm verweigert – und ihn dadurch gerettet. Denn er kann nur ein Zehntel eines Termitenbaus zerstören, dann muß er das Weite suchen, weil er zerstochen ist. Hätte er Verstand wie ein Mensch und könnte er sich Apparate schaffen, hätte er seine Existenzbasis aufgefressen, und es gäbe ihn nicht mehr. Das Problem der Freiheit zeigt sich als Exempel beim Ameisenbären. Weil er unfrei ist, überlebt er, die Evolution sorgt für ihn. Teilt ihm das Maß seiner Freiheit zu. Weil der Mensch frei ist, mehr zu fressen, als er braucht und verträgt, muß er – verschwinden? Freiheit ist Einsicht in die Notwendigkeit, sagt Karl Marx.

Alle vom Menschen geschaffenen Systeme haben eine positive Rückkoppelung: Wachstum, Wucherung, Fortschritt. Es ist der menschliche Verstand, der gegen das Naturgesetz verstößt. Ein Geschwür. Zwanghaft. Unfreiheit.

Mein Muttermal am Unterschenkel scheint sich zu verändern. Jetzt in der Größe eines Fünf-Pfennig-Stücks. Ausgefaserte Ränder, es näßt. Morgen zum Arzt.

5. OKTOBER 2000

Der Umweltschutzbericht der Bundesregierung strotzt wieder von Erfolgsmeldungen. Wieder wurden opfervolle Siege im Kampf gegen die Zerstörung der Natur errungen. Und die Regierung sieht sich in vorderster Front, reißt Europa mit. Die Siegesmeldungen erinnern mich an die Wehrmachtsberichte aus dem Zweiten Weltkrieg. Anfangs wurden die offensiven Siege bejubelt, später dann, ab Stalingrad, die defensiven. Am Ende gab es nur erfolgreiche Niederlagen, denn es hätte ja noch schlimmer kommen können. Der Eindruck verstärkt sich, als befänden wir uns im Kampf um die Natur in einer Post-Stalingrad-Phase. Lauter Rückzugs- und Abwehrerfolge. Vorwärts Kameraden, wir müssen zurück!

Aber wer ist denn der Feind? Das sind wir selbst. Also kämpfen wir gegen uns selbst und rühmen uns der erfolgreichen Niederlagen, die wir uns bereiten. Daher können wir ja gar nicht verlieren, wir siegen immer, so oder so.

Der Umweltminister will jetzt doch neue Überlegungen anstellen, ob der Erhalt der Natur als Staatsziel ins Grundgesetz aufgenommen werden soll – das Wort Natur kommt im Grundgesetz überhaupt nicht vor! Eventuell will Berlin einen Vorstoß Dänemarks für die ganze EG unterstützen. Eine 15 Jahre alte Forderung. Aber jetzt wird es ihnen offenbar ernst.

Jahrtausendelang hat der Mensch in die Natur und ins übersinnliche Jenseits gelauscht, um Fingerzeige der Überirdischen zu erhalten, damit er sich orientieren könne. Orakel, Propheten, Seher, Wahrsager, Opferdeuter, Priester waren um Auskunft bemüht. Die Kosmogonien, Mythen, Kulte, Riten, Religionen und Gebete – was sind sie anderes als der Versuch, die unbegriffene Natur zu deuten? Die Natur war furchterregend, gewaltig und übermächtig, grausam und unerbittlich, dennoch hielt sie alles Lebendige und nährte es, auch den werdenden, begreifenden Menschen. Die Menschwerdung vollzog sich unter dem Druck der Angst. Um diese Angst zu mildern, erfand der Mensch die Götter und Geister, Engel und Teufel, er personifizierte das Unbegreifliche. Denn mit Göttern und Geistern ließ sich kommunizieren, selbst mit dem Teufel. Sie stellten Forderungen und gaben Antworten, nach denen man sich richten konnte.

Das mag zwar nicht das Paradies gewesen sein, aber der Sündenfall setzte ein, als sich der Mensch seiner selbst als Herrscher über die Natur bewußt wurde und die Schöpfung als eine Vielzahl von Objekten wahrzunehmen begann. Seit einem halben Jahrhundert sendet die Natur Signale aus, daß sie drauf und dran sei, zu erkranken. Sie warnt uns, daß es mit ihrer Geduld zu Ende gehe, denn ihre Krankheit wäre unser Untergang. Um uns den Ernst der Lage vor Augen zu führen, opferte sie zunächst Unschuldige – sie ließ es zu, daß wir 120 000 Tier- und Pflanzenarten ausrotteten. Sie ließ die Welt ärmer werden. Sie nahm es hin, daß wir die Seen und Flüsse erstickten, dann ganze Meere erdrosselten, die Wälder vergifteten. Sie zog ihre Gletscher zurück, ließ die Meere steigen, schickte uns Orkane und Sturmfluten.

Und alle diese Warnungen, die unsere Altvorderen entsetzt hätten, schlugen wir in den Wind.

Es ist, als wollten wir unsere Ur-Ahnen an der Natur rächen für die Jahrmillionen unaufhörlich erlittene Angst vor ihr und ihren Erscheinungen. Wir haben der Natur unsere Zivilisation entgegengestellt. Unsere zweite Natur ist die eigentliche geworden. Und die hat allemal Vorrang, mit ihren Sachzwängen und Unabweisbarkeiten. Eine gigantische Maschine, die man mit Natur füttert und die uns vorgaukelt, man könne sie reparieren, wenn Defekte sichtbar werden. Sie läßt sich nicht mehr reparieren. Die Industriezivilisation ist auch keine Maschine, sondern ein waberndes und wucherndes Netz, ein unaufhörlich wachsender Regelkreislauf mit ausschließlich positiver Rückkoppelung. Nur – die ökologischen Sachzwänge werden sich als die stärkeren erweisen, trotz der vielen Opfer, die die Natur uns zuliebe bereits gebracht hat, um uns aufzuwecken. Sie braucht uns nicht, aber wir brauchen sie.

Im Fernsehen haben sie jahrelang diese schöne, wahre Banalität unters Volk zu bringen versucht, als Motto stand sie unzähligen Büchern und Sonntagsreden voran, niemand, der es bezweifelt hätte: »Die Natur braucht uns nicht, aber wir – brauchen die Natur.«

Die »Primitiven« haben die Natur verstanden, weil sie ihr noch nicht entfremdet waren. Die Weisheit des Primitiven. Wir dagegen haben alles gemessen, gewogen und berechnet, in Kubikkilometern und parts per billion, die Substanzen analysiert und die Teile zergliedert und katalogisiert, die Fäden aus den Zusammenhängen gezogen und die Prämissen formuliert. Die Natur gab die Geheimnisse ihrer Details preis und offenbarte ihre Wunder – aber wir haben sie in ihrer Ganzheit nicht begriffen. Das Staunen blieb aus, sie blieb uns fremd. Wissen statt Weisheit, Kenntnisse statt Erkenntnis, das ist der Rückschritt des Fortschritts. Die Ausplünderung der eigenen Existenz und die Beraubung unserer Lebensgrundlagen. Ein wütender Masochismus, der gegenüber unseren Kindern und Enkeln zum Sadismus wird.

An jeder Universität gibt es heute einen Lehrstuhl für Ethik: Ethik von Wissenschaft und Technik, Ethik der Politik, Ethik der Wirtschaft. Ethik und Umwelt. Eine öffentlich-institutionalisierte Kompensation für Schuld und schlechtes Gewissen. Aber um welche Ethik geht es? Die moralischen Lehren und ethischen Systeme des Abendlandes haben nie auf die Vernunft gesetzt, auf die Einsicht des Intellekts und auf die autonome, selbstbestimmte Verhaltenskontrolle. Verhalten war immer diktiert, Gut und Böse wurde den Leuten eingebleut. Das Ich des Individuums blieb schwach, die moralischen Autoritäten setzten auf das Über-Ich, das ihnen die Herrschaft über den einzelnen und über die Massen sicherte. Immer nur partikulare Ethiken, Teilwahrheiten, aber leider mit universalem Anspruch.

Ethisch ist, was der heiligen Mutter Kirche frommt. Moralisch ist, was dem Vaterlande dient, was die Wissenschaft voranbringt. Ethisch ist, was der Wirtschaft nutzt. Und immer waren es wenige, die eine Ethik formuliert – und durchgesetzt haben. Eine solche Ethik will Verhaltenskontrolle durch Schuldgefühle, ist also eine sublime Form von Fremdbestimmung und Unterdrückung. Am wirksamsten sind die ethischen und moralischen Normen, wenn man sie schon als Kind wie mit der Muttermilch einsaugt und verinnerlicht, damit sie als verselbständigter Befehlsgeber, als Über-Ich, fungieren. Ethik und Moral herrschen dann durch Angst und entfremden den Menschen von seinen natürlichen Wünschen und Bedürfnissen, indem sie diese als schlecht denunzieren. Selbstunterdrückung durch Ethik und Moral bringt den sadistischen, autoritären und autoritätshörigen Typus hervor, der heute gebraucht wird. Und der weiß das nicht einmal.

Die Teil-Ethiken des Abendlandes haben immer das Leben gering geachtet.

Wirtschaftsethik? Gut ist, was dem Betrieb nutzt, Kosten spart, den Gewinn mehrt, Wachstum garantiert, die Wettbewerbsfähigkeit verbessert, billige Ressourcen verbraucht, Luft, Wasser, Boden, Wälder, Tiere, Menschen. Das ethische Dilemma, kirchlich und moralisch gesegnet: Die Wirtschaftsethik fragt nicht nach den Folgen, wenn die Bilanzen stimmen und der Wohlstand blüht. Ausweglos. Dabei bestimmen letztlich die Produktionsverhältnisse die ethischen Voraussetzungen: In Zeiten der Not herrscht strenge Moral, in Zeiten des Wohlstands stellt sich Libertinage ein. Konsum und Verbrauch als gesellschaftliche Pflicht dulden keine Askese, nicht einmal Selbstbeschränkung. Nicht einmal Selbstreflexion und Nachdenken. Die Entfesselung der Industriezivilisation hat alles verändert, mit Ausnahme des menschlichen Denkens.

Moral und Ethik werden niemals in der Lage sein, zum Erhalt der Schöpfung beizutragen. Und damit zum Erhalt des Menschen. Ebenso wenig wie man Frieden machen kann, kann man Umweltschutz machen. Wir wissen ja, daß und weshalb wir die Umwelt schützen sollen und müssen. Wir kennen das universale Gebot, aber wir befolgen es nicht – und werden es solange nicht befolgen, solange wir – wie Kant – die ethische Frage stellen: »Was sollen wir tun?« Statt dessen die Verstehensfrage: »Wer sind wir? Warum handeln wir so? Warum haben wir Angst, warum unterdrücken wir uns selbst?« Die Verstehensfrage erst böte die Chance eines ersten Schrittes, zu einer Aussöhnung des Menschen mit sich selbst und der Natur zu gelangen. Ethik ist ein Ergebnis des Mißtrauens des Menschen gegen sich selbst, Verstehen fördert Vertrauen. Es kann kein ethisches Postulat geben, die Natur um ihrer selbst willen zu schützen, weil jede Ethik als Ergebnis der anthropozentrischen Kulturentwicklung des christlichen Abendlandes damit überfordert wäre. Keine Ethik kann Menschen, die um ihre Existenz kämpfen, die Plünderung der letzten Ressourcen verbieten, um ihr Dasein zu sichern. Aber sie verbietet ja nicht einmal den Raubbau an der Natur, um Wachstumsraten und Profite für Reiche zu sichern, die schon im Überfluß leben, weil sie den fatalen Sachzwang nicht beseitigen kann: Ohne ständiges Wachstum bräche unser Wirtschaftssystem – und damit wahrscheinlich unser Gesellschaftssystem – zusammen.

Hier läge die große Chane der Religion, allerdings nur, wenn sie sich von ihren ethischen Postulaten befreite und den Menschen so annähme, wie er ist, ohne die ständige Versuchung, Schuld und Angst zu wecken und ihn mit Strafen zu bedrohen. Wenn sie ihn also verstehen lernte als Teil der Schöpfung, nicht als deren Beherrscher. Angstfrei leben in und mit der Natur, nicht gegen sie. Christus hat den Hinweis gegeben, dessen Symbolik stets falsch gedeutet worden ist: Sehet die Vögel unter dem Himmel und die Lilien auf dem Felde, sie ernten nicht, sie säen nicht, und Gott der Herr ernähret sie doch.

Aber Immanuel Kant, an dem keiner vorbeikommt, wenn von Ethik die Rede ist? Auch er löst das Dilemma nicht. Wenn sittliches, also vernünftiges Handeln nur dann autonom ist, weil ich das Sittengesetz selber will und verinnerlicht habe, so taucht das Problem des Über-Ich auf, das der Königsberger natürlich nicht kannte. Jedes rigide Über-Ich gibt dem Individuum die Gewißheit, die Normen nicht als fremde verinnerlicht zu haben, sondern sie aus Gründen der praktischen Vernunft selber zu wollen. Und es handelt so, wie es der Kategorische Imperativ befiehlt, als ob die Maxime seiner Handlungen durch seinen Willen zum allgemeinen Naturgesetz werden sollte. Auch wenn Kant die praktische Vernunft als Absicht und Gabe der Natur definiert, hilft das nicht weiter. Das Tun des Guten ist zum geringsten Teil ein unmittelbarer Akt der Vernunft und des Willens, zu dem jeder Mensch fähig wäre, sondern sehr viel intensiver ein Ergebnis des Sozialisationsprozesses insgesamt. Erst dieser entscheidet über die Stärke des Ich und über die Fähigkeit des Individuums, autonom zu handeln.

Konrad Lorenz hat es einfacher und einleuchtender ausgedrückt: Alles, was der Arterhaltung dient, ist vernünftig, daher auch gut, denn dann muß es auch mit der Umwelt in Einklang stehen. Da der Mensch seine Art gefährdet, handelt er unvernünftig, also böse, weil nicht im Einklang mit der Natur stehend. Die Grundprämissen der Ethik ergeben sich also daraus, ob ein Verhalten im Einklang mit der Natur steht oder nicht. Eine solche Ethik wäre objektivierbar.

Der Umweltschutzbericht der Bundesregierung ist nur ein weiteres Dokument für die Entfremdung des Menschen von seiner inneren und äußeren Natur. Als wäre die »Umwelt« keine Mitwelt, als wäre sie um des Menschen willen da als Zweck, seine Existenz zu garantieren, möglichst komfortabel, airconditioned. Ein Dokument für die Überforderung der Politik und ihrer Ratgeber. Solange sie Boden, Luft, Wasser, Pflanzen und Tiere als Produktionsfaktoren begreifen, die um der Existenzsicherung des Menschen willen geschützt werden müssen, wird das Elend fortbestehen, weil es nicht verstanden wird. Alle Philosophie, alle Psychologie, alle Anthropologie erweisen sich, auch wenn sie sich gutgemeint in den Dienst des Umweltschutzes stellen, letztlich nur als irrige Spekulationen, als Sebsttäuschung und primitiver Narzißmus, sofern sie den Menschen in den Mittelpunkt stellen und die gesamte Schöpfung als auf ihn hin ausgerichtet deuten. Diese Grundprämisse ist falsch: Wir sind nicht die Krone der Schöpfung, sondern ihr größtes Problem. Die Natur ist nicht zu unserem Zweck geschaffen worden, sondern wir sind ein Ergebnis der Natur und ihrer evolutionären Entwicklung. Auch der Mensch hat keinen Zweck, außer dem, zu existieren. Die Vertreibung aus dem Paradies hat erst jetzt begonnen!

7. OKTOBER 2000

Gestern stellten die Stadtwerke die Trinkwasseraufbereitung ein. Die Belastung des Grundwassers mit Schwermetallen nimmt alarmierende Ausmaße an. Auch die Frankfurter wissen sich bald nicht mehr zu helfen. Die Überschwemmungen der letzten Jahre hätten die Chemikalien ins Grundwasser gespült. Ich bezweifle das. Die Verseuchung ist Folge der unzähligen Altlasten. Die Sünden der Väter beginnen, die nachfolgenden Generationen heimzusuchen. Schätzungsweise 200 000 Müllkippen gibt es in diesem kleinen Deutschland, eine auf 1,5 Quadratkilometer. Die meisten kennt man gar nicht mehr, viele stammen noch aus dem vorigen Jahrhundert. Sogar das Mineralwasser wird zusehends »belastet«, also giftiger.

Meine Kindheit im Bayerischen Wald: sich noch einmal müde und durstig über eine Quelle beugen und kristallenes, köstliches, kaltes Wasser in vollen Zügen trinken. Vorbei.

Was jetzt? Woher soll Wiesbaden Wasser nehmen? Die Weltkurstadt, die ihren Ruf der Heilkraft des Wassers verdankt, muß die Hähne abdrehen und Wasser kaufen.

Ich stelle mir vor, die Bewohner eines Hauses würden sich so benehmen wie die Menschen gegenüber der Natur. Überall Gift, Unrat, Müll, stickige Luft. Die Katze und der Kanarienvogel verendet, im Garten Pflanzen und Sträucher verdorrt, die Kinder bereits krank. Die Behörden würden das Domizil schließen und die Bewohner in die Irrenanstalt einweisen.

Natürlich, der Vergleich ist falsch: Es gibt nur die gruppenorientierte Moral, keine globale.

8. OKTOBER 2000

Die Redaktionsleitung entschließt sich, die Seite »Auto-Motor-Sport« einzustellen. Die Wirtschaftsredaktion erklärt sich für überfordert, andere Kriterien für die Bonität eines Unternehmens zu entwickeln als die der Effizienz: Wachstum, Gewinn, Kosteneinsparung, Rationalisierung, Wettbewerbsfähigkeit. Die Widersprüche sind unlösbar.

Der größte Widerspruch: das Bildungssystem. Je effektiver es gestaltet wird, je höher die Qualifikation der Schul- und Studienabgänger, desto intensiver und irreversibler die Zerstörung der Natur. Wissen statt Weisheit, Kenntnisse statt Erkenntnis.

Die Kinder »wissen« noch um diese Zusammenhänge. Im Kindergarten malten sie das Thema »Wir und die Natur«. Erschütternd. Andreas malte einen großen, schwarzen Mann – wohl seinen Vater –, der aus dem Fenster nach der Sonne greift. Unter dem Fenster das Geäst eines toten Baumes.

Wir werden den Kindern mit Erfolg beibringen, ihre Weisheit im Laufe der Jahre zu vergessen und gegen Wissen einzutauschen.

Krisensitzung in der Redaktion mit der Verlagsleitung. Die Auflage der FR sinkt dramatisch. Die Auswertung von Leserumfragen scheint klar zu belegen, daß unsere Entscheidung, dem Umweltschutz Vorrang einzuräumen, nicht angenommen wird. Die »Katastrophenberichte« und »Krisenkommentierung« überfordern den Leser offenbar und gehen ihm an die Nerven, obwohl sie lediglich die Realität wiedergeben, allerdings ungeschminkt. Doch damit geben wir vielen Lesern keine Chance mehr zu verdrängen. Die Sehnsucht nach der heilen Welt ist von der Redaktion unterschätzt worden. Die Freude am unbeschwerten Genuß der produzierten Güter bestimmt alle Fragen der Ethik und der Psychologie.

Vor allem haben wir gegen ein Grundprinzip erfolgreichen Zeitungsmachens verstoßen: Wir haben den Lesern kein Feindbild mitgeliefert und uns selbst nicht als allwissende Vorkämpfer zur Identifikation angeboten. Der Versuch, komplexe und vernetzte Regelkreisläufe zu vermitteln, in denen Wirkungen und Ursachen identisch sind, übersteigt das Verständnis der meisten Menschen. Für die Zerstörung der Umwelt sind nicht Politiker oder Unternehmer verantwortlich, sondern das ganze gesellschaftlich-industrielle System. Die agierenden Figuren sind nur Vollstrecker der Sachzwänge des Systems. Das wird von ihnen erwartet, danach bemißt sich ihre Leistung. Dieses System aber versteht längst niemand mehr – Galbraith, Forrester, von Hayek. Aber jeder ist ein Teil dieses Systems und insofern verantwortlich: der Autofahrer, der Stromverbraucher, der Konsument, Arbeitnehmer und Unternehmer, Gewerkschaften und Parteien. Alle, die immer besser leben wollen und Druck auf die »Verantwortlichen« ausüben, damit sie dafür sorgen. Alle, die Wachstum für unverzichtbar halten. Und das sind alle.

An unserer sinkenden Auflage bewahrheitet sich die These, daß die Realitätswahrnehmung des Menschen eine begrenzte ist. Sie taugt nur dafür, lineare Ursachenketten zu erkennen, aber keine Regelkreisläufe. Diese Begrenzung reichte in vorzivilisatorischer Zeit aus, um sich zurechtzufinden. In komplexen Industriegesellschaften erweist sie sich als schweres Defizit, das zu unserer Misere beiträgt. Die Evolution hatte aber noch keine Zeit, dieses Defizit auszugleichen. 10 000 Jahre sind zu kurz, die Kulturentwicklung ist ihr davongerast. Nur mit bewußter Reflexion und intellektueller Anstrengung ließe sich das Defizit ausgleichen. Dann aber stellt sich Ratlosigkeit ein, denn Denken bereitet Unlust (Freud). Die Systeme sind zu kompliziert.

Von einer Zeitung, einer kritischen zumal, wird erwartet, daß sie weiß, wo es lang geht, daß sie die Lösungen kennt. Sie muß energisch auf diejenigen zeigen können, die das letzte Wort haben. Videant consules..., sollen die Verantwortlichen dafür sorgen. Dann sind die anderen entschuldigt, obwohl sie ebenfalls Teil des Systems sind.

Der Fall Meißner-Hoechst: Wer war schuld an der katastrophalen Vergiftung des Mains im August? Die Prügel bekam der Schichtführer der Nachtschicht, der die Brühe in den Main leitete. Unsere Recherchen ergaben: Der Schichtführer kannte die chemische Zusammensetzung und die Gefährlichkeit der Substanz nicht genau. Der Abteilungsleiter hatte zu undeutliche Anweisungen gegeben. Der Vorstand konnte sich noch nicht auf ein Konzept für eine vollbiologische Kläranlage einigen, der Aufsichtsrat ist zu gleichgültig, obwohl er die Prioritäten beeinflußt; in- und ausländische Konkurrenz setzt der Firma Hoechst schwer zu, die Stadt verzögerte bislang den Verkauf eines Grundstückes für die Kläranlage, die Banken haben Bedenken wegen der Rentabilität, die Bundesregierung erschwert Entsorgung des anfallenden Giftmülls, verbietet aber das Produkt nicht, weil es angeblich unverzichtbar ist, die Nachfrage der Kunden ist groß; die Landesregierung hat noch keinen Standort für eine Müllverbrennungsanlage finden können: gegen die aber die Grünen und alle Umweltschutz-Organisationen protestieren, weil die Technik nicht ausgereift sei und giftige Rückstände in die Luft gelangen; der Hoechst-Betriebsrat weigert sich, einer Produktionseinstellung zuzustimmen – wegen der Arbeitsplätze.

Am Ende wurde der Schichtführer gehängt, das letzte Glied der vermeintlichen Ursachenkette, die in Wirklichkeit ein Regelkreislauf ist, der unser ganzes System umfaßt, sogar über die Europäische Gemeinschaft hinaus.

Die Redaktion weiß nicht, wie es weitergehen soll. Lineares – unzulängliches – Ursachendenken versus realitätsgerechtes Systemverständnis, Vereinfachung versus komplexe Vernetzung, falsch versus richtig. – Seit jeher das Problem des Journalismus. Je anspruchsvoller er war, desto weniger Erfolg war ihm beschieden. Und anspruchsvoll war er selten genug.

Sollen wir wieder zurückkehren zum einfachen und vereinfachenden Kausalitätsprinzip? Klare Ursache, klares Feindbild? Das wäre nur Selbsttäuschung.

14. OKTOBER 2000

EG-Kommission legt Untersuchungsbericht vor, eine Art Fazit von 170 Jahren Industriezivilisation: Alle Kunstwerke im Freien weitgehend zerstört. In Deutschland die Portale der meisten Dome und Kirchen nicht mehr zu retten. Burgen und Schlösser verwittern »mit dem Zeitfaktor 10«, also zehnmal schneller. Stonehenge wird unter Plexiglas gestellt, die Akropolis soll überdacht werden. Das Forum Romanum zerfällt zu einem Steinhaufen. Der Konstantinsbogen, der Titusbogen, das Ende nach 2000 Jahren. Olympia, Delphi, Ephesus, Baalbek. Diese rapide Verarmung, dieser Ausverkauf.

17. OKTOBER 2000

Andreas schwer erkrankt. Erbrechen, Fieber, eine böse Allergie. Der Arzt steht vor einem Rätsel. Schwacher Trost, daß die Allergien grassieren. Der menschliche Organismus protestiert gegen die eigene künstliche Umwelt. Die paradoxeste Form der Schizophrenie.

Jetzt erst, da die Badesaison vorbei ist, werden die Strände an Nord- und Ostsee geschlossen. Das Baden ist hiermit offiziell verboten. Salmonellen, Bakterien, Viren. Was denken sich die Leute eigentlich? Eine Frechheit! Ich wette, sie haben den Sommer über sehr genau gewußt, daß das Baden lebensgefährlich geworden ist und die letzte Saison bevorsteht. Es war überdies allgemein bekannt. Die Nordsee ist seit Jahren eine giftige Kloake. Nur: Solange keine behördliche Äußerung vorliegt, liegt auch kein Problem vor. Denken die Leute. Eine seltsame Herdenmentalität. Augenscheinlich eine Form der Resignation. Irgend jemand wird's schon richten.

Die Ostsee ist tot, und wir werden ihre Regeneration nicht mehr erleben. Polen und Balten, auch die Russen haben kein Geld für Umweltschutz, das Hemd sitzt ihnen näher als der Rock, die übliche Selbsttäuschung. Die jeweilige politische Führung muß für einen höheren Lebensstandard sorgen, das wird von ihr erwartet, in dieser Verantwortung steht sie. Die tote Ostsee ist also das Ergebnis einer pseudo-ethischen Legitimation.

Die letzte Chance für die Nordsee wurde 1990 verpaßt, in Den Haag. Ich habe damals mitdemonstriert. »Rettet die Nordsee!« Die Briten weigerten sich, die Verklappung ihres Giftmülls einzustellen. Die Kontinentaleuropäer gaben sich empört und waren insgeheim froh über den tumben Sündenbock, denn Rhein, Maas, Schelde und Elbe transportieren ja auch heute noch den meisten Dreck. So erwies sich die fünfte »Nordseeschutzkonferenz« im letzten Jahr als traurige Groteske. Was denn noch schützen? Allenfalls noch die Badegäste. Der Patient selber ist tot. Wenn die Giftspritzen auf ein Zehntel des Jahres 1985 reduziert würden, könnte er in 80 Jahren vielleicht reanimiert werden. »Wo die Nordseewellen spülen an den Strand ... « Fortschreitende Abstumpfung. Vor 12 Jahren hat das Schicksal der traurig verendenden Seehunde noch die Öffentlichkeit alarmiert. Jetzt sind die Seehunde alle verschwunden.

Da war der schwedische Delegierte auf der Danziger »Ostseeschutzkonferenz« wenigstens ehrlich: Es werde erst in 50 Jahren eine Technik zur Verfügung stehen, um die giftigen Einleitungen zu vermeiden. Bis dahin müsse man mit der giftigen Kloake »leben«. Die Sachzwänge der Industriestaaten ließen sich nun mal wegen ihrer komplexen Strukturen nicht ändern. Richtig! Wo viel verdaut wird, wird nun mal viel geschissen. Und doch, wie weit ist es nur mit den Schweden gekommen! Fast jeder hat sein Häuschen am Strand und sein Segelboot. Nur ins Wasser springen dürfen sie nicht mehr. Jeder hat das »Baden verboten!« längst im Kopf. Und das Schlimmste: Jeder findet das mittlerweile »natürlich« und ganz »in Ordnung«. Daher wird sich auch nichts ändern, denn jede nachwachsende Generation wird in diese »Natürlichkeit« und »Ordnung« eingebunden. So wird das Baden in der Ostsee zur Nostalgie. Die gute alte Zeit.

Wenn man die 50 Jahre des schwedischen Delegierten zur allgemeinen Perspektive für den ökologischen Umbau macht, wird es zu spät sein. Gewässer mögen sich mittelfristig regenerieren. Aber die globalen Öko-Systeme regenerieren sich in Jahrmillionen. Das ist perspektivlos. Wenn sie kippen, ist es der point of no return. 50 Jahre. Soooofoooort!!!!

Ich habe mir die Minister und Beamten und Referenten und Experten in Ostende und Danzig genau angeschaut. Geschniegeltes Pack im feinen Zwirn und gutes Benehmen, das übliche. Der deutsche Umweltminister lächelte säuerlich – »a very good joke indeed« –, als er gefragt wurde, ob er den in seinen Haus anfallenden Müll im Swimmingpool entsorgen würde, um darin auch noch zu baden. Man hätte ihn fragen sollen, ob er seine Kinder und Enkel darin schwimmen lassen würde.

Obwohl der Planet auf die Dimensionen des Lebensraumes einer Hominiden-Gruppe zusammengeschrumpft ist, haben wir immer noch die räumliche Vorstellung von Weite und riesigen Entfernungen. Das ist ein Irrtum der Wahrnehmungsfähigkeit. In Wahrheit liegt alles vor jedermanns Haustür. Nord- und Ostsee liegen vor der Haustür der Amerikaner, die sterbenden Tropenwälder liegen vor unserer Haustür. Die qualmenden Schornsteine in China verdrecken unsere Luft, und unsere Autoabgase lassen auch das Klima in Patagonien steigen. Wenn die Brasilianer und die Kanadier und die Chinesen die Umwelt zerstören, so geht das uns Deutsche an, und wir haben ein Recht, uns einzumischen, so wie die anderen ein Recht der Einmischung haben, wenn wir die Luft verdrecken, denn es ist auch ihre Luft.

Der Mensch kann über den engen Horizont einer Gruppe hinaus keine Verantwortung übernehmen, weil er Jahrmillionen in der Gruppe gelebt hat. In der Gruppe hat sich die Menschwerdung vollzogen. Es genügte, Verantwortung nur für die Gruppe, den eigenen Lebensraum, das Kollektiv-Ich zu haben. Außerhalb der Gruppe war das Fremde, Bedrohliche. Das war nicht mehr sein Schicksal.

Die eigene Wohnung hält er sauber. Die Müllkippe vor der Stadt regt ihn noch auf. Das Waldsterben oder die tote Nordsee bedauert er vielleicht. Der drohende Klimakollaps raubt ihm den Schlaf nicht mehr, obwohl er ihm näher sein wird als seine Wohnung.

Der Nachbar meiner Studentenbude schüttete seine Abfälle einfach in einer Zimmerecke auf. Die Hausbesitzerin erwirkte seine Kündigung. Gegen den Galvanisierungsbetrieb, der nahezu einen ganzen Frankfurter Vorort vergiftete, gab es ein paar Demonstrationen unentwegter Umweltschützer. Das System aber, das uns vergiftet, trägt zum Wachstum bei und ist schon ethisch legitimiert. Die Kant'schen Apriori, unsere angeborenen Fähigkeiten, Realität wahrzunehmen, taugen nicht zum Leben in einer Industriegesellschaft. Sie sind sogar überfordert, den Sinn der Metapher zu verstehen, daß die Erde ein Raumschiff ist, aus dem niemand aussteigen kann.

20. OKTOBER 2000

Die histologische Untersuchung hat ergeben, daß mein wachsendes Muttermal am Bein bösartig ist. Ein Melanom also, Hautkrebs. Seit meiner Kindheit ist mir das Muttermal gegenwärtig, war mir gewissermaßen vertraut. Jetzt kommt es mir wie ein verräterisches Tier vor, das mir übel will. Fühle mich fast getäuscht und hintergangen.

21. OKTOBER 2000

Der Monsunregen in Südostasien ist abermals ausgeblieben. Die innertropische Konvergenz, das fragile, ausbalancierte Zusammenspiel der Luftmassen über den Land- und Seegebieten, scheint gestört zu sein. Das asiatische Festland ist zu warm, der Himalaja nicht mehr kühl genug, um eine Sogwirkung zu erzielen. Die Reisernte zu zwei Dritteln vernichtet. Das Vieh muß geschlachtet werden. Es wird wieder ein großes Sterben geben.

Seit einem halben Jahrhundert versteppt der indische Subkontinent. Und die Bevölkerung hat sich verdoppelt. 1,2 Milliarden Menschen haben immer weniger zu essen. Die Zeitbombe Mensch. Der Raubbau an der Natur wie ein konzentrischer Doppelangriff: von der einen Seite die Attacke der grassierenden Armut, die bald den letzten Baum gefällt haben wird. Von der anderen Seite die wuchernden Plantagen, die alles einebnen. Und zwischen beiden das Netz des Kastensystems, der hinduistischen Weltverneinung, die keines Protestes fähig ist; und die groteske Ungerechtigkeit des gesellschaftlichen Systems.

Wie still und ergeben die Inder sterben, Nirwana. Die Hoffnung auf die Wiedergeburt. Ein Glück für ihre Nachbarn.

23. OKTOBER 2000

Tina ist schwanger! Aber statt Freude wie bei Andreas und Sylvie diesmal große Traurigkeit. Wir sind uns einig: kein Kind mehr. Wir könnten es nicht mehr verantworten. Die Lebensperspektiven eines Kindes sind nicht mehr abschätzbar. Zwar ist jedes entstehende Leben mit unvorhersehbaren Risiken behaftet, das Leben ist lebensgefährlich, aber wenn der Versuch einer Voraussicht nur noch auf Risiken stößt, dann wäre es lieblos, das Kind in diese Welt zu lassen. Makabre »Güterabwägung«. Obwohl wir es nicht aussprechen, denken wir beide an Sylvie.

24. OKTOBER 2000

Die Vereinten Nationen beschließen einen Fond von 12 Milliarden Dollar für den Deichbau und Meerwasser-Entsalzungsanlagen. Vor allem Staaten wie Bangladesh, den Philippinen, Indonesien und den großen pazifischen Inseln soll geholfen werden. Erhebliche Einwände der Industriestaaten. Die Weltbank will die Kreditvergabe »sehr genau« prüfen. Die

Regierungen der Dritten Welt sollen zu mehr Selbsthilfe angehalten werden. Immer das gleiche Argument: Wir beuten sie wirtschaftlich aus, verkaufen ihnen Waffen, kooperieren mit den Eliten und verdrecken den Globus – und dann sollen die sich – die Völker! die armen Massen – selber helfen. Aber die Massen sind kein Völkerrechtssubjekt, nur Regierungen, und seien sie noch so korrupt.

Die deutsche Bundesregierung erinnert daran, daß sie bereits im August 1989 auf die Notwendigkeit hingewiesen habe, die Deiche zu verstärken. Damit habe sie ein nachahmenswertes Beispiel der Umweltprophylaxe gegeben. Das Signal hätte auch im pazifischen Raum gehört werden müssen. Auch die Niederlande halten sich etwas darauf zugute, bereits 1990 ein zusätzliches Deichbauprogramm in Höhe von 12 Milliarden Mark aufgelegt zu haben. Das ist so viel wie das UNO-Programm insgesamt und fast der Staatshaushalt von Bangladesh. Wie soll denn dieses Land 20 oder 30 Jahre lang Deiche bauen?

Die Dicke des Grönlandeises hat um 600 Meter abgenommen, die Packeiszone um 400 Kilometer nach Norden gewandert. Der Meeresspiegel steigt. Fataler Nebeneffekt: Die Sonnenstrahlung wird nicht mehr reflektiert, sondern absorbiert. Sie erwärmt das Wasser. Die Meeresspiegel steigen schneller.

26. OKTOBER 2000

Ein wundervoller Herbst geht zur Neige. Aber die Landwirte jammern, auch die Winzer haben nur kümmerliches, saures Zeug in die Kelter gefahren. Frühjahr und Sommer waren zu naß. Regen und Überflutungen. Die Fleischpreise sind im Keller, Brot dafür schier unerschwinglich. Der »Spiegel« meldete, das Bundeslandwirtschaftsministerium bereite eine Rationierung für Getreide- und Molkereiprodukte vor. Gegen den Einspruch aus Brüssel. Das übliche Dementi folgt prompt.

Das neue Wiesbadener Wasserwerk hat die Ausmaße einer chemischen Fabrik. Wann es in Betrieb gehen kann, ist allerdings noch ungewiß. Wenn die Wasserversorgung nicht bald funktioniert, droht der Stadt eine Katastrophe. Man kann 300 000 Menschen nicht über längere Zeit mit Notstandsmaßnahmen versorgen. Es gibt Wasser in Hülle und Fülle, überall treten die Grundwasserspiegel an die Oberfläche. Aber man kann es nicht trinken. Wir haben unsere Umwelt in ein chemisches Labor verwandelt.

Tina schläft seit dem frühen Nachmittag, fast ohne zu atmen, in kauernder Stellung, die Knie fast bis zum Kinn hochgezogen, den linken Daumen im Mund. Der Anblick läßt mich schaudern. Unendlicher Schmerz, unendliche Trauer in dieser Haltung, eine unbewußte, instinktive Solidarität mit dem Kind, das man ihr heute morgen weggemacht hat. Scheußliche Prozedur. Die Schwestern geschäftsmäßig, der Arzt routiniert-konzentriert, vorher und nachher sehr jovial: »So, das hätten wir!« Inzwischen war der Fötus, das Kind, durch ein Absaugrohr in einem stählernen Behälter verschwunden. Wie Abfall, entsorgt. Niemand hat es gesehen, niemand wird es je sehen. Nur die Vorstellung nagt und zwingt mir peinigende Bilder von einem lachenden Kind auf, das an meinem Halse hängt.

Sentimentalität. Die Vernunft sagt: dennoch! Es war die richtige Entscheidung. Die Schuldgefühle, die uns in den nächsten Jahren geplagt hätten. In 40, 50, 60 Jahren werden die Lebenden die Ungeborenen beneiden. Unser lieber Anonymus wäre uns dann für das heutige Geschehen dankbar.

Wie weit sind wir nur gekommen.

27. OKTOBER 2000

Die letzten Rosen, schon sehr pastellfarben. Astern und Dahlien denken ans Aufhören. Ein milder Sonntag, gläsern, von Spinnweben durchzogen. Der Tau funkelt in den Gräsern und Zweigen bis in den Mittag. Weiter Spaziergang mit Tina im Taunus. Wie haben sich die Buchenwälder gelichtet! Die gewaltigen Eichen auf der Höhe von Ehrenbach haben schwarze Äste. Wie skelettierte Finger. Im nächsten Frühjahr werden sie das Memento mori verstärken. Die Schonungen mit den genetisch veränderten Fichten und Buchensetzlingen wollen nicht so recht anschlagen. Ein Drittel bereits mit vergilbten Nadeln und Blättern. Dem Rest werden aber gute Chancen gegeben. Dann wird ein Baum aussehen wie der andere.

Der Römerturm bei Orlen ragt weithin sichtbar aus dem Gesträuch ins Land, wie zur Zeit des Antonius Pius, als man ihn erbaute. In Norden sind die Türme des Limburger Doms zu erkennen. Der siechende Wald gibt den Blick frei und weitet die Landschaft. Die Schwalben sind noch da. Was hält sie noch? Wie schon der Star wird nun auch die Schwalbe zum Standvogel. Sie macht wohl jetzt doch einen ständigen Sommer. Die Vogelwarte Radolfszell ist überzeugt, daß das Verhalten der Zugvögel die Klimaänderung anzeigt.

28. OKTOBER 2000

Aus Japan der ernstgemeinte Vorschlag, in den Tiefen der Ozeane Atombomben zu zünden, um das viel zu warm gewordene Oberflächenwasser mit dem kühlen Tiefenwasser zu durchmischen. Wenn die Klimaerwärmung in diesem Tempo weitergehen sollte, müßte man diesen Vorschlag für das Jahr 2015 ins Auge fassen. Mit etwa 5000 Sprengsätzen von je einer Megatonne, gezündet ab 1000 Meter Tiefe, könnte die Oberflächentemperatur der Ozeane vor allem in Äquatornähe um rund vier Grad abgesenkt werden. Dadurch würde nicht nur das Volumen der Wassermassen abnehmen, auch die Luft würde sich abkühlen, etwa auf den Wert der siebziger Jahre. Das Eis der Polkappen und der Gletscher nähme wieder zu, würde wieder die Sonnenstrahlung reflektieren und den Pegel der Meere fallen lassen. Die Gefahr der Wirbelstürme und Überflutungen würde erheblich gemildert, weil die Luftdruckgegensätze nicht mehr so kraß wären.

Außerdem erwarten die japanischen Wissenschaftler, daß mit einer solchen Durchmischung des Wassers die Kapazität der Ozeane, Kohlendioxyd zu binden, enorm ausgeweitet würde. Der Lufthülle würde das schädliche Gas entzogen, der Treibhauseffekt verschwände, weil die Sonnenstrahlung nicht mehr reflektiert würde. Die Gefahr einer radioaktiven Verseuchung wird als relativ gering eingeschätzt. Die vernichtete Meeresfauna würde sich relativ rasch wieder regenerieren.

Die schiere, wenngleich nicht eingestandene Verzweiflung von Verrückten. Aber ich bin sicher, sie werden es tun. Irgendwann, als letztes Mittel 5 000 atomare Sprengsätze als letzter Strohhalm der Menschheit. Sie glauben tatsächlich, den Globus wie eine defekte Uhr reparieren zu können. Je mehr sie über ihn wissen, desto weniger verstehen sie die Natur als Ganzes.

Dagegen Goethes Naturverständnis! Weder idyllisiert noch romantisiert, sondern als Einheit, als wirkenden Zusammenhang wahrgenommen. »Die Natur kommt durch den Menschen zur Sprache.« Naturwissenschaftliche Erkenntnis bewirkt offenbar einen Verlust an Überzeugungswissen, an Weisheit. Daher wird uns die Natur um so fremder, je mehr an Details wir über sie wissen.

30. OKTOBER 2000

Die Militanz der Anti-Pkw-Bewegung droht in einen Bürgerkrieg auszuarten. In der Nacht vor dem gestrigen Aktionstag allein in Deutschland drei Millionen Autos beschädigt! Sechs Milliarden Mark Schaden an einem einzigen Tag! Rund 100 Straßensperren allein auf den Autobahnen. Ein Wunder, daß niemand ums Leben kam. Die Ordnungskräfte sind offenkundig machtlos. Wenn sich die unvermeidlichen Chaoten unter die Protestbewegung mischen sollten, um dann Steine von Brücken auf die Autofahrer zu werfen – nicht auszudenken.

Aber gewaltiger Zulauf für die Anti-Auto-Bewegung. In fünf Jahren wird die deutsche Automobilindustrie ruiniert sein, ihre Umsätze sind in den letzten drei Jahren ohnehin drastisch gesunken. Milizen bei VW und BMW – natürlich mit Duldung der Gewerkschaft; in mehreren Städten, so auch in Frankfurt und Wiesbaden, Dresden und Magdeburg, bilden sich die ersten Patrouillen. Mit dem deutschen Auto ist nicht zu spaßen. Wie werden die Versicherungen diesen Schlag verdauen? Die 4 000 festgenommenen Protestler werden ja kaum für den Schaden geradestehen können.

Sind wir Zeugen schmerzhafter Geburtswehen, unter denen endlich die Vernunft zur Welt kommt? Immerhin, die S-Bahnen nach Frankfurt sind jetzt überfüllt, die Bahn meldet sprunghaften Anstieg der Passagierzahlen.

Wie definiert sich Gewalt?

Die Zerstörung eines Autos ist sicher Gewalt, die Demolierung von drei Millionen aber ein Zeichen von Notwehr, allenfalls sekundäre Gewalt. Die primäre Gewalt ist die Zerstörung der Natur – und die üben die Autofahrer aus. Solange das Benzin- oder Dieselauto das wichtigste Verkehrs- und Transportmittel ist, kann kein wirksames Umweltstrafrecht geschaffen werden. Das Volk, von dem alle Gewalt ausgeht, fährt nun mal Auto. Sein gewalttätiges Verhalten ist daher Rechtens. Dagegen kann sich kein Strafgesetz wenden.

Die Anti-Pkw-Bewegung könnte der Politik dennoch wichtige Entscheidungshilfe leisten, wenn diese für den Paradigmenwechsel, die Umwertung eines Wertes, offen wäre. Der Individualverkehr erweist sich als gefährliche, lebensbedrohende Sackgasse der Industriezivilisation. Er darf keine Zukunft haben, oder er ruiniert die Zukunft aller. Vielleicht Wasserstoff, vielleicht Sonnenenergie, aber der Benzin-Pkw muß aus dem Verkehr gezogen werden. Doch die Regierung wagt noch nicht einmal, den Schwertransport zu begrenzen, als ersten Schritt.

Seit 1992 hat sich der Lkw-Verkehr verdoppelt. 12000 Kilometer neue Autobahnen.

Die Vernunft mit Gewalt durchsetzen? Einst die Überzeugung, die Gewalt der Vernunft reiße alle Barrikaden ein, sie breche sich Bahn für das, was sie als richtig erkannt hat. Wenn man nur aufklärte, informierte. Sigmund Freuds Glaube an die »leise Stimme der Vernunft«, die sich aber unvermeidlicherweise durchsetzen werde. Das ist zu bezweifeln. In unserer Industriezivilisation ist die alte Vernunft eine lästige Potenz des Menschen geworden. Wir haben die neue Vernunft.

Nach der alten Vernunft schädigt das Auto die Natur, also ist das Autofahren unvernünftig und daher unmoralisch. Nach der neuen Vernunft besteht eine große Nachfrage nach dem Auto, das außerdem unzählige Arbeitsplätze sichert.

Also ist es vernünftig und daher moralisch. Die Vernunft der Natur gegen die Vernunft der Zivilisation. Aber nur eine wird siegen.

Was geht in den Hirnen der Hunderttausenden vor, die tagtäglich von Wiesbaden, Kronberg, Königstein, Bad Homburg, Dietzenbach, Neu-Isenburg oder Langen mit dem Auto nach Frankfurt fahren, sich morgens und abends im Stau quälen, für 20 Kilometer eine Stunde und länger brauchen? Mit der S-Bahn wären sie in 10 bis 20 Minuten im Herzen der City. Jeder einzelne weiß, daß er die Natur zerstört, seinen Beitrag zum Mord an der Kultur leistet. Dennoch tut er's. Unbegreiflich. Todestrieb? Oder ist der Gradient der Vernunft und der Moral so extrem?

Die Technik hat den Menschen nicht nur den Evolutionsgesetzen entzogen, die ihn zum Menschen gemacht haben, sie hat ihn offenbar auch seiner instinktiven Reaktion beraubt, auf Gefahren angemessen zu reagieren. Allerdings hat sich die Wahrnehmung von Angst geändert. Sie resultiert nicht mehr aus direkter Gefahr, sondern aus einer indirekten, einer sich allmählich transformierenden globalen Situation, die das individuelle Handlungs- und Erlebnisumfeld weit übersteigt. Das überfordert die Wahrnehmungsfähigkeit. Weder der Sinnes- noch der Verstandesapparat des Menschen ist dafür ausgelegt, globale Situationen zu erfassen – und sich für sie als Individuum verantwortlich zu fühlen. Die Technik erweist die Antiquiertheit des Menschen. Er ist hoffnungslos rückständig, weil die Evolution zu langsam ist. Die biologisch-evolutionäre Fortentwicklung des sinnlichen Apparates kommt mit der Dynamik der gesellschaftlich-technischen Veränderungen, die er selbst ins Werk gesetzt hat, nicht mehr mit.

Die Suggestivwirkung des Autos als Ich-Ersatz, als Steigerung und Optimierung der begrenzten Sinnesausstattung kann noch nicht als geklärt gelten. Wer im Stau steht, erlebt keinen Rausch der Freiheit, wer sich im Schritt-Tempo seinem Ziel entgegenquält, kein Omnipotenzgefühl, wer eisern in die Kolonne gezwungen wird, keine Überlegenheit an Kraft. Ist es die Einsamkeit des Käfiginsassen als Erlebnis erlesener Individualität? Der Stau als neues Gemeinschaftserlebnis?

Was geht in den Hirnen der Auto-Konstrukteure und der Produzenten vor, Kraftmaschinen von 450 PS zu bauen, um dann die Geschwindigkeit auf 250 Stundenkilometer zu begrenzen? Eben die Suggestion der Kraft als Ich-Ersatz. Kein Zweifel, Moral und Vernunft sind auf Seiten der Anti-Pkw-Bewegung. Sechs Milliarden Mark sind kein zu hoher Preis, sollten sie etwas bewirken. Allerdings ist das Ende des Konflikts nicht absehbar. Und bis dahin ist Schlimmes zu befürchten.

1. NOVEMBER 2000

Allerheiligen. Wie lange noch wird es dauern, bis die Lebenden die Toten beneiden? Bis die Lebenden die Toten verfluchen? »Sagt an, was ist, was gilt ein Menschenleben, was die Menschheit vor dem Weltengeist, wenn der wilde Tod aus den Geweben ihres Daseins so die Fäden reißt...?« Kunersdorfer Elegie. Das Bewußtsein hat sich mit dem Tod nicht arrangieren können. Es kann ihn nur verdrängen. Die vorübergehend wirksamste Art der Verdrängung des Todes ist – das Töten selber. Wer tötet, hat scheinbar Macht über den Tod.

Rührt daher das Zerstörerische in unserer Kultur? Jedes ausgerottete Leben ein unbewußter Triumph? Die Zerstörung der Natur ein sieghafter Rausch?

2. NOVEMBER 2000

Südfrankreich, Sizilien, Süditalien, Griechenland – der Versteppungsprozeß Südeuropas schreitet voran, unübersehbar, unerbittlich. Eine uralte Kulturlandschaft – die Wiege Europas – zerbröckelt, wird Staub. Seit Jahren kein Regen, statt dessen Sandstürme, Waldbrände, leere Brunnen, Durst. Und Verzweiflung.

Am 1. Januar tritt in Italien das Verbot der Binnenmigration in Kraft. Dann werden sie wohl bei Neapel eine Mauer quer durch den Stiefel ziehen müssen, um die in den Norden drängenden Sizilianer und Kalabresen aufzuhalten. In der Lombardei schlagen sie ihnen schon die Schädel ein. Italien bricht in zwei Hälften auseinander.

Die Bürde aber muß die EG übernehmen. Sie wird ihre Verfassung ändern müssen. Wir können die Südeuropäer nicht aufnehmen. Wohin mit ihnen? Die Niederlassungsfreiheit in Europa stößt an ihre Grenzen, im Wortsinne. Grundrecht hin, Grundrecht her. Die Römischen Verträge haben eine solche Entwicklung nicht vorhersehen können. Um des Friedens in Resteuropa willen muß die Niederlassungsfreiheit aufgehoben werden. Bedauerlich, aber unumgänglich, sonst drohen Aufstände. Die Fremdenfeindlichkeit nimmt erschreckende Ausmaße an.

Albanien, Serbien und Makedonien haben den Wasserverkauf an Griechenland und Italien eingestellt. Jetzt ist guter Rat teuer. Rom erwägt, Eisberge heranzuschleppen. Der Plan ist möglicherweise realisierbar. Die EG dagegen will mit umgebauten Tankern Wasser aus Skandinavien herbeischaffen. Die EG-Kommission gibt erste Planungen für riesige Wasserpipelines aus Süddeutschland und Österreich nach Italien in Auftrag. Auch wenn dies seine Zeit braucht, wäre es eine raschere Hilfe als der Bau von Entsalzungsanlagen, der aber aus Perspektivgründen gleichwohl verstärkt wird. Die Brunnenbohrerei bringt nicht mehr viel. Immer tiefer, immer weniger.

Doch wenn es nicht regnet, bleibt alles vergeblich. Das Land wird durch künstliche Bewässerung nur versalzen.

5. NOVEMBER 2000

Die Brennerbahn wieder geöffnet, obwohl die Verbauungsmaßnahmen an einigen Berghängen noch nicht abgeschlossen sind. Die Brennerautobahn bleibt noch gesperrt.

6. NOVEMBER 2000

Die Trinkwasserprobleme im Ruhrgebiet und im Raum Magdeburg werden immer akuter. Wie bei uns im Rhein-Main-Gebiet. Die Belastung mit Schwermetallen kann mit den herkömmlichen Methoden der Aufbereitung nicht mehr auf ein vertretbares Risiko gebracht werden. Obwohl sie in den letzten zehn Jahren die Höchstwerte immer wieder heraufgesetzt haben. Die Gefahrengrenze ist endgültig erreicht. Nichts geht mehr, außer die Leute krepieren zu lassen. Was vor allem die Kinder tun. In Sachsen-Anhalt und in einigen Gegenden Thüringens hat die Kindersterblichkeit den Stand von 1850 erreicht. Fortschritt 2000!

Die Evakuierung der Gegend um Bitterfeld und Wismuth ist nunmehr abgeschlossen. Die Schäden waren irreparabel. Das Grundwasser ist eine chemische Brühe. Das Gebiet wird eingegrenzt und sich selbst überlassen. Stacheldraht, Eiserner Vorhang. Ein Biotop wider Willen. Mal sehen, was die Natur daraus macht. Sie soll heilen, was der Mensch zerstört hat.

7. NOVEMBER 2000

Stadtluft macht frei – das war einmal. Die Ärzte schlagen Alarm, die Sterblichkeitsrate steigt bedrohlich. Die Main-Metropole hat mittlerweile die kürzeste Lebenserwartung aller hessischen Gemeinden. Vor allem betroffen – natürlich – die Kleinkinder. Jeder vierte Säugling leidet an Krupp-Husten und chronischer Bronchitis. Jeder zweite kommt mit Neurodermitis zur Welt. Fast jedes sechsjährige Kind hat überhöhte Benzolwerte im Blut.

Besonders »belastet« die Brüste der stillenden Mütter. Dioxin, das Ultragift. »Freude trinken alle Wesen an den Brüsten der Natur«. Schiller, Beethoven, Ode an die Freude.

Die Redaktion stellte bei der Geschäftsführung den Antrag, aus Frankfurt fortzuziehen. Die Blutwerte der Beschäftigten des Druck- und Verlagshauses sind besorgniserregend. Blei und Benzol. Im Sommer atmen wir Ozon ein. Die Kündigungen nehmen zu. Aber wohin? Das Druckzentrum liegt in Neu-Isenburg, dort ist es nicht viel besser. Außerdem fliegt alle zwei Minuten ein Düsen-Jet über die Dächer. Die optisch und akustisch gesteigerte Vorstellung, ununterbrochen von oben mit Gift berieselt zu werden, ist unerträglich. Die Tatsache, daß das Gift aus den Straßenschluchten der Großen Eschenheimer Straße in die Redaktionsräume dringt, freilich nicht minder.

Zum Teufel, so kann es doch nicht weitergehen! Dürfte es nicht, aber Geschäftsführung und Betriebsrat wissen keine

Lösung. Und die Stadt weigert sich, die Straße zur Fußgängerzone zu machen. Der Verkehr braucht die Nord-Süd-Achse. Der Verkehr verbraucht uns.

Der chronische Krankenstand in der Redaktion liegt mittlerweile bei 25 Prozent. Seit ich da bin, also seit sieben Jahren, hat nur eine Kollegin die Pensionsgrenze erreicht: Frizzi Doermer. Elf Kollegen starben in den Sielen. Unbehagliche Vorstellung, unentrinnbar und hilflos in einem Teufelskreis zu stecken. Gift in der Luft, hoher Krankenstand, Streß und Hetze, Ärger, den man dann an der Familie abreagiert – bis man selber auf der Nase liegt.

Die Wissenschaft solle dazu dienen, läßt Brecht seinen Galileo sagen, das mühselige Los des Menschen zu erleichtern. Statt dessen wird das Los immer mühseliger, schießen überall die Risiken ins Kraut. Schleichende Vergiftung, schleichende Angst. Man lernt allmählich, in sich hineinzuhorchen. Die Angst macht jeden zu einem traurigen, harlekinhaften Narziß. Der aber ist ein Clown. Die Sensibilität der Ökophobie.

8. NOVEMBER 2000

Sylvie heute morgen ins Sanatorium. Das Kind trägt das Kainsmal unserer Zivilisation. Es wird Unschuldigen aufgedrückt. An diesem kranken Kind zeigt sich die ganze Stupidität dieser Gesellschaft. Der »Fortschritt« ist determiniert, niemand kann ihn aufhalten, bestenfalls verwalten und etwas korrigieren. Als säßen wir in einem Boot, das immer schneller auf die Stromschnellen zuschießt. Und die Insassen rudern auch noch, weil Stagnation Rückschritt bedeutet. An der Krankheit meines Kindes und an meiner Angst wird mir klar, daß sich dieses System längst verselbständigt hat, ohne Rücksicht auf die Opfer, deren Zahl tendenziell unbegrenzt ist, bis sie alle erfaßt hat. Dieses System entwickelte sich selbst dann noch fort, wenn es die ganze Menschheit zum Opfer hätte. Wir sind nur noch Marionetten und Handlanger – Zauberlehrlinge. Nicht wir beherrschen das System mehr. Selbst wenn die Katastrophe zur Gewißheit würde, ließe sich nichts mehr grundsätzlich ändern. Das System ist zu kompliziert und wuchert, muß unaufhörlich wuchern – und unserer sind zu viele. Die viel zu vielen Nietzsches.

Die da Hoffnung predigen, trügen sich und andere.

9. NOVEMBER 2000

Untersuchungen des sexualwissenschaftlichen Institutes der Universität Hamburg belegen, daß die sexuelle Aktivität der Deutschen in den letzten Jahren deutlich abgenommen hat. Damit werden Studien aus den USA, Großbritannien und Italien bestätigt. Libido und sexuelle Appetenz seien signifikant geringer, vor allem bei der jüngeren Generation. Die Partner, zumal verheiratete, verhielten sich zunehmend passiv und initiativlos. Gleichzeitig sei eine deutliche Motivationsverschiebung zu beobachten: Die Aufnahme sexueller Beziehungen erfolge vorwiegend aus Abenteuerlust und Wunsch nach Ablenkung, weniger aus Gründen der Sympathie, Zuneigung oder gar Liebe. Wegen des rapide nachlassenden sexuellen Interesses verliere die Ehe als Institution vollends die soziale Bindewirkung. Sexuelle Anarchie und teilweise sexueller »Asozialismus« drohten zur Norm zu werden. Trotz Aids, des großen Tabus.

Sorgen bereitet den Wissenschaftlern das Ansteigen der Perversionen und der sexuellen Gewalt. Der Reizcharakter der Sexualität müsse offenbar verstärkt werden, um überhaupt noch Appetenz zu wecken. Auf gut deutsch: Den Leuten vergeht die Lust an Sex, und wenn, dann wird er wie eine Droge konsumiert, die aber zunehmend stärker dosiert sein muß.

Die Hamburger Wissenschaftler nennen zwei Gründe: Die Verwertung der Sexualität als Anreiz für Konsumentscheidungen sei allmählich langweilig geworden, zumal es längst keine Tabuschranken mehr gebe und sexuelle Betätigung mehr oder weniger zu einer Frage des Appetits geworden sei. Zum anderen aber liege die nachlassende Lust an der Lust in der wachsenden, wenngleich noch unbewußt bleibenden Angst.

Wer hätte das gedacht, daß »die zunehmend unsicher werdenden Zukunftsperspektiven aufgrund der umweltbedingt als unaufhaltsam und unvermeidlich gehaltenen Verschlechterung der allgemeinen wie individuellen Lebensbedingungen« den Leuten so ins Glied fährt! »Der Omnipotenz suggerierende Standard der gesellschaftlichen Organisation« führe einerseits zu Gefühlen individueller Ohnmacht und Hilflosigkeit, werde andererseits aber als aggressive Bedrohung der Umwelt erlebt und damit als Bedrohung des eigenen Selbst. »Bislang als verläßlich geltende Parameter für Interpretation und Verständnis der Natur als Umwelt des Menschen, ihrer Prozesse und Abläufe« seien ins Wanken geraten, unterlägen zumindest wachsenden Zweifeln. Tradierte und vertraute Verhaltensweisen sowie Einstellungen gegenüber Umwelt und Gesellschaft würden fragwürdig.

Hinzu komme ein »dramatischer Kompetenzverlust der politischen Institutionen« und eine »mangelnde Glaubwürdigkeit der in der Wirtschaft Handelnden«. Nicht einmal der Wissenschaft werde mehr zugetraut, technische Lösungen für die sich abzeichnenden Gefahren zu entwickeln. »Die von Wissenschaft und Technik konzipierten bzw. angebotenen Problemlösungskapazitäten halten in den Augen der Befragten mit den sich summierenden Problemen nicht mehr Schritt.« Widersprüchliche Interpretationen führender Vertreter der Wissenschaft hinsichtlich der sich offenkundig rasch ändernden Umweltbedingungen, ihrer Ursachen und Konsequenzen – sie reichen von Beschwichtigung bis zu Katastrophenalarm – trügen zum Autoritätsverlust der Wissenschaft bei und ließen teilweise den Verdacht ihrer Korrumpierbarkeit aufkommen.

Die Wissenschaftler konstatieren auf der anderen Seite ein steigendes religiöses Bedürfnis, das sich aber vorwiegend aus Angst speise, teilweise auch aus Schuldgefühlen, da sich unbewußt jeder irgendwie mitschuldig und mitverantwortlich fühle. »Jeder ist Autofahrer, Energieverbraucher oder Müllerzeuger und trägt daher zur Umweltzerstörung bei, damit zur Gefährdung seiner Existenz und der seiner Mitmenschen.«

In den letzten Jahren habe sich eine »Öko-Phobie« entwikkelt: Zukunftsangst wegen der Umweltzerstörung mische sich mit Schuldgefühlen und einer sich gleichzeitig festsetzenden Überzeugung, nichts mehr tun zu können, der Entwicklung hilflos ausgeliefert zu sein. Die globalen Prozesse ließen sich nicht mehr von der Privatsphäre fernhalten, deren »Kapazität an Verdrängungsleistung« schwinde. Die heile Welt ist ins Wanken geraten. Muß dies ein Nachteil sein?

Für die Wissenschaftler offenbar schon, denn aus diesem Grund nähmen auch die psychischen Erkrankungen zu – und die Selbstmordfälle. Die wachsende, gesellschaftlich vermittelte Angst beeinflusse zunehmend auch das Verhalten der Individuen in der Privatsphäre, die sich trotz der öffentlichen Propaganda als »Raum für autonome Entscheidungen« nicht mehr durch spezifisches Freizeitverhalten von der öffentlichen Sphäre abgrenzen lasse. Beide Sphären ließen sich nicht mehr trennen, wie das noch in den Jahrzehnten nach dem Krieg der Fall gewesen sei. Apathie und Abstinenz zeigten sich nunmehr auch in der Gestaltung der Privatsphäre und der Freizeit, vor allem in der Gestaltung der Partnerbeziehungen. Dadurch sei der einzelne immer weniger in der Lage, Sexualität als Zugang zum emotionalen und personalen Bereich eines Partners zu erleben, um dem Gefühl der eigenen Einsamkeit und des Ausgeliefertseins zu entgehen.

Gehöriger Schrecken nach dieser Studie. Wie steht es mit uns, mit Tina und mir? Einige dieser Symptome kann ich auch in unserer Beziehung erkennen. Wir hatten versucht, unseren privaten Bereich wie eine heile Welt abzugrenzen. Was meine Rolle als Journalist betrifft, so ist es mir auch ganz gut gelungen. Wenn die Gartentür hinter mir ins Schloß fällt, ist mir egal, was draußen vorgeht. Dennoch läßt sich dieses Draußen nicht abwehren. Die Angst läßt sich nicht wie ein Mantel an die Garderobe hängen oder wie ein Auto in die Garage stellen. Und mit unserer Sylvie sind wir mit dem Draußen enger verbunden, als uns lieb sein kann. In dem kranken Kind zeigt sich die kranke Gesellschaft – und die kranke Natur.

Sexualität erzeugt Leben, sie ist der Lebenstrieb. Als die Evolution vor unendlichen Zeiten begann, beim Tiermenschen diesen Trieb von seiner Beschränkung auf eine schmale Paarungszeit zu befreien, und damit Sexualität als lebenslang, jederzeit wiederholbares Erlebnis ermöglichte, leitete sie die Menschwerdung ein. Ohne Sexualität keine dauerhafte Partnerbindung, keine Familie, keine Liebe, keine Menschwerdung. Sexualität ohne Liebe – natürlich, aber Liebe ohne Sexualität ist nur Freundschaft oder Verhaltensform von Gestörten. Dieser stets präsente, Unruhe stiftende Trieb vervielfältigte und differenzierte die emotionalen Fähigkeiten des Menschen und zwang ihn zu sozialem Verhalten, anders hätte er jede Gruppe gesprengt und ein Überleben unmöglich gemacht. Erst die Sexualität hat die Psyche, die Seele entstehen lassen und damit auch den Kulturmenschen geboren, von dem das Kirchendogma gar behauptet, er sei das Ebenbild Gottes.

Aber wie ist derselbe Mensch mit dieser Sexualität umgegangen! Es hat sie über Jahrtausende hinweg denunziert, abgewertet, dem Tierischen (grotesk, denn das gerade nicht) zugeordnet, dann vermarktet und verwertet. Jetzt schwächt er diese Potenz durch die Angst, die er sich erzeugt. Damit zerstört er seine Kulturfähigkeit und seine Seele. Eine Sexualkultur haben wir nie entwickeln können, daher blieben die Lebenstriebe immer verwundbar und der Todestrieb in jeder Epoche präsent, mit der Gefahr, übermächtig zu werden. Heute stärker denn je. Aber wäre denn eine Sexualkultur im Zeitalter von Aids überhaupt möglich? Ist der aggressive Sex-Konsum nicht ein Ausdruck von Panik, zumindest Resignation? Oder psychischer Verwahrlosung...?

12. NOVEMBER 2000

Viel öffentliche, geradezu dankbare Aufmerksamkeit finden zur Zeit jene, die uns die alarmierenden Wetterveränderungen der letzten Jahrzehnte als Launen der Natur erklären wollen und zu diesem Zweck weit in die Geschichte zurückblättern. Alles schon mal dagewesen. Hat nicht die »Mandränke« 1172 die Nordseeküste fortgerissen und nur die friesischen Inseln übriggelassen? Diese Katastrophe habe sogar ihr Gutes gehabt, denn sie habe uns das Wattenmeer geschenkt, eine ökologische Einzigartigkeit (die sich die See bei der letzten Sturmflut freilich fast vollständig wiedergeholt hat). Und die Stürme von 1708, 1711 und 1724, die Tausende das Leben gekostet haben. Entfesselte Elemente schon damals, die Natur zeigte schon immer ein Janusgesicht. Denn 1637 und 1684 blühten die Kirschbäume schon Ende Februar, wie heuer, und niemand habe sich aufgeregt. Im Gegenteil, die Leute hätten gestaunt und Gedichte gemacht wie über ein Wunder.

Das waren Ausnahmen. Die Natur blieb alles in allem berechenbar. Heute droht die Unberechenbarkeit als Regel. Das ist der Unterschied.

Andere Experten reden uns ein, die Phase der Zwischeneiszeit sei noch nicht abgeschlossen, das Klima erwärme sich, weil sich die Erdachse immer noch aufrichte. Das sei ein determiniertes planetarisches Geschehen, das man nicht beeinflussen könne. Aber es gäbe Abhilfemaßnahmen: Aufforstung mit allen zur Verfügung stehenden Mitteln und Kräften.

Aus den USA kommt der Vorschlag, Ruß und Staub in die oberen Schichten der Atmosphäre zu bringen, da er die Sonneneinstrahlung reflektiere. Die Wirkung wäre vergleichbar den großen Vulkanausbrüchen, beispielsweise den Eruptionen des Pinatubo auf den Philippinen im Jahre 1991, die das Weltklima deutlich abgekühlt hätten. Allerdings sei die ausgestoßene Asche nicht hoch genug gewirbelt worden, so daß kein längerfristiger Effekt erzielt worden sei. Man könnte die erforderlichen 10 bis 20 Millionen Tonnen Staub mit Atombombenexplosionen in Wüstengebieten in die Stratosphäre bringen.

Die Natur hat sich ins Gespräch gebracht. Doch auf welchem Niveau!

14. NOVEMBER 2000

Der Rhein nur noch ein Rinnsal, ebenso Elbe und Weser; tiefster Wasserstand seit Beginn der Messungen. Durch den Main kann man waten, die Lahn ist verschwunden, Die Donau bei Regensburg ein Bächlein. Nord- und Ostsee erhalten eine Verschnaufpause. Trinkwasser-Notstand. Rationierung.

Welche Gegensätze in einem Jahr! Bis in den Juli hinein Regen, wochenlange Sintfluten. Warum ist die Lage plötzlich so prekär, wo ist denn das Grundwasser geblieben? Es hat schließlich schon längere Trockenperioden gegeben, 1976 und 1983. Monatelang nur Sonne, ich erinnere mich genau.

Ja, damals! Das werden wir künftig noch oft sagen: damals. Nostalgie. Damals hielt der Wald noch das Wasser zurück, damals war das Ökosystem des Waldes noch halbwegs intakt, zwar schon krank, aber noch in der Lage, das Wasser zu speichern. Jetzt läuft das Wasser ab wie über eine asphaltierte Straße. Die »Grundwassertanks« füllen sich nicht mehr.

16. NOVEMBER 2000

Gestern der 500 000. Aids-Tote. In Frankfurt. Zwei Millionen Deutsche sind HIV-infiziert, tragen den Tod in sich. Und noch immer keine Aussicht auf ein rettendes Serum. Wieder wird das Omnipotenz-Gefühl des Zeitalters bedroht und in Frage gestellt wie durch Unheil und Seuchen im Mittelalter. Da mußte das elektronische Kommunikationssystem alle seine Möglichkeiten aufbieten und sich in den Dienst der Panikprophylaxe stellen. Aids gibt es nicht mehr – als elektronische Nachricht. Diese Informationsware ist aus dem Regal genommen worden! Seit 1998 die Datenbanken von der aktuellen Fortschreibung der Seuchenentwicklung »gesäubert« worden sind und die Medien sich in der Berichterstattung zurückhalten, hat sich die Beunruhigung in der Öffentlichkeit merklich gelegt. Was keine Nachricht ist, gibt es als Faktum nicht. Auf diese Weise kann man alle Risiken, die unsere Zivilisation massenhaft hervorbringt, verschwinden lassen, und es entsteht, durch den kleinen Trick des Informationsentzuges, eine heile Scheinwelt.

Die Konsequenzen dieses nekrophilen Zeitalters müssen von den Betroffenen im todesstillen Kämmerlein bewältigt werden.

Wenn einem der Partner als Allegorie des Todes erscheint? Wenn die Lust, die den Menschen zwar nicht in den Himmel des Christengottes, so doch in den Olymp der Götter transzendiert, die Zerstörung des Lebens in sich birgt? Ist die gegenwärtige sexuelle Libertinage der Amor fati Nietzsches? Die Lust am Untergang. Doch alle Lust will Ewigkeit...

17. NOVEMBER 2000

Morgen Tag des Baumes. Jeder Bürger soll einen Setzling pflanzen. Arbeitsfrei. Für Deutschland macht das 80 Millionen Bäume – in 50 Jahren! Die Fichten-, Buchen- und Koniferen-Setzlinge sind genetisch behandelt und geklont, sie sollen angeblich den sauren Boden gut vertragen und das Schwefeldioxyd abbauen. Nur müßte es in den nächsten Tagen wieder einmal regnen.

Geklonte Wälder, die jüngste Errungenschaft der Gentechnik. Ziemlich grauenhafte Vorstellung für einen Bayerwäldler: Ein Baum wird aussehen wie der andere. Dieselbe Höhe, dieselbe Form, dieselbe Anzahl Äste. Jedes Waldstück wie das zur Parade angetretene königlich-preußische Wachregiment. Wieder ein Beispiel für das, was Konrad Lorenz als Milieureduktion bezeichnet hat: die Entdifferenzierung der Umwelt, der kulturellen wie der natürlichen, zugunsten von Spezialisierung.

Die Spezialisierung des Menschen? Fressen, Unterhaltung und – allerdings immer weniger – Sex. Wie bei den Haustieren. Selbstdomestikation.

18. NOVEMBER 2000

Unser Bäumchen gepflanzt! Großer Spaß für Andreas und Sylvie. Die Setzlinge sahen aus wie vom Fließband. Dennoch lag etwas Ermutigendes in der Aktion, auch wegen des Gemeinschaftserlebnisses. Es waren schließlich nicht genügend Bäumchen vorrätig und einige tausend Pflanzwillige kehrten unverrichteter Dinge wieder um. Trotzdem! Große Entschlossenheit bei allen spürbar, ihr Scherflein für die Rettung des Waldes beizutragen. Gottlob durften die Bäumchen nicht in Reih und Glied gesetzt, sondern mußten asymetrisch und durcheinander gepflanzt werden, im Abstand von einem Meter. Das sähe später einmal schöner aus, meinten die Förster. Später werde man den Wuchs der Bäume »individuell« beeinflussen, um den Klonungseffekt etwas zu verwischen.

Arme Natur, sie meinen es so schrecklich gut mit dir.

21. NOVEMBER 2000

Wenn die Mentalität der Kalifornier die der übrigen Menschheit widerspiegeln sollte, können wir einpacken. In einer Volksbefragung haben sie mit Mehrheit abgelehnt, daß ihr Staat eine Umweltschutzpolitik entwickelt, die den Einsatz krebserzeugender und Geburtsfehler auslösender Pestizide verhindert, die den Ausstoß des Treibhausgases Kohlenmonoxyd und die Verwendung des Ozonkillers FCKW reduziert. Bin fassungslos, auch wenn Industrie- und Bauernverbände ein Powerplay losgelassen hatten, das »Big Green«-Paket zurückzuweisen. Kann Gehirnwäsche so durchschlagend erfolgreich sein?

Frage mich, was ich als Journalist denn soll.

22. NOVEMBER 2000

Dramatische Konkurswelle bei den Verlagen. Es werden keine Bücher mehr gekauft. Der Bildschirm, der Computer, die Glotze. Die Lesekultur verabschiedet sich endgültig, still und leise. Die Entäußerung des »modernen« Menschen, Entfremdung von sich selbst. Die innere Sammlung, das Bei-sich-selbst-Sein mit einem Buch, einer ganzen Welt, wird offenbar als Isolationsfolter erlebt.

23. NOVEMBER 2000

Was seit Jahren befürchtet worden war, steht jetzt fest: Die Gegend östlich von Mailand muß geräumt werden. Böden und Grundwasser sind dermaßen verseucht oder verstrahlt, daß menschliche Existenz unmöglich geworden ist. Trotz zehnjähriger Bemühungen der Italiener und der EG, diesen Landstrich in der Po-Ebene zu retten, ist die Evakuierung unvermeidlich. Die Lebenserwartung auf 56 Jahre reduziert, die Krebsraten zehnmal höher als anderswo. Leukämie! Die

Kindersterblichkeit auf dem Stand von 1760 im Schaumburg-Lippe'schen: Nach 12 Jahren ist die Hälfte eines Jahrgangs tot. Ein italienisches Tschernobyl oder Cattenom im Zeitraffer. Dennoch sträuben sich die Leute mit Händen und Füßen, ihre vergifteten Ortschaften zu verlassen. Blut-und-Boden-Romantik des 21. Jahrhunderts.

In Frankfurt a. M. wird die Sanierung des »Monte Scherbelino« 300 Millionen Mark kosten. Der Müllberg ist wie eine Giftspritze, ein riesiger Tropf, aus dem unaufhörlich Gift ausläuft.

Die EG überlegt, die gefährlichsten Altlasten an den tiefsten Stellen des Atlantik und Pazifik zu versenken. Mehrere hundert Millionen Tonnen. Die Spezialcontainer aus Kunststoff sollen erst ab einer Wassertiefe von 3000 Metern aufplatzen. Das sei dann nicht mehr gefährlich. Inspiriert wurde diese Idee vom Vorschlag der deutschen Regierung, die strahlenden Uranabraumhalden von Aue im Meer zu versenken, da sie anders nicht zu entsorgen seien. Eine Endlagerung dort, woher sie stammen, nämlich in den Bergwerken, ist angeblich nicht möglich.

Die unlösbare Milchmädchenrechnung: Die Giftmüllproduktion beschleunigt sich mit dem allgemeinen Wachstum. Dann aber das Paradox: Ihre Beseitigung läßt das Bruttosozialprodukt steigen, stimuliert wieder Wachstum. Ein Ende ist nicht in Sicht, eine Lösung nicht zu erwarten. Das Recycling hat Grenzen. Selbst wenn der Müll der letzten hundert Jahre in die Meere gekippt würde – in 30 Jahren würde dieselbe Menge angefallen sein. Dann in 20 Jahren, denn Wachstum muß sein. Irgendwann in absehbarer Zukunft: die chemische Transformation des Planeten in eine Giftmüllhalde. Der Endsieg des Industriezeitalters, einer der kürzesten Epochen der Menschheit.

Die Korrumpierbarkeit der Wissenschaft auch diesmal deprimierend. Gekaufte Kreaturen, jedenfalls die meisten der »Experten«. Angeblich können die Weltmeere eine Billion Tonnen hochgiftiger Abfälle problemlos »schlucken«. Bei ausgewogener Verteilung würde auch die Tiefseefauna nicht nennenswert geschädigt, und wenn, würde dies die Nahrungsketten und Regelkreisläufe in den Oberflächengewässern nicht tangieren. Alles in allem könnte das Entsorgungsproblem für die nächsten hundert Jahre gelöst werden. Behaupten Experten.

Der chemo-physikalische Kreislauf der Ozeane ist noch kaum erforscht. Mehr Rätsel als gesicherte Erkenntnisse. Dennoch sollen irreversible Fakten geschaffen werden. Das alte, verhängnisvolle Muster. Das ist keine Wissenschaft, sondern pervertierte Theologie: Hoffnung und Glauben, daß es gutgeht, zumindest solange die Tätergeneration am Leben ist. Nach uns die Sintflut.

Es ist zu befürchten, daß diese Überlegung der EG realisiert wird. Der Müll steht uns ohne Zweifel bereits bis zum Halse.

In der Natur gibt es keinen Abfall, nur wertvollen Rohstoff. Alles Ausgeschiedene oder Abgestorbene wird wieder verwertet und für neues Leben gebraucht. Kreislauf, Gleichgewicht, Recycling!

24. NOVEMBER 2000

Franz Kafka hätte unsere Situation nicht grotesker schildern können: Überall tun sich Sackgassen auf, absehbare Ausweglosigkeiten, Endstationen, obwohl der Zug der Zeit mit unverminderter Geschwindigkeit dahinrast.

Der Chef der Frankfurter Feuerwehr weigert sich, brennende Gebäude zu löschen, es sei denn auf ausdrückliche Weisung des Oberbürgermeisters oder des hessischen Innenministers. In den »modernen« Gebäuden ist so viel hochgiftiges Material verbaut, daß mit dem Löschwasser jedesmal eine unkalkulierbare Umweltkatastrophe heraufbeschworen wird. Diese ist ungleich folgenschwerer und damit teurer, als wenn das Gebäude abbrennt. Die sprunghaft ansteigende Zahl von Brandopfern ist nicht dem Feuer zuzuschreiben, sondern den Chemikalien. Neun von zehn Opfern bei Bränden ersticken an giftigen Dämpfen. Die Frankfurter Feuerwehr schlägt daher vor, den Erwerb von Gasmasken obligatorisch zu machen. Vor allem in Gaststätten.

Nur – ob das was nützt? Die Krebsrate unter den Feuerwehrleuten ist in den letzten Jahren erheblich gestiegen, wie unsere Lokalredaktion herausgefunden hat. Das Innenministerium hält eine entsprechende Studie aber unter Verschluß.

Die Brandkatastrophe im Restaurant »Zum alten Dichter« wird Frankfurt noch lange beschäftigen. Die 23 Opfer sind sämtlich erstickt, die meisten hatten sich gar nicht von ihren Tischen erhoben, die giftigen Dämpfe überraschten sie, noch ehe sie das Feuer in der Küche und im Treppenhaus wahrgenommen hatten. Teppichböden, Gardinen und Tischdecken aus Kunststoff, Leime, Lacke, Dämm-Materialien und Furniere dioxinhaltig, Verpackungsmaterial aus Kunststoff, Plastik, Chemie. Anschließend löste das Löschwasser ein Fischsterben im Main bis nach Rüsselsheim aus. Man wunderte sich, wo die Fische alle noch herkamen.

Früher galten die Alchimisten als mit dem Teufel im Bunde. Den Zeitgenossen war es unheimlich, daß da einige in ihren Giftküchen nach Gold suchten und die Elemente vermischten. Heute sind aus den Alchimistenküchen ganze Industrien geworden, die zwar kein Gold produzieren, aber goldene Gewinne. Was der König Midas anfaßte, wurde Gold, was wir anfassen wird Chemie, Gift und Profit. Midas mußte allerdings sterben.

Alle menschlichen Hervorbringungen sind auf eine gefährliche Weise ambivalent und widersprüchlich, ein ungeklärtes Sowohl-als-Auch. Sie spiegeln eine ungeklärte, ambivalente Entwicklungsstufe der Evolution des Menschen wider. Seit sie ihm reflektierendes Denken und Bewußtsein verliehen hat, ist seine Welt geteilt, widersprüchlich und zweideutig: Gut und Böse, Gott und Teufel, Leib und Seele, Geist und Materie, Idealismus und Empirismus, Stammesgeschichte und Erziehung. Kein anderes Lebewesen könnte in Widerspruch zur Umwelt existieren, denn die Ambivalenz ist das Merkmal des Unfertigen. Daher ist auch jede Hervorbringung des Menschen ambivalent, mithin die Kultur und Zivilisation als Ganzes. Mit jedem seiner Produkte, angefangen vom Steinmesser bis hin zum Forschungslabor und zum intelligenten Computer, transzendiert er sich einerseits zur Vollkommenheit, weil er das kreative Prinzip der Evolution nachahmt: Erfahrung und Idee, Tradition und Experiment.

Aber woher rühren dann Ambivalenz und Widerspruch und damit die gefährliche Negation des Menschen als Art? Warum mit dem Steinmesser nicht nur Tiere enthäuten und Felle schaben, sondern den Artgenossen töten? Warum nicht mit dem Forschungslabor die Mühsal der menschlichen Existenz erleichtern, sondern den Planeten in eine Müllkippe verwandeln? Warum mit dem Computer die Vereinsamung des Daseins fördern – oder die Zerstörungswirkung der Waffen bis zur absoluten Perfektion steigern? Wenn man das wüßte! Das Rätsel Mensch.

Wahrscheinlich ist der Ausgangspunkt der Selbstreflexion falsch: Wir sind zwar die höchstentwickelte Art, aber nicht die Krone der Schöpfung und auch nicht das Ebenbild Gottes, sondern das größte Problem der Natur. Das auf der höchstentwickelten Stufe unvollkommene Wesen. Das Missing link, dem noch einige hunderttausend Jahre fehlen, um die futuristische Eigenschaft des Denkvermögens mit den ererbten Unzulänglichkeiten zu koordinieren.

25. NOVEMBER 2000

Das Wachstum in der EG hat sich im letzten Jahr erfreulich gesteigert und wird sich auch in diesem Jahr erfreulicherweise kräftig steigern. Etwa 5,3 Prozent Plus werden es sein, das zeichnet sich schon jetzt mit Gewißheit ab. Der Trend wird im nächsten Jahr anhalten und auch Deutschland erfassen. Es boomt kräftig. »Erfolgreicher Schritt ins neue Jahrtausend«, verkündet die Bundesregierung und sieht ihre Politik »voll und ganz bestätigt«. Und dann die übliche, schon längst ritualisierte Selbsttäuschung, die Ängste und Zweifel vertreiben soll: Nur mit kräftigen Wachstumsraten ließen sich die Umweltprobleme bewältigen. Denn Umweltschutz sei nun mal teuer. Das Kapital und sein System feiern ihre – unbestreitbaren – Erfolge und ihre Logik: Wo gehobelt wird, fallen Späne. Wenn man die Späne beseitigt, ist die Werkstatt wieder sauber. Nur kann man die Späne nicht mit dem Hobel beseitigen.

Tragischer, seit der Aufklärung fortgeschleppter Irrtum: Die Natur sei eine komplizierte Maschine, die sich reparieren lasse, wenn man sie und ihre Funktionsweise nur verstanden habe. Alles funktioniert, so lehrt uns dieser Irrtum, nach dem Prinzip von Ursache und Wirkung. Beseitige man die Ursache, so verschwinde die Wirkung. Es genüge aber auch, die Wirkung zu beseitigen.

Aber die Natur ist keine Maschine, und sie funktioniert auch nicht nach diesem Prinzip. Sie ist ein Netz, das sich mit allen Computern dieser Welt nicht darstellen läßt, mit unzähligen negativ rückgekoppelten Regelkreisläufen als Subsystemen. Und dieses System läßt sich nicht reparieren, wenn es einmal beschädigt ist. Weil wir es nicht begreifen.

Polen wird ab Juni nächsten Jahres keinen Sondermüll aus Deutschland mehr übernehmen. Die vor 12 Jahren geschlossenen geheimen Sonderverträge werden nicht erneuert. Die Grundwasserverseuchung ist nicht nur rings um die Sondermüllkippen alarmierend. Im Trinkwasser von Krakau finden sich Spuren von Chemikalien, die auf der Sonderdeponie Bielowicze lagern. 217 Kilometer entfernt!

Auch aus Nigeria und Kamerun betrübliche Nachrichten. Kein Sondermüll mehr aus Deutschland.

Aber unser schönes Wachstum für nächstes Jahr? Die Kalamität wächst sich zum Notstand aus. Die chemiefressenden Bakterien lassen noch auf sich warten.

26. NOVEMBER 2000

Sollten meine Enkel in 30 oder 40 Jahren diese Aufzeichnungen nachlesen, werden sie den Eindruck haben, als hätten die scheußlichen Ereignisse dieses Jahr 2000 wie eine lineare Kette durchzogen, eines nach dem anderen. Dieser Eindruck wäre falsch. Es ist, als wäre ein Netz über uns geworfen, und jedes dieser Ereignisse ist nur eine Masche in diesem Netz. Sie sind daher alle präsent, jeden Tag, sie summieren sich zu einem Netz mit unendlich vielen Maschen. Die Sprache kann ja nur Lineares ausdrücken, eines nach dem anderen. Sie ist der Wirklichkeit nicht angemessen. Sie verhindert Erkenntnis.

Aber das Netz, das alles gehalten hat, das Kleinste wie das Größte, ist gerissen. Die Wegwerfgesellschaft stößt mit der

Einsicht zusammen, daß auch dieses Netz weggeworfen wurde, nur daß es sich nicht ersetzen und nicht reparieren läßt. Jetzt das große, steinerne Gewicht der Angst, das einem am Halse hängt und sich in jedem einzelnen reproduziert, millionenfach, milliardenfach. Verdrängen wird langsam unmöglich. Die Gnade des Verdrängenkönnens, eine Form des Wunsches nach Ungeschehenmachen, wenigstens für eine Weile, ist aufgebraucht. Ab jetzt statt dessen die Tortur, der Wahrheit ins Auge sehen zu müssen, ihr nicht ausweichen zu können, zumal wenn sich immer noch Hoffnung regt. Hoffnung oder das Greifen nach Strohhalmen? Es ist nicht zu entscheiden. Ich weiß es nicht!

Die Wahrheit, wie sie mit uns spielt, indem sie sich verwandelt. Unser Trilemma: die rationale Wahrheit, die empirische Wahrheit, die soziale Wahrheit. Die rationale Wahrheit sagt mir, daß wir die lebensfeindlichen Strukturen unseres Industriesystems nicht mehr ändern können, daß es zu spät sei, daß der Tanker trotz des Kommandos »Volle Fahrt zurück« die Klippen rammen werde. Die empirische Wahrheit ist überfordert, sie hat derlei noch nicht erfahren. Sie sagt »vielleicht«. Die Tür fällt aber nicht ins Schloß.

Die soziale Wahrheit umarmt alle die, die nichts wissen können oder wollen, und hüllt sie in den Mantel der Konvention und des Zeitgeistes ein. Sie ist der Zeitgeist – und sie hat die Mehrheit. Wahr ist, was niemand bezweifelt oder in Frage stellt. So einfach ist das mit der dreifachen Wahrheit. Und so schwierig mit der einfachen.

26. NOVEMBER 2000

Die Zahl der Selbstmorde steigt dramatisch an (also doch das Wirken der rationalen Wahrheit, vermutlich auch der empirischen). Vor allem Jugendliche sind rasch bereit, das Leben abzuschütteln. Nach der Drogenwelle und der Freigabe des Rauschgifts jetzt dieser Protest, direkt und ohne Umschweife. Der kurze Prozeß mit sich selbst. Die Bundesregierung zeigt sich alarmiert – wie üblich. In Berlin müßten eigentlich ständig die Alarmglocken schrillen, so oft sind die dort alarmiert. Wieder diese Konjunktur für Beratungsgremien, Gutachter,

Experten, Konferenzen und Hearings – beruhigende Zeichen des Alarmiertseins. Die aktuelle Stunde im Bundestag brachte freilich wenig Erhellendes. Das unsäglich hilflose Gestammel der Konservativen und Liberalen: Leistung lohne sich doch heute mehr denn je, und die Herausforderungen der Zukunft müßten gerade die Kräfte der Jüngeren mobilisieren. Uns stünden alle Mittel und geistigen Fähigkeiten zur Verfügung, auch und gerade am politischen Willen fehle es nicht. Man dürfe vor den Problemen nicht kapitulieren, müsse sie vielmehr als Herausforderungen begreifen. Nur so könne man ihrer Herr werden. Dies aber sei schon immer die vornehmste Aufgabe der Jugend gewesen.

Alte Wahrheiten, die der Fortschritt ad acta und ins Archiv der Geschichte abgelegt hat.

Die Suizidrate, soviel läßt sich auch ohne Expertise schlüssig behaupten, ist ein verläßlicher Indikator für die schwindende Zukunft und die abgestorbenen Hoffnungen. Und für das Versagen der älteren Generation, damit der Tradition. Diese Form des Traditionsabrisses ist schlimmer als jede Revolution, schlimmer auch als die grassierende und sich steigernde Jugendkriminalität. Passive und aktive Gewalt, die Kehrseite ein und derselben Medaille. Beide Seiten signalisieren das Bedürfnis nach Widerstand.

Und wie makaber: Diese jungen Leute, die sich jetzt so zahlreich und irgendwie nüchtern, ohne viel Federlesens davonmachen, haben vor zehn Jahren noch ihre Eltern gewarnt. Unvergeßlich eine Fernsehsendung mit Fünf- bis Zwölfjährigen (Sommer 1989?), die ihre Zukunftsängste so klar artikulierten, als hätten sie sich von Geburt an mit diesen Fragen befaßt (was gar nicht einmal ausgeschlossen ist. Sylvie muß sich auch damit befassen). Jedes dieser Kinder flehte geradezu um Zukunft und das Leben. Offenbar umsonst.

Wie werden Andreas und Sylvie mit mir reden? Wie werden sie reagieren? Werden sie ebenfalls diese »Lösung« . . . ? Wir wollen und müssen zulassen, daß sie die Welt so erfahren, wie sie ist. Wir könnten es gar nicht verhindern. Nur, das Fernsehen, die Gesellschaft insgesamt, erlaubt keine kindgemäße Welterfahrung mehr. Wie sollte es auch, wo in den Städten wäre kindgemäße Welterfahrung noch möglich? Die

Kinder fühlen sich als ohnmächtige Zwerge in einer nur für die Erwachsenen, für Leistungsträger und Konsumenten geschaffenen Welt. Dieses Trauma des Kindseins bleibt.

Wir können den Kindern nichts mehr vormachen. Sie durchschauen uns klarer, als wir ahnen. Sie wissen, daß es keine heile Welt mehr gibt. »Zur Welt kommen« – nur noch ein biologischer Vorgang. Sie kommen alle in eine kaputte Welt, des wichtigsten Menschenrechts beraubt, des Rechts auf eine unbeschädigte Welt. Denn wir haben diesen Planeten nicht von unseren Vätern geerbt, sondern von unseren Kindern geliehen.

Werden sie diesen Betrug einmal einklagen? Und wie?

Die meisten werden sich anpassen. Nur die Sensibelsten werden protestieren, notfalls mit ihrem Leben. Tina und ich sind jetzt froh, daß wir unserem dritten Kind dieses Zur-Welt-Kommen verwehrt haben. Es ist uns dankbar! Herbert Marcuses Rat an die Jugend, sich zu verweigern, aktiv, im handelnden Protest! Eine Subkultur schaffen als vorweggenommene Alternative zur miserablen Welt der Alten. Macht kaputt, was euch kaputt macht, macht wenigstens nicht mit! Schneidet die Tradition durch, laßt euch nicht einbinden und einfangen, gebt diese Ellenbogentradition, die alles ruiniert, den Menschen, das Tier, die Natur, nicht weiter, damit ihr sie nicht erleiden müßt und sie euch nicht zu Krüppeln macht!

Heute ist das die Generation der Großväter. Angepaßt und integriert wie jede Generation vor ihnen. Einige sind ausgebrochen, die man als Terroristen wahrnahm, nicht als Verzweifelte, die vielleicht das falsche Signal setzten, ob als Terrorist, als Selbstmörder oder als apathischer Konsument. Der Revolutionär ist Optimist, er muß an die Zukunft glauben. Daher wird es keine Revolution mehr geben. Wir können beruhigt sein. Oder doch nicht?

Der einzige Zweck, den die Evolution dem Leben gegeben hat, ist die Weitergabe des Lebens. Damit hat das Leben noch keinen Sinn. Aber selbst dieser Zweck ist fragwürdig geworden. Wir sind, so Nietzsche, die viel zu vielen, milliardenfache Redundanz, eine überflüssige Biomasse. Ihr Exkrement ist diese Zivilisation. Jeder Mensch, schon das Neugeborene, trägt dazu bei, diese Welt zu ruinieren. Weil er Verbraucher ist. Naturverbraucher. Der Zweck der Genesis, der einzige, den sie kennt, hat sich in einen Fluch verwandelt. Die zerstörerische Redundanz der viel zu vielen.

Der Sinn des Lebens. Evolution und Natur kennen kein Ziel, dem sie zustrebten, und keine Teleologie. Der Sinn des Lebens kann nur eine gesellschaftliche Konvention sein, eine soziale Wahrheit. Nur der Gläubige kann Sinn finden, und nur ein Glauben stiftet Sinn. Die uralte Frage nach dem Sinn des Lebens lenkt nur ab von der Frage nach dem Glück. Die Evolution kennt zwar auch kein Glück, aber doch Zufriedenheit. Wenn unsere Katze satt ist, wird sie zur Allegorie des Wohlbehagens, sorglos und total sich der Gegenwart überlassend, ohne Vorstellung von der Zukunft, in Übereinstimmung mit sich und der Umwelt.

Der Mensch kann Glück erleben, er könnte auch Glück schaffen. Ist Glück Wunschlosigkeit, wie Freud meinte? Oder der Moment der Ekstase? Könnt' ich zum Augenblick sagen, verweile doch, du bist so schön. Glück mag privat erlebt werden, ist aber keine Privatsache, sondern gesellschaftlich vermittelt, ja »produziert«. Glück ist – und war es über Jahrmillionen hinweg – Gemeinschaftssache. Vor seiner Menschwerdung konnte der Hominide nur in der Gruppe glücklich sein. Als Individuum, als Vereinzelter, war er gefährdet, preisgegeben, ausgeschlossen. Glück ist auch Kommunikation mit anderen. Das Bedürfnis nach Gruppe auch heute stark wie eh und je, vor allem bei der Jugend. Doch die technische Massenzivilisation schafft lauter einzelne und Einsame. Im Auto – allein. Am Arbeitsplatz – allein. Vor dem Bildschirm – allein. Jeder ist letztlich ein Single.

Die soziale Utopie: Wenn Hunger und Elend beseitigt wären und die Würde des einzelnen vor dem Zugriff der Herrschenden sicher, dann wäre das Glück zum Greifen nahe – gesellschaftlich vermittelt. Und frei von Angst sein. Das war einmal. Auch das Glück ist relativ. Glücklich ist nur, wer weiß, ahnt oder fürchtet, daß der Moment der Bedürfnisbefriedigung nicht von Dauer und nicht garantiert ist. Nur wenn das Glück Mangel bleibt, kann es erfahren werden. Die Dauer der Wunscherfüllung schafft Überdruß, die Freude wird vertrieben. Der Mensch ist biopsychisch ein Mangelwesen, niemals Konsument. Das Glück des Verdurstenden wegen des Schluckes Wasser. Das Elend des Säufers. Das Glück des Verhungernden am Stück Brot. Das Elend des Prassers. Das Glück derer, die Fesseln zerreißen. Das Elend der Libertinage. Das Glück an der Freiheit des anderen, das Elend des Gewalttätigen.

Vermutlich gab es keine Generation vor uns, die so unglücklich war wie die jetzige. Der Preis für den chronischen Konsum, die primitivste aller Süchte, ist Glück, die Fähigkeit, glücklich zu sein. Diese Leistungsgesellschaft braucht den Typ, der auf Glück verzichtet, sie braucht den harten, kalten, konsumierenden, emotional unproduktiven Charakter. Sie braucht den Sadomasochisten. Sie bräuchte Erich Fromm.

27. NOVEMBER 2000

Die Protestaktionen in Süditalien und auf Sizilien kommen einem Aufstand gleich. Das artet in Aufruhr aus. Gestürmte Rathäuser, verwüstete Ämter, blockierte Straßen, besetzte Gerichte, brennende Polizeiwachen. Die ersten Schüsse, die ersten Toten. Seit Wochen Massenstreiks. Anarchie, jede Ordnung zusammengebrochen. Der Süden fühlt sich verraten und verkauft und obendrein gedemütigt. Die Regierung in Rom zieht Truppen zusammen, um den Aufruhr niederzuschlagen.

Die Europäische Gemeinschaft verweist auf ihr beschlossenes Wassertransportprogramm. Der erste Aquatanker wird in sechs Wochen nach Stavanger auslaufen. Insgesamt werden in Kürze 10 Millionen Bruttoregistertonnen an Tonnage zur Verfügung stehen. Im nächsten Jahr soll die erste Wasserentsalzungsanlage in Reggio Calabria die Süßwasserproduktion aufnehmen. Neun Tonnen Wasser pro Sekunde.

Korruption und Mafia haben das Ihrige zu der sich abzeichnenden Katastrophe beigetragen. Sie haben ein Supergeschäft mit der Not gewittert und den Kürzeren gezogen, freilich erst jetzt. Hunderte von Millionen an EG-Mitteln sollten für die Erneuerung der Bewässerungsanlagen, für neue Brunnen und vor allem Wasserspeicher sorgen. Der
te Teil in den Kanälen der Korruption versickert.

Aber Europa kann nicht zusehen, wie der Süden ausdörrt. Den Griechen geht es nicht besser. Die Wüste greift nach Europa, sie ist ein Kind dieser Zivilisation. Frankreich und die ehedem jugoslawischen Staaten verstärken die Küstenwacht, um süditalienische Boat people aufzugreifen. Sogar Albanien schottet sich ab. Alle EG-Staaten weisen die Süditaliener zurück.

Rom protestiert in Brüssel und verweist auf die EG-Charta: Freizügigkeit. Das Vereinte Europa! Gewiß, aber nicht so. Dieser Belastungsprobe kann die europäische Idee nicht standhalten. Wohin mit 20 Millionen Süditalienern? Welchen Anlaß hat Europa, sich einem Emigrantenstrom unvorstellbaren Ausmaßes zu öffnen, wenn die Italiener ihrer nationalen Verantwortung nicht gerecht werden und ihre eigenen Landsleute aussperren? Nördlich von Neapel entsteht ein Eisener Vorhang. Europa kann keine Völkerwanderungen mehr verkraften. Sorry, die liebenswerten Kalabresen und Sizilianer! Sie werden jetzt unsere Feinde.

29. NOVEMBER 2000

Die süditalienischen Regionen einschließlich Siziliens und Sardiniens haben sich von Rom losgesagt und einen eigenen Staat ausgerufen (was Rom gar nicht so ungelegen kommt). Appelle der Verzweiflung an die UN und die EG, rasch zu helfen. Aber wie? Vieh verdurstet oder wird notgeschlachtet, die Landwirtschaft vernichtet. Dem Durst folgt der Hunger. Die EG-Vorräte sind erschöpft. Wenn nicht bald Regen fällt, werden die Schäden irreparabel sein. Eine Rekultivierung würde schon jetzt Jahre dauern. Jeden Sonntag schleppen sich die Bittprozessionen über das glühende Land und betteln um Regen. Der Papst läßt wissen, daß er seit fünf Wochen in Castelgandolfo bete. Den katholischen Himmel bevölkern zwar unzählige Heilige und Nothelfer, aber gegen Menschenwerk sind auch sie machtlos.

Alle Welt bedauert die Südländer. An Hilfsbereitschaft fehlt es nicht, an Beteuerungen noch weniger, doch niemand weiß eine Lösung.

Am Ende wird Europa sie aufnehmen müssen. Denn zusehen, wie Millionen in nächster Nachbarschaft vor die Hunde gehen, wäre der Offenbarungseid der europäischen Idee, die Bankrotterklärung der Humanität.

30. NOVEMBER 2000

Kanada und Rußland erklären sich bereit, die Einwanderungsquote zugunsten der Süditaliener zu erhöhen. Die Vereinigten Staaten lehnen ab. Ihr Mittelwesten und Kalifornien dörren ebenfalls aus. Wann werden die Amerikaner nach Kanada drängen?

1. DEZEMBER 2000

Unübersehbar, wie die Umweltproblematik Medien und Öffentlichkeit zu beherrschen beginnt. Die Vorhersage Wolfgang Hildesheimers vor zehn Jahren angesichts der deutschen Wiedervereinigungseuphorie hat sich längst bewahrheitet: »Im Vergleich zu dem, was uns ökologisch erwartet, ist das hier belanglos.«

Das Verhalten der Masse der Bevölkerung ist freilich höchst widersprüchlich. Von der Politik erwarten sie konsequenten Umweltschutz, nur darf er keine großen Opfer fordern, vor allem keine Verhaltensänderung. Die Leute hängen an tradierten Gewohnheiten, der Umdenkungsprozeß trägt noch nicht. Aber beides ist nicht zu haben: Wohlstand und Konsum mit den bisherigen Wachstumsraten und eine intakte Umwelt. Es scheint, als habe das kollektive Gedächtnis die Mühsal und die Plackerei der vergangenen Jahrhunderte gespeichert. Nur nicht wieder so vegetieren müssen, signalisiert offenbar diese Angst, wie unsere Vorväter im 19. Jahrhundert, als Lumpenproletariat. Daher wollen sie von dem erreichten Komfort nichts aufgeben. Es ist, als sollte siegreichen Eroberern zugemutet werden, die Beute wieder herauszurücken.

Energiesparen – ja. Aber nicht bei der Heizung, beim Kühlschrank, beim Bügeleisen, beim Fernseher, bei der Waschmaschine, beim Rasierer. Grüne Wälder – ja, aber nicht auf Kosten des Autos. Umweltschutz, natürlich, aber das System soll so bleiben, wie es ist. Es sei denn, die Industrie bringt bessere Produkte auf den Markt, dann macht man gerne mit. Dann darf es auch etwas teurer sein. Ein fatales, passives Verhalten.

Es gibt sie nicht, die globale, kollektive Vernunft, die weltweite Verbindlichkeit der Ethik. Die Vernunft der Individuen summiert sich zur Unvernunft des Kollektivs, die Frömmigkeit des einzelnen zur Gottlosigkeit der Massen. Daher wird nicht sein, was lebenserhaltend unumgänglich wäre: eine globale Kurskorrektur. Hinter diesem harmlosen Begriff verbirgt sich als Konsequenz die erste zivilisatorisch-kulturelle Kehrtwende der Menschheit. Umkehr als Fortschritt, das ist noch keiner Generation zugemutet worden. Die Kulturentwicklung als Teil der Evolution hat sich, wenngleich um Zehnerpotenzen rascher, zu immer komplexeren Strukturen herausdifferenziert. Nun soll eine Re-Evolution folgen. Die Natur kennt eine solche Rückwandlung nicht, bei keiner Art und bei keinem System. Sie ist unmöglich. Aus einem Huf kann kein Paarzeher werden, aus einer Lunge kein Kiemenatmer. Wenn sich ein Prozeß als Irrtum herausstellt, kann das Problem nur durch Aussterben gelöst werden.

Unser Wirtschafts- und Industriemodell, wie es sich in den letzten 150 Jahren herausgebildet hat, auf dem die gesamte Zivilisation und Kultur beruht, stellt sich aber immer unabweisbarer als Irrtum heraus. Die technische und ökonomische Entfaltung seiner Potenzen, für sich genommen und aus dem Zusammenhang gelöst höchste Rationalität, droht die Irrationalität des Gesamtsystems ins Ausweglose zu steigern. Die höchste Form der Irrationalität ist aber die Zerstörung der Lebensgrundlagen, also der Selbstmord.

Das Zivilisationssystem des Menschen befindet sich auf Kollisionskurs mit dem System der Natur. Da es aber selbst nur ein Untersystem der Natur ist, kann der Ausgang dieses Zusammenpralls nicht zweifelhaft sein: Was sich nicht mit dem Globalsystem der Natur und ihren Gesetzen verträgt, ist zum Untergang verurteilt. Paradoxerweise ist es gerade der gewaltige Erfolg des Zivilisationssystems, der es in Widerspruch zur Natur und zur Evolution bringt. Der Mensch hat die Balance bewirkenden und für Ausgleich sorgenden negativen Rückkoppelungssysteme umgepolt in positiv rückgekoppelte, auf unentwegtes Wachstum. Wachstum ist zum obersten Sachzwang geworden, der das System stabilisiert und aufrechterhält. Ohne Wachstum bräche es wieder in sich zusammen. Wachstum ist für das Industriesystem, was die Rotation für den Planeten ist. Aber nichts kann ad infinitum wachsen. Wachstum heißt Ausweglosigkeit, Auffressen der eigenen Voraussetzungen. Wie bei einem Heuschreckenschwarm. Der Ameisenbär muß sich dagegen in die Entscheidung der Evolution fügen, in einem negativen Rückkoppelungssystem zu existieren, sonst gäbe es ihn längst nicht mehr.

Wir haben diese Weisheit der Evolution mit Hilfe unseres Verstandes außer Kraft gesetzt. Nichts und niemand hindert uns am Fressen. Da wir den Magen und das Verdauungssystem weggezüchtet haben, um die Effizienz zu steigern, können wir ungehindert fressen. Und uns vermehren. Sechs Milliarden Menschen: Wachstum. Ausschließlich positive Rückkoppelung. Grenzenlos. Ausweglos. Wofür? Wozu?

Kein Zweifel, daß die Politik überfordert ist. Im Grunde die Kameralistik zur Zeit Friedrich des Großen. Zur intellektuellen Unzulänglichkeit der Agierenden gesellen sich die System- und Strukturfehler. Das Schielen auf Wahlen, die Gefälligkeitsdemokratie. Die Angst, die sachlich notwendige Entscheidung könnte die wahltaktisch falsche sein. Die Trägheit der Entscheidungsprozesse. Die Gefahren sind alle globale, die Politik bleibt national. Aber es gibt keine Globalpolitik. Wir bräuchten eine Weltregierung, ein Weltparlament, eine Weltpolizei. Globale Handlungsfähigkeit. Aber – nicht daran zu denken. Das Notwendige ist Utopie, das Überflüssige real.

4. DEZEMBER 2000

In diesem Jahr 85 Millionen Kubikmeter Holzeinschlag. Mehr als die doppelte Menge von 1989. Ursache: das Waldsterben. Dramatisches Absinken des Grundwasserspiegels überall in Deutschland. Trotz des Dauerregens und trotz der verheerenden Überschwemmungen. Der Wald verschwindet und kann das Wasser nicht mehr aufsaugen. Das gesamte südhessische Ried senkt sich ab. Bodenrisse, ganze Dörfer brechen ein. Germersheim vom Einsturz bedroht. Frankfurt verliert seinen wichtigsten Wasserspeicher. Wegen der versiegenden Quellen kündigt auch der Kreistag des Vogelsbergkreises den Wasserlieferungsvertrag mit dem Frankfurter Umlandverband. Empörung natürlich in der Mainmetropole, diesem gefräßigen, durstigen, verschwenderischen Moloch. Wenn Frankfurt noch eine Freie Reichsstadt wäre und eine eigene Armee hätte, würde sie jetzt dem Vogelsbergkreis den Krieg erklären und ihn besetzen. Nur würden die Quellen dann noch rascher versiegen. Die SPD fordert als Konsequenz den Bau von Talsperren und Wasserspeichern. Die Technik des Wasser-Recyclings ist sträflich vernachlässigt worden.

Jeden Tag wird in Deutschland eine Tier-und eine Pflanzenart ausgerottet, weltweit sind es 80! Unwiederbringliche Verluste. Was in Jahrmillionen gewachsen ist, verschwindet über Nacht. Der Planet verarmt, er wird von Reichen geplündert.

7. DEZEMBER 2000

Nordrhein-Westfalen erläßt ein Fahrverbot für Pkws an Wochenenden. Bis auf weiteres und gegen den Protest der EG-Kommission. Die Absicht, auch die Autobahnen zu sperren, wird am Einspruch der Bundesregierung scheitern.

Das Zivilisationssystem muß einen Domestikationseffekt auf den Menschen haben. Es verblödet ihn und stumpft ihn ab. Konrad Lorenz: Es »verhaustiert« ihn. Das Pkw-Wachstum ist längst an seine Grenzen gestoßen, es hat das Auto seines mobilen Effekts beraubt. Mit der Bahn geht es doppelt so schnell, im Berufsverkehr dreimal schneller. Der Stau ist zu einer neuen kommunikativen Erlebnisform geworden. Doch die Leute fühlen sich offenbar wohl bei dieser Art von Fortbewegung. Es stimmt ja gar nicht, daß die rasche Distanzüberwindung die Kaufentscheidung für das Auto bestimmt. Es ist das Gemeinschaftserlebnis! Mit vielen anderen die gleiche Lage teilen. Das vermittelt offenbar Geborgenheit. Im Stau ist man immer in einer bergenden Mitte, auch wenn man mit dem anderen nicht direkt kommunizieren kann. Hauptsache, er und die vielen anderen sind da! Wie ein zum Appell angetretenes Regiment. Und um diesen Preis der Treibhauseffekt!

In dem kleinen Deutschland jetzt 47 Millionen Pkws und sechs Millionen Laster! Acht Prozent des Weltbestandes auf so engem Raum. Wahnsinn!

9. DEZEMBER 2000

Bereits der 50. Smogalarm für Frankfurt und das Rhein-Main-Gebiet in diesem Jahr. Sylvies Kränkeln wird sich wohl nicht mehr verlieren, es ist chronisch. Asthma, wie unzählige ihrer Altersgenossen. Eines der vielen Opfer, die bereits ihrer Lebenschancen beraubt sind, kaum daß sie geboren sind. Und es werden immer mehr. Fast jedes zweite Kind leidet an Allergien oder Erkrankungen der Atemwege. Wir werden in den Hintertaunus ziehen müssen, weg von Wiesbaden, der Weltkurstadt. Welch ein Hohn. Sie kann freilich nichts dafür. Der Dreck aus Mannheim und Ludwigshafen bleibt an den Taunushängen kleben und fällt auf die Stadt herab. Paradoxerweise sind die Ozonkonzentrationen in ländlichen Gebieten höher als in Ballungsräumen.

Die Chance der Flucht besteht daher nicht mehr. Man kann nicht mehr aussteigen. Wohin man auch flüchtete, man wäre schon eingeholt. Raumschiff Erde! 22 Milliarden Tonnen giftiger Gase. In einem Jahr!

Morgen werden wir in ganzseitigen Zeitungsanzeigen der Großindustrie lesen können, was alles für den Umweltschutz getan werde und daß man selbst die horrendesten Kosten nicht scheue. Die übliche Reaktion auf Smogalarme. Der Mensch steht nun mal im Mittelpunkt. Die Statistiken werden belegen, daß die Schadstoffemissionen allenthalben minimiert worden seien. Neueste Technologie, Fortschritt, Kreativität, modernes Denken, Verantwortungsbewußtsein.

Nur: Die Summen wachsen. Das Wachstum frißt alles wieder auf. Die Zinsen steigen schneller als die Tilgungsraten. Und meine kleine Sylvie hat Asthma.

Mir geht's auch nicht besser. Seit einigen Wochen Hyperventilation. Ein Zwang zum Luftholen. Außerdem ein Ziehen im linken Arm. Das Kunstherz soll ja jetzt risikolos funktionieren. Besser gar als das Original. Mikroprozessorgesteuert. Die Transplantation ist angeblich ein harmloser Eingriff. In Japan entwickeln sie jetzt gar eine Kunstlunge, der angeblich die Schadstoffe nichts anhaben können. Bald wird zum Überleben der künstliche Mensch erforderlich sein.

11. DEZEMBER 2000

Weihnachten droht, unaufhaltsam. Die Wechsler und Händler sind alle längst wieder im Tempel des Herrn. Aber diesmal treibt sie niemand hinaus. Was haben sie aus diesem Fest gemacht! Verkitscht und heruntergewirtschaftet. Das diesjährige Weihnachtsgeschäft hat sich aber schlecht angelassen. Der Handel wartet auf einen Auslöser, der ihm die Hoffnung wiederbringt. Der Erlöser selbst ist nur für die drei Millionen Arbeitslosen, zwei Millionen Sozialhilfeempfänger, eine Million Obdachlosen, zwei Millionen Unfallopfer, drei Millionen Drogensüchtigen – ist nur für das elende Drittel der Gesellschaft in diese Welt geschickt worden. Für diejenigen, die ständig zu kurz kommen. Für die Versager. Sie dürfen mit ihrem Erlöser Weihnachten feiern.

12. DEZEMBER 2000

Der »Sonnengesang« des Franz von Assisi. Irgendwie auch ein Versager, allerdings ein freiwilliger. Daher versteht ihn niemand, diesen schwärmerischen Dummkopf.

Gelobt seist Du mein Herr,
durch Bruder Wind und Luft,
durch wolkig und heiter und jegliches Wetter,
durch das Du Deinen Geschöpfen
Gedeihen gibst.

Gelobt seist Du, mein Herr,
durch Schwester Wasser;
gar nützlich ist sie
und demütig und köstlich und keusch.

Gelobt seist Du, mein Herr,
durch Bruder Feuer,
durch den Du die Nacht uns erleuchtest,
und schön ist und fröhlich
und gewaltig und stark.

Gelobt seist Du, mein Herr,
durch unsere Schwester Mutter Erde,
die uns ernährt und erhält,
vielfältige Frucht trägt
und bunte Blumen und Kräuter.

Gelobt seist Du, mein Herr,
durch jene, die aus Liebe zu Dir vergehen,
die Schwäche tragen und Trübsal.
Selig, die harren in Frieden.
Du, Höchster, wirst sie einst krönen.

Gelobt seist Du, mein Herr,
für unseren Bruder, den leiblichen Tod;
ihm kann kein Mensch lebendig entrinnen.

Auch dazu also ist der Mensch fähig. Aber nur als Ausnahme. Naivität, Kindlichkeit, Sensibilität, Entsagung, Gottesfurcht, Liebe – die höchste Stufe des Bewußtseins, das sich als Teil der Schöpfung begreift und erlebt. Hinter diesen simplen Zeilen, innig, aber ohne jede Sentimentalität, wie sie auch ein Kind zuwege brächte, verbirgt sich ein fast gewalttätiger Gegenentwurf zur menschlichen Existenz heute. Diese Größe und Stärke, sich zu reduzieren, alles beiseite zu schieben, was den anderen, den viel zu vielen, das Leben erst lebenswert macht. Um dadurch ein Leben erst zu erlangen, von dem wir keine Ahnung haben, außer vielleicht der, daß es das wahre sein könnte. Muß man erst die unmenschliche

Größe eines Franz von Assisi aufbringen, um nicht mit der Schöpfung in Widerspruch zu geraten? Dann freilich wäre die Zukunft hoffnungslos. Wenn dieser Bettelmönch der wahre Mensch sein sollte, in dem sich die Idee des Menschen verkörpert, wäre offenkundig, daß wahres Menschentum nur als Ausnahme existiert. Die Regel hieße: »der Mensch«, ein Irrläufer der Natur.

Die drei Landstreicher, die mich jeden Morgen am Bahnhof aus übernächtigten Augen gleichmütig mustern, sind dem Franz viel ähnlicher als ich. Wenn ich die scheinbar kaputten Typen ansehe, spüre ich meine Sorgen und Ängste wie einen schweren Rucksack. Als ich neulich einem von ihnen, dem Beinamputierten, fünf Mark gab, nickte er nur. Ich zögerte, weiterzugehen, weil ich ein Dankeschön erwartete. Da sagte der zahnlose, struppige Kerl: »Heute wird wieder ein schöner Tag.« Dabei fror er in seinen vollgepißten Jeans. Ich aber merkte, daß es tatsächlich ein schöner Tag werden würde. Und dann erinnerte mich der stinkende Alte an die Lilien auf dem Felde, die nicht säen und nicht ernten.

Dem Ordnungsamt sind die Landstreicher ein Dorn im Auge, weil sie schon mal eine Rotweinflasche stehen lassen, für die es kein Pfand gibt. Dennoch, je ärmer einer ist, desto wirksamer schützt er die Umwelt. Die Landstreicher produzieren keinen Giftmüll und verschwenden keine Energie. Wer lebt auf wessen Kosten?

Der Gesetzgeber sollte eine progressive Umweltsteuer erheben. Die Umweltzerstörung entspricht proportional dem Einkommen. Was für Individuen gilt, gilt auch für soziale Gruppen und darüber hinaus für Staaten. Die Dritte Welt, nahezu vier Fünftel der Menschheit, bezahlt die Verschwendungssucht und den Raubbau der Industrienationen letztlich mit ihrer intakten Umwelt.

Die Weisheit des Indianers: »Als die Erde mit all ihren Lebewesen erschaffen wurde, war es nicht die Absicht des Schöpfers, daß nur Menschen auf ihr leben sollten. Wir wurden zusammen mit unseren Brüdern und Schwestern in diese Welt gesetzt, mit denen, die vier Beine haben, mit denen, die fliegen, und mit denen, die schwimmen. Alle diese Lebewesen, auch die kleinsten Gräser und die größten Bäume, bildeten mit uns eine große Familie. Wir sind alle Geschwister und gleich an Wert auf dieser Erde.«

Die »Danksagung der Irokesen« könnte von Franz von Assisi stammen, sein »Sonnengesang« von einem Irokesen. Der Irrtum im Selbstverständnis des »zivilisierten« Menschen begann, als jemand auf die Idee kam – und sie auch niederschrieb –, wir seien das Ebenbild Gottes, dem das Recht zustehe, über alle Kreatur zu herrschen, weil sie ihm untertan sei. Diese Hybris war der Beginn der Entfernung von Gott, denn sie ist eine Projektion des Größenwahns. Es ist das tragische Privileg des Menschen, jeden Unsinn zu glauben und Gedachtes für realer zu halten als die Realität. Die Glaubenswahrheit ist bar jeden Zweifels. Der Glaubensirrtum, daß der Mensch die Krone der Schöpfung sei, ist ihr folgenschwerstes Problem.

Max Born: »Es scheint mir, daß der Versuch der Natur, ein denkendes Wesen hervorzubringen, gescheitert ist.« Ein denkendes Wesen hat die Natur hervorgebracht, dennoch ist der Versuch – mit uns – gescheitert. Das Denken ist in den Kontext der Natur nicht integrierbar; es ist ihm fremd geblieben. Es fehlt diesem Denken an »praktischer Vernunft« (Kant), also an ethischem Bewußtsein. Das Denken schuf eine gefräßige, wachsende, wuchernde Industriezivilisation und beseitigte alle Faktoren, die auf Gleichheit und Balance drängen. Dadurch wurde die höchste Weisheit der Evolution verletzt: das Maß. Wachstum und Verbrauch als Grundgesetz der Industriezivilisation sind potentiell ohne Maß, dürfen gar kein Maß haben, denn Maß bedeutet Stillstand, Nullwachstum, Krise. Die Weisheit der Evolution wird zur Dummheit der Industriekultur. Mit dem Denken setzte die Vertreibung aus dem Paradies ein. Noch eine Weile, und sie ist abgeschlossen und endgültig.

Max Borns Schrift »Die Zerstörung der Ethik durch die Naturwissenschaften« verhallte ungehört. Nie hat ein Naturwissenschaftler, einer der größten, das menschliche Dilemma unbarmherziger, verzweifelter und doch mit so inbrünstigem Glauben an die Vernunft beschrieben. Alles, was die Naturwissenschaften an technischer Realität ermöglichen, wirkt destruktiv, bedroht die Natur, setzt die Gesetze der Evolution außer Kraft und entfremdet letztlich den Menschen von sich selbst. In einem System, das ohne Wachstum nicht existieren kann, wird Maß zur gefährlichen Untugend und Maßlosigkeit des Verbrauchs zur höchsten Tugend, zum rationalen Verhalten. Der oberste Daseinszweck des Zivilisationsmenschen ist seine Rolle als Verbraucher, Dasein rechtfertigt sich als Konsum und Verschwendung. Die Entfremdung des Menschen von sich selbst liegt im Erfolg des Systems, ihm auszureden, daß es Maß gebe, Zufriedenheit, Gesättigtsein, Befriedigung, materielle Wunschlosigkeit, Alternativen zur Lebensgestaltung jenseits des Konsums, Möglichkeiten für Glück ohne Verbrauch an Gütern, Wachstum an Geist und Gefühl und Kunst. Der freiwillige Verzicht auf Konsum kennzeichnet den Outsider und Versager ebenso wie der erzwungene. Dem erzwungenen Verzicht und den unfreiwilligen Versagern predigt man freilich Zufriedenheit und Bescheidenheit als Tugenden, damit sie nicht aufbegehren und renitent werden.

Kein Wunder, daß Warner wie Erich Fromm nicht verstanden wurden. Da Fromm am ursprünglichen, von der Evolution angelegten Entwurf des Menschen festhält, muß er den Erfolgstypus der Industriezivilisation als marktorientierten »unproduktiven Charakter« bezeichnen. Soviel Dialektik kann sich nur ein Schwärmer, ein Idealist, ein Moralist leisten. Dennoch korrespondiert sie mit der These der Evolutionstheorie, daß der Erfolg der Industriezivilisation diesen Planeten zerstören wird, mithin die höchste auf dieser Erde – wahrscheinlich im gesamten Kosmos – denkbare Form des Mißerfolgs darstellt. Zivilisationsgesetze kontra Naturgesetz, zivilisatorischer Erfolg kontra evolutionären Erfolg. Die Einzigartigkeit des Menschen bewirkt seinen Untergang.

Tina spielt Mozart, das Klavierkonzert in Es-Dur. Die Klänge tanzen durch die Räume. Diese Mischung aus heiterer Oberflächlichkeit und suggestiver Tiefe, Freude und Wehmut, Ankunft und Abschied. Schade, daß er so wenig für meine Flöte geschrieben hat. Er hielt dieses Instrument für einen Bastard, der keinen Ton rein durchhalten könne. Die beiden Flötenkonzerte warf er in wenigen Tagen aufs Papier, weil ihn ein holländischer Kaufmann bedrängte und er Geld brauchte. Die prosaische Nüchternheit des Genies.

14. DEZEMBER 2000

Dringlichkeitsplan der Bundesregierung: 3 674 Müllkippen und Deponien müssen sofort saniert werden, davon 2 016 auf dem Gebiet der früheren DDR. Die Kosten werden sich auf 126 Milliarden Mark für die nächsten fünf Jahre belaufen. Die Industrieverbände winken ab, sie wollen sich an den Kosten nicht beteiligen. Schließlich hätten sie die Entsorgung nur nach gesetzlichen Vorschriften betrieben.

Nach einer vorläufigen noch geheimen Studie der Enquetekommission Grundwasser sollen/müssen 31 Wassereinzugsgebiete gesperrt werden, weil das Quellwasser verseucht ist. Die Höchstwerte der Schadstoffbelastungen liegen teilweise um das 22fache über der Norm. Es wurden chemische Verbindungen analysiert, die es in der Praxis der Produktion gar nicht gibt. Es handelt sich um neue, »spontane« Reaktionen. Wie es heißt, sollen sich einige der neuen Verbindungen aus Stoffen zusammensetzen, die vor mehr als 80 Jahren deponiert worden waren. Jetzt tauchen sie im Grundwasser auf und sind alle ausnahmslos hoch toxisch.

Das hieße, daß es nach Beseitigung der Schadstoffquelle noch mindestens 80 Jahre dauern würde, bis sich das Grundwasser wieder regeneriert hätte. Der Zyklus der Grundwasserkreisläufe erstreckt sich aber bis zu einem Zeitraum von 750 Jahren. Da kommt noch einiges auf uns zu, und auf unsere Nachkommen.

Die französische Küstenwacht fängt wieder 117 sizilianische Boat people ab. Ausreisestopp jetzt auch für Korsen. Auf der Insel beginnt das Wasser zu versiegen. Paris wäre nunmehr froh, wenn es die widerspenstigen Insulaner Anfang der neunziger Jahre losgeworden wäre.

14. DEZEMBER 2000, abends

Wieder ein Alarmruf aus dem Nahen Osten: Die Grundwasserreserven gehen zur Neige. Selbst die einfallsreichen

Israelis sind mit ihrem Latein am Ende. Die bewässerten Felder beginnen zu versalzen. Die UNO hat bisher mit viel Mühe eine militärische »Lösung« des Wasserproblems verhindert. Aber wie lange noch – und wie sähe eine solche »Lösung« aus?

Auch bei uns muß es bald wieder regnen, sollen die Schäden nicht irreparabel werden. Das Waldsterben beschleunigt sich wieder. Das Thermometer sinkt nie unter 20 Grad.

17. DEZEMBER 2000

Acht Kernkraftwerke stehen mittlerweile abgeschaltet in der deutschen Landschaft. In den USA sind es 16, in Frankreich elf, in Rußland 24. Niemand weiß noch, wie sie abreißen und wie sie entsorgen. Nach dem Scheitern des Pilotprojektes Niederaichach wagt sich keiner mehr an den Abriß eines AKWs. So viele Opfer will man nicht wieder riskieren. Aber das Risiko ohne Abriß, ohne Beseitigung dieser strahlenden Ruinen? Die Unionsparteien und die Industrie wollen sie zubetonieren. Denkmäler einer zivilisatorischen Sackgasse.

18. DEZEMBER 2000

EG-Kommission und Europaparlament schränken den Einsatz von Düngemitteln auf die Hälfte ein. Was es nicht alles gibt: Diese Chemikalien tragen nicht nur zur Verseuchung des Wassers bei, sondern auch zur Luftverschmutzung und wahrscheinlich sogar zum Waldsterben. Sie merzen Kleinlebewesen, Mikroorganismen und Pflanzen aus, die sich in den Wäldern allein nicht halten könnten, sondern weite Flächen als Lebensraum brauchen, die aber für den Wald unabdingbar wichtig sind. So zwingt uns die Natur, über den Begriff des »Schädlings« neu nachzudenken. In der Natur gibt es keine Schädlinge, sondern nur Existenzberechtigungen, Funktionen und Notwendigkeiten. Nur der Mensch ist ein Schädling, jeden Tag erweist es sich mit der Ausrottung von 80 Tier- oder Pflanzenarten. Dies bringt kein Tier zuwege, keine Tierart hat je irgendeine andere ausgerottet. Der Begriff »Schädling« ist, wie der »Nützling«, die übelste Form des Anthropozentrismus.

Chemische Industrie und die Bauernverbände protestieren, wie erwartet. Sie haben aber einen starken Verbündeten – die Vereinten Nationen. Europa dürfe nicht als agrarisches Überschußgebiet ausfallen, zumal sich das Ernährungsproblem in der Dritten Welt verschärfe. Indien, Afrika! Aber für dieses Jahr besteht bereits ein Exportstopp. Europa hat selber Schwierigkeiten, sich zu ernähren. Die Überschwemmungen dieses Frühjahres waren verheerend. Das Wintergetreide fast völlig vernichtet. Futtermittel sind knapp, der Viehbestand dezimiert.

Allmählich gelangen wir an eine fatale Wegscheide: Jede Maßnahme hat nur noch negative Folgen, jeder Weg führt nur noch in Sackgassen. Das wäre dann das Ende jeglichen Bemühens um Lösungen. Immer nur das kleinere Übel wählen heißt auf Dauer: das große Übel schaffen.

Der Dritten Welt helfen unsere Agrarexporte auch nicht mehr. Ihr helfen nur noch Revolutionen, die die landwirtschaftlichen Strukturen und Besitzverhältnisse umkrempeln. Noch wäre genug Nahrung zu produzieren, wenn die Bauern und Kleinpächter die Kontrolle über die agrarischen Ressourcen übernähmen. Dann sänken auch die Geburtenraten. Die Not gebiert die vielen Kinder, vielleicht ein unbewußter Reflex, die Art zu erhalten, gerade dann, wenn die Not und die Gefahr am größten sind. Der Großgrundbesitz und seine Monostruktur müssen verschwinden. Und Lebensmittel statt Non-food-Products. Ohne billigen Tee, Kaffee oder Kakao werden wir leben können, aber die Inder nicht ohne Reis, die Afrikaner nicht ohne Getreide, die Südamerikaner nicht ohne Bohnen und Mais. Das große Sterben in Indien und Mexiko, die Millionen unterernährter und geistig zurückgebliebener Kinder.

Der unvergeßliche Schock damals in den Slums von Kalkutta. Ich stieg über sterbende Menschen hinweg, unfähig zu einer Geste des Mitleids. Warum jagen sie die Großfarmer und Latifundistas nicht zum Teufel!

Freilich, mit Schwachsinnigen und Apathischen, Opfern des Hungers, kann man keine Revolution machen. Es fehlen die revolutionsbereiten Massen, trotz der vielen Leute.

Sturmwarnung. Das große Zittern beginnt wieder. Kühle Polarluft mischt sich mit der Warmluft des Zentralatlantik. Die Temperaturschwankungen sind extrem wie noch nie. Schon wieder ein Negativrekord! Die Windgeschwindigkeiten haben im statistischen Durchschnitt um 30 Prozent zugenommen, die Stärke um die Hälfte – binnen 50 Jahren!

Und es gießt in Strömen. Die Flüsse quellen sofort über, obwohl der Boden ausgedörrt und staubtrocken ist. Das kranke Land kann das Wasser nicht halten.

Nun ist es amtlich: Die Durchschnittstemperatur hat sich in den letzten beiden Jahrzehnten um 1,1 Grad erhöht. Erwartet worden waren 0,2 bis maximal 0,3 Grad, was auch schon eine Katastrophe gewesen wäre. In hundert Jahren also 1,9 Grad plus. Entsprechend rasch schmelzen die Gletscher und die Polkappen ab. Der Meeresspiegel ist um 32 Zentimeter gestiegen. Viele Experten zweifeln die Daten an: So schnell könne, auch bei Annahme des schlechtestmöglichen Falles, die Entwicklung nicht verlaufen sein. Aber was schert das Klima die Ansicht der Experten.

Wissenschaft ist der Versuch, die Welt mit Theorien zu begreifen. Nur: Die Welt hält sich nicht daran. Die Natur hat sich der Berechenbarkeit und Beherrschbarkeit durch den Menschen entzogen. Noch immer sind ihre Subsysteme, geschweige denn sie als Ganzes, als Biosphäre, komplexer, als die leistungsfähigsten Großcomputer zu fassen vermögen. Und sollten sie einmal ein Simulationsmodell als Annäherungswert darstellen können, werden wir das Modell nicht verstehen, weil es zu schwierig ist. Wir verstehen ja nicht einmal die Systeme der von uns geschaffenen Gesellschaft.

Professor Arthur Collins glaubt, die Temperaturen hätten sich sogar noch schneller über dem Nordatlantik und Europa erhöht, wenn die kühlen Wassermassen des abschmelzenden Polareises nicht den Golfstrom allmählich nach Süden abdrängten, vor allem seinen nördlichen Arm, der an Irland und Schottland vorbei ins Eismeer reicht. Das kalte Wasser des ablaufenden Grönlandeises verändere die Meeresströmung ganz deutlich. Die See zwischen Irland und Schottland habe sich im letzten Jahrzehnt um 2,6 Grad abgekühlt. Dadurch habe sich die Bildung der Wetterzyklen nach Süden in das Gebiet der Azoren verlagert, wobei sich aber die Temperaturgegensätze der Luft verschärft hätten. Denn gleichzeitig erwärme sich der südliche Arm des Golfstromes. Dies werde dazu führen, daß sich die Gewalt und die innere Dynamik von Stürmen und Orkanen noch verstärken. Collins schließt Windgeschwindigkeiten von erheblich über 350 Stundenkilometern nicht mehr aus.

Auch anderswo beginnen sich die Meeresströmungen zu verändern. »El Nino« im Südpazifik traf bereits zum dritten Mal hintereinander mit voller Wucht – buchstäblich – auf die peruanische Küste und drängt den kühlen Humboldtstrom ab. Das »Christkind«, hübscher Galgenhumor, hat alle Fische vertrieben und die Fischer an den Bettelstab gebracht. Dafür toben in Südchile nahezu wöchentlich Orkane in nie gekanntem Ausmaß.

In unseren Breiten interessiert das kaum jemanden. Das bißchen internationale Solidarität, das es früher bei Katastrophen dieser Art gegeben haben mochte, ist nun auch dahin. Unsere Sorgen sind uns näher, wir haben selber alle Hände voll zu tun. Dennoch ein fataler Trugschluß. Denn »El Nino« und die Orkane in Südchile hängen mit unseren Überschwemmungen, mit der Dürre in Sizilien, mit unserem Waldsterben, mit dem Gift in der Muttermilch, mit dem Hautkrebs in Australien, mit den wuchernden Wüsten aufs engste zusammen. Es ist ein und derselbe Ursachenkreislauf, der immer wieder und unerbittlich zurückführt auf den Verursacher, die Industriezivilisation, und die Unfähigkeit des Menschen, die Natur zu begreifen, dafür aber sich trotz erwiesener Unzulänglichkeiten zu überschätzen. Die Krone der Schöpfung, das Ebenbild Gottes, ist drauf und dran, diese Schöpfung zu ruinieren.

22. DEZEMBER 2000

Jetzt drehen wir durch! Ein Blutsonntag. Die Nacht der langen Messer! Welch eine Tragödie! Die erneute Attacke der radikalen Umweltschützer gegen das Auto endete in einem

Desaster: 14 Erschlagene. Die Demolierung von zwei Millionen Autos fordert einen schaurigen Preis. Der Aufschrei der gerechten Empörung, der durch das Land hallt, ist jetzt gesättigt mit tiefer Befriedigung, denn 14 »Täter« blieben auf der Strecke. Die Bürgermilizen waren wachsam. Lynchjustiz: in Frankfurt alleine drei Gelynchte. Der kurze Prozeß ohne viel Federlesens. Über 700 Schwerverletzte. Den Banditen müsse das Handwerk gelegt werden, endgültig, ruft der Volkszorn und trifft auf viel, auf sein Verständnis. Notwehr! Etwa 1200 Verhaftungen.

In den Redaktionsstuben werden jetzt wütende Kommentare verfaßt, sie werden morgen zu lesen sein. Rundfunk und Fernsehen speien Empörung. Die Mienen der Kommentatoren staatstragend, die Stimmen pädagogisch unerbittlich: Die berechtigten Anliegen des Umweltschutzes erforderten das Argument der Vernunft und der Überzeugung, mit der Gewalt des Faustrechts gehe es nicht. Der Rechtsstaat, die Demokratie, die wehrhafte Demokratie! Erst die sozialistischen Gewalttäter der siebziger und achtziger Jahre, jetzt die fanatischen Umweltschützer. Die radikale Minderheit. Dem Umweltschutz Bärendienste geleistet, die Gefaßten der gerechten Strafe zuführen. Zwecks Abschreckung, ein für alle Male. Die Täter sind keine Opfer, sondern selber schuld. Opfer sind die Täter.

Widerlich, zum Kotzen, deprimierend. Das Hätschelkind dieser Industriekultur muß geschützt werden, koste es, was es wolle. Und es kostet die Zukunft, schon die unserer Kinder. Freuds Hoffnung in die »leise Stimme der Vernunft« – Automobilklubs und Pkw-Hersteller rufen fast zum Bürgerkrieg auf.

22. DEZEMBER 2000, Mitternacht

Mitternacht, wieder etwas beruhigt, trotz der inneren Vibration. Tina konfrontierte mich mit der Frage, meinen Job in der Redaktion aufzugeben, um frei zu sein. Wir würden schon durchkommen. Freier Schriftsteller? Wo sollte ich denn publizieren? In den Heftchen und Flugblättern der Ökobewegung für ein Vergelt's Gott? Freilich, diese ständigen Kompromisse des »seriösen« Journalismus, das Sowohl-als-Auch, das Einerseits und Andererseits. Das Vortäuschen von Alternativen und Perspektiven. Das Einebnen der Widersprüche, das Wiegenlied der Vernunft. Alle großen Journalisten dieses Jahrhunderts waren Radikale, unerbittliche, zornige, auf die öffentliche Meinung pfeifende Einsame, »Unseriöse«: Karl Kraus, Maximilian Harden, Alfred Polgar, Carl von Ossietzky, den sie umbrachten, Kurt Tucholsky, der sich das Leben nahm, Egon Erwin Kisch, den die Barbarei des Ersten Weltkriegs an den Rand der Verzweiflung trieb und zum Kommunisten machte.

Mag sein, daß die Ökobewegung mit Provokationen wie dem »Carfighting« über die Stränge schlägt, mag sein, daß die Toleranzgrenze überschritten, der Bogen überspannt ist, die Normen verletzt sind. Aber was besagt dies? Daß das normengerechte Verhalten nicht mehr genügt, weil die Natur ihre eigenen Normen hat. Wer überleben will, muß sich diesen Normen anpassen. Das ist eine Vorbedingung der Vernunft, aller Vernunft, denn gegen die Natur gibt es keine. Und das Automobil ist eine Norm des Menschen, aber ein Feind der Normen der Natur. Daher ist es ein Feind der Vernunft.

Die Gelynchten des gestrigen Sonntags sind Märtyrer, denn das Auto ist ein libidinöses Objekt, wie es Sexualpartner, Götter oder Glaubensinhalte auch sind. Sie werden geliebt. Daher kann es keine kommunikative Verständigung geben: Eine banale rationale Einsicht wird nie eine Glaubensüberzeugung erschüttern oder ein sexuell-libidinös besetztes Objekt entwerten. Man tötet nicht aus Einsicht, sondern aus Glaubensüberzeugung, also aus Haß. Es wird noch viele Märtyrer geben. Die Einsicht der Ökobewegung wird von Angst angetrieben, einer Realangst freilich, die sich rational begründen kann. Die Schwäche der rationalen Wahrheit: Sie setzt sich gegen die soziale Wahrheit nur mühsam durch, nur um den Preis von Opfern.

700 Millionen Pkws auf dieser Welt, Tendenz rapide steigend, und jeder bläst in einem Jahr sein Gewicht an CO_2 in die Luft. Die Zuwachsraten übersteigen die Bemühungen um schadstoffärmere Motoren bei weitem.

Die Einsicht ist nicht zu vermitteln, daß die Evolution das Auto nicht vorgesehen hat und das Öko-System daher nicht auf es eingestellt ist. Doch es hat den Anschein, als wolle man das Öko-System zwingen, das Auto zu tolerieren und zu integrieren. Die stupide Konfrontation der Kultur gegen die Natur wird hier am augenscheinlichsten.

Der Widerspruch der zur bloßen Formalität geschrumpften Demokratie im Zeitalter der Massenkultur. Ihre Idee setzt voraus, daß die Mehrheit eher als die Minderheit in der Lage sei, das Richtige zu erkennen oder eine Fehlentwicklung zu korrigieren. Das erweist sich als Irrtum. Rationale Wahrheit und Vernunft ist kein Privileg der Mehrheit, eher eines der Minderheit. Daher ist das Verhalten der Mehrheit vernunftwidrig. Der formalen Organisation und Institutionalisierung der demokratischen Idee ist es nicht gelungen, heute weniger denn je, die Vernunft der Minderheiten zu integrieren. Sie läßt ihr zwar theoretisch die Chance, mehrheitsfähig zu werden, aber die gesellschaftlich-politische Praxis sieht anders aus. Dort wird sie zwischen den Mühlsteinen der widerstreitenden Interessen zermahlen und – bestenfalls – zum Kompromiß gepreßt, der dann als »eigentliche« Vernunft ausgegeben wird.

Die soziale Wahrheit kann nur relativ sein. Doch die Evolution und die Natur sind keine Relativa, sondern Absoluta, weil sie auf Gesetzlichkeiten beruhen, die der Mensch nur akzeptieren und anwenden, nicht aber verändern kann. Daher sind die Naturgesetze absolut: Man kann mit ihnen keine Kompromisse schließen. Das Gravitationsgesetz oder der zweite Hauptsatz der Thermodynamik lassen sich nichts abhandeln, ebensowenig die noch längst nicht verstandenen chemophysikalischen Zusammenhänge, die das globale Klima in seiner fragilen Balance halten.

Wir verwechseln die Toleranzbreite der Natur und die Reaktionsträgheit ihres Öko-Systems mit Kompromißfähigkeit und mit unbegrenzter Belastbarkeit. Die Toleranzspanne ist aber lediglich ihre Regenerationsfähigkeit. Sie kann Schäden ausgleichen und Wunden schließen, die ihr der Mensch antut. Doch nicht unbegrenzt. Aber eine Wachstumskultur kann keine Grenzen akzeptieren. Dabei sind Grenzen und

Begrenzungen die unabdingbaren Voraussetzungen für das Funktionieren eines jeden Systems und für die Einheit des Ganzen. Die unbegriffene evolutive Vielfalt der Natur als Gesamtorganismus wurde nur möglich, weil jeder Art und jedem System Grenzen gezogen sind.

Die Kultur ist uns zur zweiten Natur geworden. Daraus ziehen wir den Schluß, als sei diese zweite Natur ebenso absolut wie die erste, als seien die Gesetze der Industriezivilisation und ihrer Ökonomie gleichwertig den Naturgesetzen. Der tragischste Irrtum unserer Kultur! Die verabsolutierten ökonomischen und zivilisatorischen Gesetze relativieren die unveränderbaren Naturgesetze nur in der Vorstellung des Menschen. Gäbe es intelligente Wesen irgendwo im Kosmos, sie müßten Mitleid haben über so viel Unvermögen der Erdbewohner, die Voraussetzungen ihrer Existenz zu erkennen und nach ihren Bedingungen die Kultur zu entwickeln.

Die Verabsolutierung der Zivilisationsgesetze wird mit Sachzwängen verwechselt, die freilich teilweise auf fatale Art objektiv geworden sind. Eine unaufhaltsam wachsende Menschheit bedarf einer wachsenden Ökonomie. Die Selbstentfremdung des Menschen von sich selbst bedarf des wuchernden Konsums. Die Grenzen sind in der Tat längst überschritten. Alea iacta est. Jeder Versuch, um der Vernunft, daß heißt der Selbsterhaltung willen, hinter sie zurückzukehren, wäre nur noch um den Preis unvorstellbarer Katastrophen möglich. Eine Reduktion des verhängnisvollen Wachstums um des Erhalts des Ökosystems wegen hätte die sofortige Reduktion der Menschheit zur Folge. Vier Fünftel der Menschheit sind überflüssig, sind Ballastexistenzen. Wer wollte das verantworten, vor allem: wer wollte sich dazuzählen?

Strukturwandel? Paradigmenwechsel? Es geht darum, die Relativität der Gesetze, auf denen unsere Industriezivilisation beruht, zu erkennen und den objektiven Naturgesetzen anzupassen, denn die Naturgesetze sind stärker. Eine Konfrontation mit ihnen ist sinnlos, sie führt in die Katastrophe.

Eine Minderheit hat dies erkannt. Ihr Kampf gegen die Stupidität der Mehrheit symbolisiert den Antagonismus der objektiven Naturgesetze mit den relativen Gesetzen des ökonomischen Systems. Es ist der Antagonismus der dem Menschen möglichen objektiven Wahrheit gegen die soziale Wahrheit. Nur ist die soziale Wahrheit immer stärker. Glaube und Überzeugung sind einfach, sie stiften Kollektivität. Einsicht ist schmerzlich, sie individualisiert. Freuds Hoffnung, daß sich am Ende doch »die leise Stimme der Vernunft« durchsetzen werde, trügt bislang. Und sollte sie sich durchsetzen, droht sie, zu spät zu kommen.

Die Verletzung der breiten Toleranzgrenze der Naturgesetze, des Spielraums für menschliche Kreativität, zieht eine unerbittliche Konsequenz nach sich: die Irreversibilität, das Nicht-mehr-ändern-Können, das Zuspät. So geraten wir zwischen die Mühlsteine doppelter Sachzwänge. Was immer als Lösung angestrebt werden sollte, es wäre falsch.

Wenn sie jetzt die Umweltschützer und Autodemolierer und »Carfighter« verhaften, verhaften sie letztlich die Vernunft, die sich in ihrer Angst und in ihrer Verzweiflung radikalisiert hat.

23. DEZEMBER 2000

Es schneit seit zwei Tagen, ein starker Wind jagt die tiefhängenden, drohend schwarzen Wolken röhrend über das erbleichende Land. Die Temperatur dabei weit unter dem Gefrierpunkt, der Luftdruckmesser bis zum Anschlag gefallen. Jede Stunde Sturmwarnungen. Habe ein flaues Gefühl im Magen. Georg Christoph Lichtenberg: »Die Physik der Atmosphäre ist Weltgeschichte.« 1778! Werden wir wieder Zeugen eines weltgeschichtlichen Aktes?

WEIHNACHTEN 2000

Beide Türme des Kölner Doms eingestürzt, der eine begrub den Hauptbahnhof unter sich. Lähmendes Entsetzen mauert das Land ein. Angesichts dieses Menetekels der Gottesferne verblassen die Verwüstungen des Orkans. Die Ankunft des Heilands wird zum Jüngsten Gericht. Die Krippe von Bethlehem ist leer. Und am Kreuz ist nicht der Gottessohn gestorben, sondern wir werden daran hängen. Wir bereiten unsere Selbstkreuzigung vor.

Es ist, als seien die Elemente der Natur explodiert. Europa liegt unter meterhohem Schnee begraben, Eiseskälte, minus 16 Grad. Ein Blizzard von infernalischer Wucht. Das stundenlange Wüten hatte etwas Sadistisches, Unbarmherziges an sich, wie unverhohlene Rachsucht, Vergeltungsdrang, Zerstörungslust.

Und jetzt diese antiquierte weihnachtliche Stille. Grabesstille. Die Fenster im Parterre sind zugeschneit, kein Gedanke, die Haustüre zu öffnen. Der Schnee und die gute Isolierung des Hauses halten die Temperaturen auf einem erträglichen Niveau. Stromausfall. Vollständig von der Außenwelt abgeschnitten, das totale Gefängnis. Vom Arbeitszimmer aus der Blick in eine fremde Welt: weite, weiße, glitzernde Flächen, in denen Häuser und Bäume stecken, als sollten sie erstickt werden. Darüber wölbt sich ein tintenblauer Himmel. Die Schneewehen reichen teilweise bis an die Dächer. Der Nordhang des Schläferkopfs – bis vorgestern noch dicht bewaldet – sieht aus wie zur Skipiste geschoren. Die Fichten und Buchen sind zusammengebrochen und begraben. Auch in den Wäldern auf der Platte riesige weiße Leintuchflächen.

Sylvie und Andreas blinzelten mit offenen Mündern auf diese veränderte Welt hinaus, erstaunt und stumm vor Angst. Das leuchtende Weiß schmerzt in den Augen. Tina versucht, ihnen zu erklären, was da in der Nacht geschehen sei. Sie fassen es nicht. Am Ende fängt sich die Aufmerksamkeit der beiden an einer Kohlmeise, die nervös und offenbar immer noch verwirrt zwischen den Dornen des Kletterrosengestrüpps herumturnt. Das einzige Lebewesen weit und breit! Er rührt uns an, dieser kleine, zähe Vogel. Unbegreiflich, wie er dieses Inferno hat überstehen können. Tina streut ein halbes Päckchen Müsli-Körner auf ein Teebrett und drückt es auf die Spitze der Schneewehe, die fast bis an das Fenster reicht. Nach und nach finden sich einige der gefiederten Gesellen ein, doch es sind ihrer nur wenige. Aber es wird ein recht munteres Treiben.

Die geniale Idee des Christus-Mythos, den Gottessohn auf die Welt kommen zu lassen, damit er für die Unzulänglichkeit des Menschen sterbe und so die unfertigen, daher widersprüchlichen Hälften des menschlichen Seins versöhne. Wer immer sich diesen Mythos ausgedacht haben mag, er hat mehr geahnt und war der Wahrheit viel näher als die späteren professionellen Interpreten. Das Töten und Essen des zur Welt gekommenen Gottes, die Eucharistie – ein uralter Mythos der frühesten Jäger- und Pflanzerkulturen, ein Archetypus der Religionen. Osiris, Dionysos, Christus. Abgeltung für die Schuld, um des Erhalts des Lebens willen töten zu müssen. Die Angst vor der menschlichen Aggressivität ritualisiert sich als Akt der Befreiung von Schuld im Töten und Verspeisen des sich als Opfer anbietenden, gleichzeitig vergebenden Gottes. Denn Opfertod und Wiederauferstehung des von Menschenhand Getöteten bewirken neues Leben, dessen sich der Mensch in Maßen bemächtigen darf.

In jedem Menschen wiederholt sich der Antagonismus der Industriezivilisation und der Natur, die doppelte Genesis. Das Ergebnis ist der sich selbst entfremdete, neurotische Charakter, der leibhaftige Widerspruch. Die Evolution hat nicht bedacht, daß die Faktoren, die zur Menschwerdung beitrugen, zu einem sich selbst verstärkenden Regelkreislauf werden würden, der nur ökonomisch-industrielle Wucherung hervorzubringen vermag. Der Mensch ist im evolutionären Sinne halbfertig und im religiösen daher unversöhnt. Dennoch hat er seinem Schöpfer das Werk aus der Hand genommen. »Laß mich mal, Alter, ich kann es besser.« Über den Fortgang und das Ergebnis der zweiten Menschwerdung entscheidet er, der Mensch, nicht die Evolution und auch kein metaphorischer Schöpfer. Und der ließ es zu, er mutete dem Menschen zu, das Werk zu vollenden, in seinem Sinne: den Widerspruch zu versöhnen, Verstand und Trieb, Bewußtsein und Unbewußtes, Geist und Körper, Vernunft und Wollen, Sollen und Sein in Einklang zu bringen. Die Voraussetzungen wären gegeben: die Freiheit des Wollens.

Die Verfasser des Christus-Mythos müssen dies geahnt haben. Es lag nahe, die Gebrochenheit und Unfertigkeit des Menschen als Sünde zu interpretieren. Selbstverschuldete Unmündigkeit. Noch näher kamen sie der Wahrheit, als sie eine Ursache für dieses Dilemma im Griff nach der Frucht am Baum der – falschen – Erkenntnis sahen: sich als Krone der Schöpfung zu wähnen, als Vollendete, ehe die mühselige Arbeit an sich selbst vollendet war. Der sechste Schöpfungstag dauert noch an, und sein einziger Zweck ist, diesen lastenden Wahn abzubauen. Die Idee der Versöhnung des Menschen mit Gott durch Töten und Essen des Gottes, der mit seinem Opfertod zur Grundlage des Lebens wird, ist nichts anderes als die Vorstellung der Versöhnung des Menschen mit der Evolution. Phylogenese und Ontogenese, Natur und Kultur, Körper und Geist, Leib und Seele, Trieb und Bewußtsein wären harmonisiert.

Indessen hat angesichts der unaufhaltsamen Zerstörung der Schöpfung durch den Menschen keine Institution so versagt wie die christlichen Kirchen, nicht einmal die Industrie und Unternehmensverbände. Sie haben das Wort mehr schlecht als recht verwaltet und im übrigen den Christus-Mythos nicht verstanden. Denn die Unversöhntheit des Menschen mit der Evolution ist auch ein Unversöhntsein mit Gott. Gott ist umsonst gestorben. Die gesamte Industriezivilisation steht in Konfrontation mit der Schöpfung, also mit Gott, 120 000 oder gar 150 000 Arten sind schon ausgerottet, jeden Tag verschwinden 80! Und das Ausrotten von Menschenhand geht unaufhörlich weiter und wird immer schneller. Die Schöpfung schrumpft – unter den Augen Gottes. Das haben die Verfasser der Genesis und des Christus-Mythos als Sünde und Gottesferne verstanden.

Wenn ich, zitternd und betäubt vor ohnmächtiger Angst, aus meinem Fenster auf die weiße Sintflut blicke, wird mir klar, daß die Chance einer Versöhnung weiter entfernt ist denn je. Vielleicht unwiederbringlich vertan. Der sechste Schöpfungstag bricht ab. Die Offenbarung des Weihnachtsfestes 2000.

2. WEIHNACHTSTAG 2000

Immer noch Stromausfall. Wir sind zurückgeworfen auf einen vorindustriellen Standard. Sogar noch weiter zurück: Wir können nicht einmal Feuer machen, um zu kochen oder zu heizen. Immer noch unter 10 Grad. Was machen die Menschen in schlecht isolierten Wohnungen? Fernsehen und Rundfunk sind tot, Kommunikation mit der Außenwelt nur über Funktelefon. Wenigstens das ist geblieben. Erfahre von der Telefonansage und von Freunden, daß Feuerwehr, Polizei, Rotes Kreuz und Technisches Hilfswerk mit Hubschraubern und Skiern unterwegs seien. Der Notstand soll ausgerufen sein.

Einige Hunderttausend stecken irgendwo auf den Straßen in ihren Autos, begraben von meterhohem Schnee, erschlagen von umgestürzten Bäumen. Das gesamte technische Rettungsinstrumentarium versagt. Nicht einmal die Planierraupen oder die Panzer der Bundeswehr kommen voran. Vereinzelt rattert ein Hubschrauber im Tiefflug über uns hinweg. Bescheidenes Signal, daß man sich um Hilfe bemüht. Fast die einzige Möglichkeit. Die Rotoren wirbeln den Schnee auf, so daß die Retter auf die Dächer der eingeschneiten Autos springen können.

Welch grauenhafte Schicksale werden sichtbar werden, wenn dieses Leichentuch fortgezogen wird. Aber was werden die Folgen sein, wenn dieses Schneegebirge in drei, vier Tagen zu schmelzen beginnt? Ein plötzlicher Wärmeeinbruch, und das Inferno gebiert ein zweites, womöglich noch schrecklicheres. Wir werden wie Ratten ersaufen. Durch das Land werden alles zermalmende Ströme toben, Brücken, Straßen, Gleise mit sich fortreißend, die gesamte Infrastruktur Europas wird vernichtet, in wenigen Tagen. Nicht daran denken. Verdrängen!

Der ungestüme Drang zu beten. Der Griff nach dem Strohhalm. Seltsam, wie schmerzhaft die eigene Existenz zu Bewußtsein kommen kann. Ich lasse Tina nicht los und sie mich nicht. Die Vergewisserung der Anwesenheit des anderen ist Vergewisserung der eigenen Existenz. Den anderen nur berühren, der zitternde Pulsschlag ist an jeder Stelle zu spüren. Angst steigert Liebe. Liebe schwächt Angst.

Sylvie und Andreas liegen auf dem Bauch und spielen mit unbegreiflicher Konzentration. Sie führen Selbstgespräche und schaffen sich ihre eigene Realität. Dieses Nichtbegreifenkönnen provoziert, tröstet aber auch. Die Tanne aus Hartpappe (und täuschend ähnlich) strahlt im Glanz der Kerzen, die fast das ganze Haus heizen.

Der Weihnachtsbaum, ein absurd gewordenes Symbol, überholt von der Wirklichkeit. Seine Zeit ist zu Ende. Nach knapp 300 Jahren hat er als Zeichen der immergrünen Hoffnung ausgedient. Er ist längst zum Symbol des Sterbens geworden. Gefühlsduselige, makabre Nostalgie, dieses Hoffnungssymbol in recyclebarer Plastik und Pappe zu retten. Oh Tannenbaum, oh Tannenbaum, du bist so rasch ausgestorben.

Wenn ich Sylvie und Andreas beim Spielen zusehe, wird mir die Elterngeneration zum Rätsel. Jetzt, da sie sich allmählich aufs Altenteil zurückzieht, wird deutlich, daß sie sich so verhalten hat, als wäre sie die letzte auf Erden. Aufgewachsen im Zweiten Weltkrieg oder in den Jahren danach, hatte sie alle Chancen, eine bessere Welt zu schaffen, frei von Krieg und Angst und Not und Elend der Welt der Großväter. Eine Welt der gesellschaftlichen und internationalen Solidarität. Aber die Söhne von damals haben sich von ihren Vätern die pathologischen Gesetze der Raubzivilisation und Wegwerfgesellschaft aufdrängen lassen. Die Schätze und Ressourcen dieses Planeten werden geplündert, um sie rasch wieder als giftigen Müll zu »entsorgen«, das heißt zu verdrängen. Müllverdrängung oder das Gesetz der Entropie, das Wort der Physik für Tod! Der grüne Baum stirbt auch für bunte Verpackungen und Einwickelpapier, Servietten und Schneuztücher.

Wie besessen hat diese Generation gearbeitet, aufgebaut, Werte geschaffen, Erfolg gehabt – und gleichzeitig zerstört. Erfolg ist Zerstörung. Kultur kontra Evolution.

Die geschichtliche Aufgabe, die auf die Generation von Sylvie und Andreas wartet, ist, die Tradition der Generationenkette zu zerreißen. Und wir sollten ihr dabei helfen. Die wirksamste Form des Umweltschutzes: Keine Kinder mehr in die Welt setzen, die Menschheit reduzieren auf ein ökologisch erträgliches Maß. Die Menschheit muß sich selbst entsorgen; überflüssige Biomasse. Die wirksamste Abfallentsorgung ist die Müllvermeidung.

Strom – endlich! Rundfunk und Fernsehen funktionieren wieder. Die Isolation war allmählich unerträglich geworden. Kommunikation stellt Gemeinschaft her. Man ist doch nicht allein auf der Welt, die anderen sind auch noch da! Auch Entsetzen und Angst einen. Die schrecklichsten Informationen sind besser als die Ungewißheit. Das Ausmaß des Desasters wird vorstellbar, wenn auch nur allmählich. Etwa zwei Millionen Autos waren an Heiligabend unterwegs gewesen, trotz der Warnungen und der sich abzeichnenden Katastrophe. Etwa 800 000, so schätzen Polizei und ADAC, blieben stekken und wurden eingeschneit. Erst die Hälfte ausgegraben, über 200 000 Tote geborgen. Bisher! Und nur in Deutschland.

Die größte Katastrophe, die Europa je heimgesucht hat, seit es kulturelle Zeugnisse und Anhaltspunkte gibt. Sogar die Erdrutschkatastrophe in den Alpen dürfte überboten worden sein. Die Natur hält Schritt mit unseren Produktionsrekorden.

Was ist nur los mit mir? Warum berühren mich diese Zahlen so wenig? Das statistische Ausmaß dieses Desasters geht mir nicht unter die Haut. Begreife ich es nicht? Läßt mich meine Phantasie im Stich? Oder habe ich mich innerlich bereits auf diesen unheimlichen Prozeß eingestellt? Anpassung durch Angstabwehr. Adaption an die Apokalypse als Anpassung an den Prozeß künftiger Normalität? Dieser Anpassungsprozeß dauert immerhin schon 30 Jahre.

Funk und Fernsehen geben praktische Ratschläge für das Überlebenstraining. Einer der praktischsten: Tote möglichst ins Freie legen. Die Behörden weisen auf die Dringlichkeit sofortiger Benachrichtigung hin. Hubschrauber würden Plastiksäcke in erreichbarer Nähe oder auf Hausdächern absetzen. Seuchengefahr.

Halten telefonischen Kontakt zu unseren Nachbarn. Thönnessens Vater ist an einem Herzinfarkt gestorben, das Dach bei Danneckers ist eingedrückt worden.

Die Weihnachtsansprache des Bundespräsidenten wird nachgeholt. Da sie Tage zuvor aufgezeichnet wurde, wirkt sie grotesk und lächerlich, wie Hohn. Der erste Mann des Staates wünscht uns eine besinnliche Weihnacht. Innere Einkehr, Nachdenken über die Grenzen, die dem Menschen gesetzt seien. Das Machbare dürfe nicht mehr unreflektiert gemacht werden. An die Menschen in der Dritten Welt denken, an die geschundene Natur denken. An uns denken, vor allem, damit wir uns weiterentwickeln, um die Herausforderungen der Zukunft zu meistern. Nachdrückliche Empfehlung, bewußt Maß zu halten und Spaziergänge in die Natur zu unternehmen. Augen offen halten für die Schäden und zu unserem Tun in Beziehung setzen. Reflektieren! ruft uns der Bundespräsident zu. Jeder einzelne müsse sich seiner Verantwortung bewußt werden. Der Staat könne nicht alles leisten. Bewußtsein und die grundlegenden Normen seien ein gesamtgesellschaftlicher Prozeß, in den sich jeder einzelne einzubringen habe. Sie könnten nicht vom Staat entwickelt und vorgegeben werden. Wenigstens auf diesem Gebiet müsse die allgemeine Versorgungserwartung durchbrochen werden. Der Staat dürfe die Bürger nicht auch noch mit Verhaltensnormen versorgen. Er könne nur dann seiner Aufgabe gerecht werden, wenn der Wille zu Veränderung und Reform von den Bürgern ausgehe. Nur dann könne der Antagonismus sich widerstreitender Interessen durchbrochen werden.

Makabare Symbolträchtigkeit: Die Realität ist dem Reden und Denken von Politikern immer ein Stück voraus.

Übrigens – die Bundesregierung hat den Notstand ausgerufen. Bereits am 25. Dezember.

28. DEZEMBER 2000

Erfüllt sich jetzt der bittere Rest? Wärmeeinbruch, fünf Grad über Null, Südwind. Tauwetter. Die Schneemassen drohen sich in ein Meer zu verwandeln. Wenn es jetzt auch noch regnen sollte . . .? Die Natur spielt verrückt, weil wir sie ihrer Vernunft beraubt haben, ohne selber Vernunft zu besitzen.

29. DEZEMBER 2000

Den Tag mit ängstlichem Warten zugebracht. Das Fernsehen zeigt keine Bilder von der Situation draußen. Notstandsrecht, Panik soll vermieden werden, Zensur. Ist es so schwer, sich Autos vorzustellen, die der tauende Schnee langsam freigibt? Wer sollte überlebt haben? Die zahllosen Erfrorenen. Wo sind alle die Flugzeuge geblieben, die über Europa von dem Blizzard überrascht wurden oder nicht landen konnten? Über 400 steckengebliebene Züge, mehrere von ihnen offenbar entgleist. Was ist mit den Passagieren? Wie überlebt man drei Tage bei 16 Grad minus?

Die Meteorologen haben offenbar die Daten nicht richtig deuten können. Sie haben zwar gewarnt, aber dieses Ausmaß des Desasters war schlicht nicht vorstellbar. Sie haben sich trotz der Daten und Fakten auf die bisherigen Erfahrungen verlassen: Selbst die schrecklichste Katastrophe hielt sich in einem noch vorstellbaren Rahmen. Sind wir jetzt Zeugen eines noch nicht dagewesenen klimatischen Prozesses? Wie konnte es möglich sein, daß in acht Stunden drei Meter Schnee auf die Erde stürzen – und bei dieser Kälte?

An den Paterrefenstern kann man sehen, wie der Schnee langsam absinkt. Das Gefühl, in einem auftauchenden U-Boot zu sitzen.

Der Keller muß abgesoffen sein. Das Dach der Garage wird allmählich wieder sichtbar.

30. DEZEMBER 2000

Es regnet nicht, noch nicht, und die Temperaturen steigen nicht über fünf Grad. Ein gnädiges Geschick scheint Nachsicht zu haben. Tina und ich sind mit den Nerven am Ende. Wir verabreden, uns gegenseitig auf Halluzinationen hinzuweisen, wenn der eine glaubt, solche am anderen wahrzunehmen.

Ich kann mich des Eindrucks nicht mehr erwehren, daß es ein denkendes Wesen gibt, das uns eine letzte Warnung hat zukommen lassen. Die Eskalation dieser Warnungen ist unverkennbar. Sie wurden immer eindringlicher, inständiger, fast flehentlich, dann immer härter, immer grausamer, immer brutaler, immer umfassender. Dennoch wirken diese Warnungen dosiert, als folgten sie einer pädagogischen Absicht. Tina meint, das wären keine Halluzinationen, sondern eine Form von Sensibilität. Vielleicht hat ein so kluger Kopf wie James Lovelock doch recht: Die Erde als ein Gesamtlebewesen. Die Mutter Gaia. Aber ist sie auch eine liebende Mutter oder nur eine unerbittlich korrekte? Immerhin, Geduld hat sie bisher mit ihren ungeratenen Jüngsten in reichlichem Maße gezeigt.

31. DEZEMBER 2000

Sylvester. Das Tauwetter hält an, aber gewissermaßen abgebremst und kontrolliert. Überall zwar »Land unter«, aber kein Absaufen, wie es zu befürchten gewesen wäre. Der Kelch geht vorüber, der bittere Rest muß – noch – nicht getrunken werden. Zwischen den Büschen die ersten Schneeglöckchen. Letztes Jahr hatten sie gefehlt, jetzt wirken sie wie Verkünder einer frohen Botschaft: alles in Ordnung, alles normal. Kein Grund zur Aufregung. Hurra, wir leben noch!

Der Schrecken der letzten Tage sitzt tief. Das Trauma lastet bleiern über dem Land. Die totale Ohnmacht der Industriezivilisation ist vorgeführt worden, unter Ausnutzung aller ihrer organisatorischen und technischen Mittel taugt sie im Moment nur dazu, die Masse der Toten zu beseitigen und die Verletzten halbwegs zu versorgen. Doch die Grenzen des Machbaren sind erreicht.

Ein Gefühl des Abgestumpftseins, Ergebnis aus Angst und Ohnmacht. Jeder ist sich selbst der Nächste. Wie es Hegel bereits wußte: Jeder ist sich selbst alles, der andere ist nichts. Dieses uralte moralische Urteil über den Menschen hat ihm die Betrachtung der bürgerlichen Ökonomie vermittelt, in der nur das Gesetz herrsche, der Verstand, nicht aber die Vernunft. Die bürgerliche Gesellschaft als ein Tierreich, das sich zerfleischen würde, wenn ihm nicht die Vernunft in Gestalt des Staates übergestülpt würde. Doch da irrte er gleich doppelt: Tiere zerfleischen sich nicht, und der Staat kann nicht mehr an Vernunft organisieren, als die Summe der Bürger besitzt. Das aber ist zu wenig.

Die Gewißheit, die dieses Jahr gebracht hat: Wir haben keine Katastrophenereignisse erlebt, wir erlebten Katastrophenprozesse. Die beiden Lebenswelten des Menschen, Zivilisation und Natur, ohne die er nicht existieren kann, sind aufeinandergeprallt. Die Einheit des Seins ist auseinandergebrochen. Ein planetarischer Widerspruch, Fehlentwicklung der Evolution. Aber die Evolution korrigiert ihre Fehler erbarmungslos: Was sich ihr nicht anpassen kann, läßt sie aussterben. Franz von Assisi kam der Wahrheit am nächsten: Nicht vor Gott, dem strengen Vater, wohl aber vor der Evolution, der Mutter, sind alle Lebewesen gleich, die Amöbe wie der Mensch. Für alle gelten die gleichen Gesetze: Existenz nur im Kontext mit der übrigen Schöpfung, nicht gegen sie. Bei Unfähigkeit zu einem solchen Verhalten ist auch die Sanktion für alle gleich: Verschwinden, Aussterben.

Haben wir den Rubikon überschritten? Ist Umkehr noch möglich? Oder gibt es kein Zurück mehr? Die Hoffnung, diese Zivilisation mit ihren wuchernden Produktionssystemen könne sich noch reformieren und der Natur anpassen, erweist sich von Tag zu Tag und immer rascher als Irrtum. Es gibt kein Sowohl-als-Auch, sondern nur ein Entweder-Oder. Entweder zurück zur Natur, oder... Entweder die Sachzwänge der Gesellschaft oder die Sachzwänge der Biosphäre. Die Chancen für einen Kompromiß sind vertan. Die beiden Lebenssphären sind nicht mehr miteinander auszusöhnen. Die Zivilisation kann nicht mehr umweltfreundlich, nicht einmal umweltverträglich reformiert werden.

Jean-Jacques Rousseau, der Schwärmer. Er konnte nur die moralisch-anthropologische Wahrheit formulieren: Wissenschaft und Kultur verdürben den Menschen als sittliches Wesen. Die biologisch-physikalische Wahrheit kam zu spät: die Unvereinbarkeit der Industriezivilisation mit der Komplexität der Natur. Zur Zeit Rousseaus wurden die Weichen gestellt. Die Menschheit entschied sich für den falschen Weg.

150 Jahre lang war es eine Tragödie: Der Mensch konnte die Folgen seines Tuns nicht erkennen. Es war leichter, Fabriken und Maschinen zu bauen, als die vernetzte Komplexität

der Natur zu begreifen. Aber seit 50 Jahren ist aus der Tragödie eine Narrenposse geworden. Jetzt wissen wir, daß wir auf den Abgrund zulaufen. Doch wir laufen weiter und nennen diese Mechanik Fortschritt. Was in einer Milliarde Jahren entstanden ist, wird in 200 Jahren zerstört. Eine grandiose Leistung auch dies! Nur – die Biosphäre wird sich regenerieren, aber ohne uns. Das ist ihre Voraussetzung.

Die Menschheit, der Mensch? Der Mann. Es war der Mann, der das ökologische Desaster geschaffen hat. Die Frau fehlte ja bei der Gestaltung der Welt. Die Industriezivilisation ist die technische Realisierung des Patriarchats. Eine entsinnlichte Raubzivilisation, die alle männlichen Tugenden widerspiegelt: Wagemut, Unternehmergeist, Rationalität, Logik, Zupacken, Aggressivität, Einreißen, Zerstören, Stärke, Machtbewußtsein, eigene Schwäche und andere Schwache eliminieren, Ausbeutung, Hierarchie, Gehorsam, Befehl, Unterdrückung, Tapferkeit, Zähnezusammenbeißen, Gefühle verachtend, Kampf, Ausschalten, Töten.

Das phylogenetische Erbe des Mannes, das durch die Sozialisation nicht gemildert werden konnte! Die Selbsttäuschung der sozialen Utopie. Die zweite Menschwerdung der Ontogenese ist gescheitert. Der banale Irrtum Siegmund Freuds: Es liegt kein Vatermord vor, der die Söhne schuldbewußt hätte auf's Knie sinken lassen, um den Erschlagenen in den Rang eines Gottes zu erheben. Kein Ödipuskomplex, es verhielt sich umgekehrt: Der Mann hat die Mutter ermordet! Als er vor 10 000 Jahren seinen Zeugungsbeitrag entdeckte, hat er die Mutter, das mütterliche Prinzip entmachtet, vor deren ungeheuren, autonomen Kreativität er jahrmillionenlang sich demütig staunend gebeugt hatte. Die Erkenntnis muß ein Triumph des männlichen Narzißmus gewesen sein: Die Frau und Mutter bringt das Leben nicht selbst und eigenständig aus sich hervor, sondern nur dank des männlichen Samens, den sie zuvor empfangen haben mußte. Der Sexualakt, bis dahin ein zweckfreier Akt der puren, sinnlich-sinnlosen Lust, wurde dem planenden Gestaltungswillen des Mannes unterworfen. Er entschied, ob und wann Nachwuchs gezeugt werden sollte – auch gegen den Willen der Frau. Ist es ein Zufall, daß diese triumphale Entdeckung zusammenfällt mit der Seßhaftwerdung, mit Ackerbau und Viehzucht, mit dem eigentlichen Beginn der Kulturentwicklung? Der Mann war fortan die Krone der Schöpfung, die Frau nur Gefährtin, Geführte, Anhängsel, Besitz, Mittel zum Zweck. Mater, das Material. Die Sprache hat es konserviert.

Die Entmachtung und psychische Tötung der Frau und Mutter wurde in männlichem Analogieschluß auf die Natur übertragen: Die Mutter Natur war nur Dienerin, Gebärerin, willenlos Ausführende eines starken Willens. Ihre Besamer waren potente Götter-Männer und Gottväter. Das Patriarchat schuf sich seine Kosmogonie nach der vermeintlichen Potenz des Mannes.

Die Entmachtung und Tötung der Mutter wurde die innere Triebkraft des Kulturprozesses. Die Mutter Natur, Gaia, sank zur Hure des Mannes herab, wurde ausbeutbares Objekt, Ressource. Nun zeichnet sich der epochale Sieg des Mannes über die Mutter ab: Gaia liegt im Sterben. Aber sie wird nicht sterben. Wir haben uns überschätzt.

Und damit der Sieg des Mannes auch perfekt und unvermeidlich sei, wiederholt ihn jeder heranwachsende Junge in seiner Pubertät und nimmt ihn vorweg: Er löst sich von der Mutter – vom Vater gezwungen und aus Angst vor ihm –, reißt sich von ihr fort, verstößt sie, tötet sie in Gedanken aus Schuldgefühlen wegen des lustvoll phantasierten Inzests. Ohne diesen Muttermord kann ein Junge in einer patriarchalischen Welt kein richtiger Mann werden, er könnte keine Beziehung zu einer Frau aufnehmen. Nur die Zurückweisung der Mutter, das ist Wärme, Zärtlichkeit, Gefühl, Spontaneität, Sanftheit, Fürsorge, Sprache, Emotionalität, garantiert, daß er die männlichen Tugenden übernehmen kann. Daß er töten lernt, zerstören. Ihre Väter töten die Söhne nicht, im Gegenteil sie identifizieren sich mit ihnen, den starken Aggressoren, die die Mütter besitzen und sie ihrem Willen unterwerfen.

Jetzt sind diese Väter dabei, uns um unsere Zukunft zu betrügen. Der Kulturprozeß muß umgedreht werden, indem sich die Söhne nicht mehr mit dem Vater identifizieren, sondern mit der Mutter. Die Mutter verinnerlichen, sie zumindest leben lassen. Das hieße, den Defekt, den die Evolution am Manne verschuldete, zu korrigieren. Die männlichen Tugenden zerstören, nur die weiblichen, mütterlichen können die Kultur noch erhalten. Wären Frauen in der Lage gewesen, eine Kultur zu schaffen, die Gaia, die Natur, zerstört? Die die Grundvoraussetzungen für Gebären und Leben vernichtet? Die Muttermilch vergiftet?

Staatstrauer, die Fahnen auf Halbmast. Kein Sylvesterrummel wie noch vor einem Jahr. Die Animateure sind verstummt. Für die Kinder hält das Fernsehen einen uralten Märchenfilm bereit, Schneeweißchen und Rosenrot. Sylvie und Andreas verfolgen gebannt das dramatische Geschehen. Am Ende wird sich der Bär in den Prinzen zurückverwandeln. Heile Welt.

Die Jahre zuvor pflegte ich um diese Zeit das Voß'sche Sylvesterlied zu schmettern: »Des Jahres letzte Stunde ertönt mit ernstem Schlag! Trinkt Brüder, in die Runde, und wünscht ihm Segen nach! Zu jenen grauen Jahren entschwand es, welche waren. Es brachte Freud und Kummer viel und führt' uns näher an das Ziel.« Statt dessen spielte ich zwei Bach-Sonaten, Tina begleitete mich auf dem Spinett. Beruhigend, dieser naive Glaube an Gott, der aus jedem Takt aufklingt. Als es Mitternacht wurde, schliefen die Kinder auf dem Teppichboden. Tina umarmte mich schweigend.

Wieder Sturmwarnung. Stündlich wiederholt. In den Morgenstunden soll niemand sich im Freien aufhalten. Neujahrsanfang! Prosit!

1. JANUAR 2020

Die Nacht hielt nur schweren Schlaf für micht bereit. Den Morgen mit Erleichterung begrüßt. Phänomenal, wie rasch der moderne Mensch apokalyptische Ereignisse wegsteckt. Nach wenigen Tagen schon pendelt sich die aufgewühlte Psyche wieder ein. Die raschen Wechsel und Veränderungen schaffen sich ihre eigene Stetigkeit, vor der das Gedächtnis allerdings versagt. Es kann nicht mehr festhalten und sich erinnern, nur noch in Lexikas und Kompendien nachschlagen. Erinnerung braucht die Konstanz der Zeit, die Ruhe des sich nur allmählich Verändernden. Die letzten Jahre deuten an, daß dieses Jahrhundert eine Hochgeschwindigkeitsepoche werden wird.

Ein Wärmeorkan wie der letzte hätte die Menschen in früheren Epochen auch nach Jahren nicht zur Ruhe kommen lassen. Er hätte sich niedergeschlagen im kollektiven Gedächtnis der Generationen, in den Gebeten und Erzählungen der Alten, in Gedichten und in den Chroniken der Kirchbücher. Sie hätten ihn gedeutet und zu verstehen versucht. Eine Warnung Gottes? Eine Heimsuchung für sündige Verfehlung? Eine Prüfung für Gottvertrauen? Eine Gemeinheit oder ein Racheakt des Leibhaftigen? Man hätte sich an diesem Ereignis abgearbeitet. Heute bilden die Ereignisse eine Kette der Normalität. Wir verstehen sie, wenn auch nur physikalisch und nicht moralisch, und wir brauchen sie nicht zu deuten. Gott als Gesprächspartner fehlt. Nicht einmal der Leibhaftige steht mehr zur Verfügung.

Der Bundeskanzler hat sich alle Mühe gegeben, um mit seiner Neujahrsansprache Zuversicht zu verbreiten. Was bleibt ihm auch anderes übrig, als den Leuten einzureden, wir könnten die Umwelt wieder reparieren und auf den Stand der neunziger Jahre bringen. Die Fahrpläne hätten leider nicht eingehalten werden können, aber wir seien dabei, uns ihnen anzunähern. Das sei ermutigend. Wir müßten nur alle die Ärmel hochkrempeln und den Gürtel noch enger schnallen. Gemeinsam werden wir es schaffen. Die Durststrecke werde noch etwa zehn Jahre anhalten, meint der Kanzler, dann würden die ersten Anzeichen einer Gesundung der Umwelt sichtbar werden. Vorerst müßte noch die Hälfte der Staatsausgaben für den Umweltschutz ausgegeben werden.

Die neunziger Jahre. Wir sind bescheiden geworden. Schon damals kränkelte die Natur und schickte uns ihre Warnboten. Wie schnell aus einer miserablen Epoche die gute alte Zeit wird.

Die Wiederaufforstungsaktionen der letzten Jahre könnten insgesamt als Erfolg bezeichnet werden, meint der Kanzler. Etwa 60 Prozent der genetisch manipulierten Setzlinge, – Erlen, Pappeln, Kiefern, Buchen und Fichten – schlügen an. 2,5 Millionen Hektar seien allein in Deutschland wiederaufgeforstet und renaturiert worden, in ganz Europa über 30 Millionen. Es bestehe Aussicht, die Erosionsprozesse in den Mittelgebirgen zu stoppen. In 30 Jahren, nach Ansicht des Kanzlers »eine realistische Perspektive«, würden auf den kahlen Kuppen wieder Wälder rauschen, so, wie wir Älteren sie noch in Erinnerung hätten. Die Wiederaufforstung der Berghänge in den Alpen komme allerdings nur langsam voran. Die Schäden nach dem unerwartet raschen Absterben der Bergwälder vor 20 Jahren seien nur in mühseliger, zäher Arbeit zu beheben. Erst dann könne eine Rückführung der emigrierten Schweizer und Österreicher ins Auge gefaßt werden. Aber die europäische Solidarität wanke nicht.

Das Bundesstrukturhilfegesetz und das Bundesbauhilfegesetz hätten sich gleichermaßen bewährt. Jetzt seien 80 Prozent aller öffentlichen und privaten Gebäude »orkanresistent«. Die 700 Milliarden Mark, die das in den letzten 12 Jahren gekostet habe, seien gut angelegt worden.

Besonders befriedigt zeigt sich Dannecker darüber, daß es trotz der bautechnischen und finanziellen Schwierigkeiten in überraschendem Maße gelungen sei, historische Bausubstanz zu erhalten. Vor allem die von ihren Fachwerkbauten geprägten Dörfer und Städte wie Rothenburg, Dinkelsbühl oder Quedlinburg seien zumindest »noch wiederzuerkennen«. Im nächsten Jahr würde damit begonnen, die Türme des Freiburger Domes und des Ulmer Münsters orkanresistent wiederaufzubauen, so wie es mit dem Kölner Dom nach der Katastrophe des Jahres 2000 auch gelungen sei.

Sorgen bereiten dem Kanzler – allerdings nicht nur ihm – die Mahdi-Bewegungen Mittel- und Nordafrikas, die jetzt zu einem »Zug nach Europa« aufgerufen haben. Berlin werde die Afrika-Hilfe um 20 Prozent auf 80 Milliarden Mark aufstocken und auch in Brüssel auf eine kräftige Erhöhung dringen. Die Vereinigten Staaten von Europa hätten eine besondere Verantwortung gegenüber dem schwarzen Kontinent. Allerdings müßten die Afrikaner ebenfalls ihren Beitrag leisten. Für das ungebremste Bevölkerungswachstum seien sie letztlich selbst verantwortlich und Europas Finanzmittel wegen der horrenden Umweltinvestitionen nicht unerschöpflich. Allein die Kosten für die Erhöhung der Deiche wegen des steigenden Meeresspiegels werden in den nächsten fünf Jahren noch einmal 260 Milliarden Mark verschlingen.

Dannecker wird froh sein, wenn er die VSE-Präsidentschaft im Juni an die Ungarn abgeben kann. Nicht auszudenken, wenn Hunderttausende oder sogar Millionen Afrikaner versuchen sollten, über Gibraltar nach Europa überzusetzen. Die VSE stehen bereits im Wortsinne Gewehr bei Fuß, um die drohende Invasion notfalls mit Waffengewalt abzuwehren. Eine Kontinentalwanderung, einmaliger Präzedenzfall in der Geschichte. Die Subtropen werden allmählich zur Wüste. Der Regen bleibt aus. In der Sahel-Zone ist der letzte Baum als Brennholz verheizt. Die hungernden Menschen drängen in die Äquatorialzonen. Seit 14 Jahren erbitterte Kämpfe in Zaire, Kenia, Uganda, Nigeria. Und die Bevölkerung wächst unaufhaltsam weiter: fast zwei Milliarden Afrikaner, hungernd, verzweifelt, jeden Tag ein Kampf gegen den Tod. Die zu Beginn des Jahrhunderts gestarteten land- und forstwirtschaftlichen Projekte sind alle gescheitert. Was die Dürre nicht vernichtete, fiel der Verzweiflung der Massen zum Opfer.

Afrika wird die Folgen der zivilisatorischen Fehlentwicklung und der Klima-Erwärmung als erstes und am schwersten büßen, obwohl es am wenigsten Schuld trägt. Immer Opfer der Weißen gewesen. 34 Millionen Hektar Land, so viel wie Deutschland, sind bereits abgesoffen. Um zu retten, was noch zu retten wäre, müßten in den nächsten zehn Jahren 1,3 Billionen Mark in Deichbauten investiert werden. Hoffnungslos. Nicht daran zu denken.

Wenn ich an frühere Neujahrsansprachen denke! Damals schien die Welt noch in Ordnung. Schmidt und Kohl, wer kennt sie noch! Deutschland noch geteilt, stabile Ordnung, garantiert durch die Konstanz des Ost-West-Konflikts. Rüstung, klares Feindbild. Das Engagement gegen die Atomwaffen in den achtziger Jahren. Ich war damals gerade dem Kindesalter entwachsen, und doch schon voller Angst. Unsere Hoffnungen und Träume waren längst ins Wanken geraten und konnten auch in den Discos nicht fortgesponnen werden. Die Menetekel zeichneten sich bereits an der Wand ab: Waldsterben, Ozonloch, Klima-Erwärmung. Die Dickfelligkeit der Erwachsenen, die unsere Ängste nicht wahrhaben konnten oder wollten. Wenn das Wettrüsten ausgestanden wäre, so hofften wir, dann ... könnten wir uns endlich an die Gesundung des kranken Planeten machen. Aber da war es schon zu spät. Die Grünen, damals noch in den Kinderschuhen, regieren heute überall in Europa mit, ungeliebte Propheten, die Gott sei's geklagt mit ihren schwarzmalerischen Vorhersagen recht behielten. Jetzt pflegt das Volk seine Propheten wie einst der Schiffer den Ballast über dem Kiel. Vorhersagen, die eintreffen, haben so etwas Beruhigendes an sich. Sie sind kalkulierbar. Die Zukunft ist wieder berechenbar. Als ob nicht jeder ein Prophet sein könnte.

3. JANUAR 2020

Die Durchschnittstemperatur ist im letzten Jahrzehnt auf der Nordhalbkugel wieder um 0,6 Grad gestiegen. Dramatischer und rascher als erwartet, obwohl sich der CO_2-Ausstoß stabilisiert hat. Seit 1990 ist es um 2,8 Grad wärmer geworden. Die Experten sind ratlos. Zum dritten Mal müssen die Prognosen korrigiert werden. Die Computermodelle können offenbar die Progressionsdynamik einiger entscheidender Faktoren in diesem komplizierten, synergetischen Netz immer noch nicht zuverlässig darstellen und berechnen. Aber ohne Computer, die künstliche Intelligenz, wären wir vollkommen hilflos. Wir hantieren also mit unzulänglichen Instrumenten und mit einer Vorstellungskraft, die die Komplexität der Natur ohnehin nicht erfassen kann.

Aber was nutzen die Prognosen angesichts des Unabänderlichen? Der Meeresspiegel ist um 64 Zentimeter gestiegen. Was nutzt die Vorhersage, wann er den ersten Meter erreicht haben wird? Nichts! Er wird weiter steigen, das wissen wir, das steht fest, unabänderlich. Schätzungsweise sind erst zwei Prozent des Eises an den Polkappen geschmolzen, und wahrscheinlich wird sich das Klima in den nächsten 100 Jahren noch auf 4,6 bis 5,4 Grad erwärmen. Das ist der Worst case, auf den sollten sich diejenigen einstellen, die glauben, überleben zu können.

Im Garten die ersten Veilchen. Auch die Narzissen und Tulpen werden wohl aufbrechen. Ihnen tut die Wärme wohl. Ein kurzer Herbst, und dann beginnt schon der Frühling. Das Jahr besteht fast nur noch aus Frühling und Sommer.

Das kurz gewordene Warten auf die ersten Frühjahrsorkane.

Andreas beim Kofferpacken. Morgen muß er wieder in Berlin sein, das Examen steht vor der Tür. Er ist mit Verbissenheit bei der Sache, glaubt, als Molekularbiologe mithelfen zu können, die Welt buchstäblich noch in letzter Sekunde zu retten. Die Art, wie seine Generation diese schier erdrükkende Herausforderung annimmt, imponiert mir. Sie resigniert nicht, sie kämpft um ihre Zukunft und um diesen Planeten. Sie will überleben. Vielleicht hat sie eine Chance. Aber Milliarden haben diese Chance nicht. Neun Milliarden Menschen, zwei Drittel zuviel.

Der indische Subkontinent versteppt unaufhaltsam, ein Fünftel bereits Wüste. Vor dreißig Jahren viele schöne Programme: jährlich fünf Millionen Hektar aufforsten, Nahrung und Brennholz, kombinierte Land- und Forstwirtschaft. Aber die gesellschaftlichen Strukturen änderten sich nicht, die Landreformen blieben aus, blieben Programm, blieben Versprechen. 1,7 Milliarden Inder holzten die letzten Bäume ab. Von einst 60 Millionen Hektar Wald gerade noch 6 Millionen übrig. Der berühmte indische Dschungel mit seinen Tigern ist verschwunden. Der letzte Monsunregen vor vier Jahren ertränkte das Land, spülte Milliarden Tonnen Muttererde fort. Der jahrtausendealte Lebensspender erwies sich als Todesbote. Nun bleibt er ganz aus. Im letzten Jahr dürften 100 Millionen Inder verhungert sein. Der Subkontinent kann schätzungsweise nur noch 200 Millionen ernähren – aber es sind fast zwei Milliarden da! Massenhaftes Sterbepotential. Das große Sterben beginnt erst, wie bei einem Heuschrekkenschwarm, der das Land kahlgefressen hat. Nach dem Zusammenbruch der Industriezivilisation sind wir wieder den unerbittlichen Naturgesetzen ausgeliefert, die für den Ausgleich sorgen.

Andreas will sich der Züchtung schnell wachsender, ertragreicher Pflanzen widmen, die außerdem ihren Stickstoffbedarf aus der Luft gewinnen. Die ersten Wälder aus geklonten Kiefern, Douglastannen und Platanen spenden bereits Schatten. Sie wachsen doppelt so schnell, mit angezüchteter Pfahlwurzel gegen die Stürme. Aber ein Baum sieht aus wie der andere, wie preußische Kadetten in Reih und Glied.

Die Genetik, in den achtziger und neunziger Jahren noch erbittert bekämpft, ist zu einem Hoffnungsträger geworden. Wenn es ums Überleben geht, ändern sich auch die ethischen Postulate und das moralische Bewußtsein. Die Natur und die von ihr in Jahrmilliarden entwickelten Lebensformen müssen den Bedürfnissen der Industriezivilisation angepaßt werden. Umgekehrt geht es nicht mehr. Die Sachzwänge! Es handelt sich um Verzweiflungsakte, und Andreas weiß das. Man müsse sich, da die Realität nun mal nicht zu ändern sei – schließlich habe seine Generation die Welt so vorgefunden, wie sie ist –, auf den Wettlauf mit der Zeit einlassen und die Herausforderung annehmen. Es bleibe nichts anderes mehr übrig, als jede Chance, die Wissenschaft und Technik bieten, entschlossen zu nutzen. Es könne ja nicht mehr viel schlechter werden. Er und seine Altersgenossen wollten auch leben, mit möglichst wenig Ängsten.

Der Wettlauf mit der Zeit, den uns die Computer vorschreiben, sieht so aus: Innerhalb der nächsten 50 Jahre müssen 500 Millionen Hektar Land aufgeforstet werden, gleichzeitig muß sich die Menschheit halbieren. Die neuen Waldflächen sollen mittels der Photosynthese das überschüssige Kohlendioxyd aus der Luft ziehen, außerdem die Rückstrahlung der Sonnenenergie absorbieren. Auf diese Weise könnte der Temperaturanstieg abgebremst und sogar umgekehrt werden.

Die große Unbekannte freilich ist, ob das erwärmte Klima nicht bereits dazu beiträgt, die Atmung der Pflanzen zu beschleunigen. Dann wäre die Photosynthese gestört: statt Sauerstoff würden gerade Kohlenstoffe freigesetzt.

Der brutale Widerspruch: Die rasch wachsende Zahl der Menschen vor allem in den armen Ländern der Dritten Welt nutzt jeden Quadratmeter Land für die Nahrungsbeschaffung. Außerdem werden schon kniehohe Sträucher zu Brennholz gemacht. Die Bodenerosion ist verheerend, jährlich schwemmt der Regen 300 Milliarden Tonnen Mutterboden in die Weltmeere. Dreimal mehr, als die Natur – der Rest der Natur – produzieren kann. Auf den Philippinen bewirkt schon ein harmloses Gewitter riesige Erdrutsche. Ein Drittel der Inseln ist nicht mehr bewohnbar.

Ethik und Genetik. Genethik? Gen-Ethik? Das ist heute kein Thema mehr. Die Jungen kennen nur noch die Nüchternheit des Überlebenwollens. Wer könnte es ihnen auch verdenken! Ethik ist zum Luxus geworden, die Genetik der Strohhalm, an den wir uns klammern. Der Wettlauf mit der Zeit ist ohnehin kaum noch zu gewinnen. Die letzte Schlacht hat die traditionelle Ethik mit der Züchtung der Schiege und des Bovequus verloren. Eigentlich ist es eine Konstruktion. Das Rinderpferd wird der Fleischlieferant der Zukunft sein. Genügsam, rasch wachsend und – das wichtigste: methangasarmer Dung! Vor 30 Jahren hätte es noch ob dieses perversen Eingriffs in die natürliche Skala der Arten einen Aufschrei gegeben. Heute betrachtet der Genetiker einen Organismus nicht als »separate, selbständige Einheit«, sondern als eine Anordnung von Befehlen innerhalb des Computerprogramms mit der Bezeichnung Desoxyribonukleinsäure. Es ist unmöglich, gegenüber einer solchen Anordnung noch Ehrfurcht vor dem Leben zu empfinden. In den Augen der Forscher müssen die Befehle ständig neu geordnet und verbessert werden, bis sie einen Zustand höchster Effizienz erreicht haben. Was effizient ist, entscheidet ausschließlich der Mensch. »Unsere Kinder werden der Überzeugung sein, daß ihre genetischen Schöpfungen weit höher stehen als jene, die ihnen Modell gestanden haben. Sie werden die ganze Natur als eine berechenbare Sphäre betrachten, sie werden alles Lebendige als temporäre Programme umdefinieren, die zensiert, überarbeitet und umgeschrieben werden können.« Jeremy Rifkins Vorhersage ist gerade 35 Jahre alt, auch wenn die Jungen eher aus Angst handeln und unter dem Zwang, zu reparieren, was noch reparabel ist.

Dennoch, die Ethik hat versagt! Was wir bräuchten, wäre ein weltweiter Konsens der praktischen Vernunft, der sich in rigorosen, verbindlichen Gesetzen niederschlüge. Alle Rufe nach solchen Gesetzen – insofern wäre die Freiheit des Handelns gewahrt –, aber sie kommen nicht zustande, also regie-

die Sachzwänge weiter und damit die Unfreiheit. Aber ob Ethik oder Gesetze – sie zeigen die »Unbehaustheit« des Menschen, offenbaren, daß er aus dem Zusammenhang der Natur herausgefallen ist. Braucht ein Tier Ethik oder Gesetze? Die Freiheit des Menschen, gegen die Naturgesetze verstoßen und sie verletzen zu können, ohne aber in der Lage zu sein, sie aufzuheben, markiert die Totalität seiner Unfreiheit.

4. JANUAR 2020

Andreas abgereist, voller Tatendrang. Sein aggressiver Optimismus ist aber doch auch sublimierte Angst.

Wie anders dagegen Sylvie: in sich gekehrt, nachdenklich, am liebsten allein. Ihre chronische Bronchitis und der strikte Zwang zu Diät wegen ihrer neurodermitischen Allergie hat sie menschenscheu gemacht. Wäre sie noch 20 Jahre früher geboren, ihr fehlte nichts. Sie ist eines der vielen Millionen Opfer der Umweltzerstörung, der leichthin dargebrachte Preis für überflüssigen Wohlstand. Man hat ihr die Luft zum Atmen vergiftet. Wenn jeder Tag zum schmerzlichen Kompromiß wird, zu einem Willensakt. Die Sünden der Väter werden heimgesucht. Wenn es nur bis ins dritte und vierte Glied wäre. Erstaunlich, daß die Jungen ihre Großvätergeneration nicht verfluchen, obwohl deren Verbrechen zum Himmel schreien, da nicht wiedergutzumachen. Irreversibel. Deprimierend jedoch, wie einsichtslos diese Großvätergeneration ist, bar jeden Schuldgefühls, obwohl sie es in der Hand gehabt hätte, das Schlimmste doch noch zu verhüten, trotz des geschädigten Erbes, das auch sie schon übernahm. Den Jungen heute ist es unfaßbar – verständlicherweise –, wie sie damals, in den achtziger und neunziger Jahren, sehenden Auges, in Kenntnis der Gefahren, im Besitze aller Zahlen und Fakten, konfrontiert mit den ersten Katastrophen als schier unübersehbare Warnungen, ungerührt fortfahren konnten, diesen Planeten weiter zu ruinieren. Dieses einzigartige Biotop in der kalten Öde des Weltalls. Nirgendwo Vergleichbares in der galaktischen Unendlichkeit. Alle Schecks haben sie auf die künftigen Generationen ausgestellt, diese

Betrüger. Und die müssen sie jetzt einlösen. Büßen für die Gier der Altvorderen.

Ich könnte es verstehen, wenn die Jungen mit den Alten so umsprängen, wie es einst bei den Eskimos Brauch war: sie ohne Nahrung in ein Boot setzen und ins offene Meer stoßen. Ohne Wiederkehr.

Sylvie! Sie muß ihr Musikstudium beenden! Wenn ihr etwas helfen kann, dann die Musik, das hat sie instinktiv schon als Kind begriffen. Wenn aller Trost fehlschlägt, die Musik hält solchen bereit. Freilich nur für den, der ihn hören kann.

5. JANUAR 2020

Ich habe ja starke Sympathien für sie, gleichwohl sind sie mir irgendwie lästig: an jeder Straßenecke die Bußprediger, Umdenker und Weltuntergangspropheten, einige bereits mit dem aggressiven Gestus eines Savonarola. Sie haben im Grunde recht, andererseits gehört keine allzu große prophetische Gabe mehr dazu, unsere Zukunft in düsteren Farben zu malen. Buße – die Aufrufe kommen 50 Jahre zu spät. Wofür sollen die Jungen Buße tun? Sie sind für das Desaster nicht verantwortlich. Freilich müssen sie büßen für die Fehler der Großväter. Und die Älteren büßen umsonst. Buße hätte nur einen Sinn, wenn Umkehr noch ein gangbarer Weg wäre. Wenn die zu büßenden Taten noch korrigierbar wären. Buße tun und büßen müssen, ein Unterschied wie zwischen Vergebung und Rache.

Doch Zulauf haben sie. Ihre Meditationszentren in der B-Ebene der Hauptwache und am Hauptbahnhof sind stets gefüllt. Das Geschäft mit der Angst blüht, denn das Bedürfnis nach Buße und Strafe ist groß. Eintauchen in den archaischen Mystizismus einer strafenden, fordernden Gewalt, die Trost für den bereithält, der sich unterwirft und aufgibt. Das entlastet die Seele und bewahrt vor Resignation. In den christlichen Gotteshäusern predigen sie dagegen den leeren Bänken. Die Kirchen hatten ihre Chance, die Schöpfung zu bewahren. Sie haben sie vertan und damit die Menschen verloren.

Das Versagen der christlichen Kirchen und Religionen! Sie haben ihr Pfund verplempert. Fast widerstandslos haben sie zugesehen, wie dieser Planet, diese einzigartige Perle im Universum, ruiniert wurde. Sie haben den Menschen nicht verstanden, sie haben seine Natur als Sünde verdammt, aber sein gesellschaftliches Tun als Gott wohlgefällig glorifiziert. Mit ihren leibfeindlichen Moralgesetzen und ihrer naturwidrigen Leistungsethik haben sie ihren Teil dazu beigetragen, den Menschen erst sich und dann konsequenterweise der Natur zu entfremden. Damit aber auch von Gott, denn Gott offenbart sich auch in der Natur. Vielleicht ist er die Natur. Jedenfalls: Wie kann der Mensch die Natur verstehen, wenn er sich selber fremd bleibt? Der Zusammenhang zwischen der Zerstörung der Erde und dem Mangel an Zärtlichkeit und Liebe unter den Menschen ist evident. Eine Wahrheit, die manchem schlecht bekam, der sie aussprach: Leonardo Boff, Eugen Drewermann.

Gnothi seautón – »Erkenne dich selbst«. Jahrhundertelang stand es an der Stirnwand des Apollon-Tempels zu Delphi eingemeißelt. Es war vergeblich. Als die Erkenntnis dämmerte, daß wir noch längst nicht das Ebenbild Gottes und auch nicht die Krone der Schöpfung seien, sondern das Missing link für die Idee des Menschen, wie sie vielleicht in einer Million Jahre verwirklicht hätte werden können, war es zu spät. Der Defekt der Evolution ist der ungelöste Widerspruch zwischen Bindung, Freiheit und Verantwortung. Die Vernunft konnte ihn nach der Entwicklung des Bewußtseins nicht mehr korrigieren. Der Fehler der Evolution ist also, Bewußtsein ermöglicht zu haben. Der fatale Sprung von Komplexität in eine neue, bis dahin unbekannte Qualität, in die Freiheit. Die Experimente der Evolution können grausam sein. Wenn eine Art sich als lernfähig erweist und sich den Milieubedingungen anzupassen vermag, überlebt sie, mögen die Opfer auch schrecklich sein. Der Mensch hat sich als nicht lernfähig erwiesen, obwohl er die Aufgabe und sogar die Lösung kannte. Paradoxerweise haben ihn daran seine Freiheit und technische Intelligenz gehindert, freilich auch seine blinde Gier. Bedürfnisbefriedigung wird aber nur in indung mit Freiheit zur Gier. Der Mensch wollte eher die Milieubedingungen der Natur ändern als die Bedingungen seiner Zivilisation. Das ging schief. Jetzt bleibt tatsächlich nichts anderes mehr übrig, als die Milieubedingungen zu ändern. Jetzt erst hat die Vertreibung aus dem Paradies begonnen! Die Evakuierung läuft auf vollen Touren.

Die Erbsünde plagt uns seit hundert Jahren.

Meine Verzweiflung, als 1994, oder war es bereits 1991, den Müttern untersagt wurde, ihre Babies zu stillen, weil die Muttermilch mit Dioxin vergiftet sei. Damals wurde mir klar, daß uns nicht mehr zu helfen sei, vor allem deshalb, weil es niemanden sonderlich aufgeregt hat. Alles blieb stumm, nahm diese Ungeheuerlichkeit hin. Kein mahnendes Wort von einer Kanzel, kein Leitartikel in einer Zeitung, kein Kommentar im Fernsehen. Die Politiker hüteten sich, auch nur einen Mucks von sich zu geben. Das heiße Eisen nur nicht anfassen. Als wären dioxinverseuchte Mutterbrüste ein notwendiges Opfer der Wohlstandsgesellschaft, ein selbstverständlicher und bezahlbarer Preis. Mir erschien es als Menetekel für die Verderbtheit dieser Kultur. Doch auch kein Schriftsteller oder Dramatiker griff dieses Thema auf. Dabei: welch ein Thema!

Statt dessen wurde den Müttern empfohlen, Gummipfropfen auf die Brustwarzen zu drücken, damit die Säuglinge »wenigstens in den Genuß der wichtigen entwicklungspsychologischen Wirkung des Saugens an der Mutterbrust« kämen.

Wo aber blieben die Mütter, die Frauen? Warum haben sie keine Revolution gegen dieses perverse Ergebnis patriarchalisch-männlicher Kulturgestaltung entfacht? Sich nicht im Namen des Lebens gegen eine Kultur des Todes, eine nekrophile Zivilisation, aufgelehnt? Gibt es ein größeres Übel, das einer Revolution bedürfte? Nur in einigen Minderheiten verkörperten sich Lebenstrieb und Vernunft des Menschen als Art. Doch ihr Protest hatte keine Chance, gehört zu werden. Als vor 18 Jahren die Konservativen und Liberalen abgewählt wurden, war es zu spät. Im übrigen: Wenn Wahlen etwas verändern würden, wären sie ohnehin längst verboten.

Die Reproduktionsfähigkeit des Phytoplanktons in den Weltmeeren läßt seit über 20 Jahren bedrohlich nach, vor allem in den arktischen Gewässern. Die pflanzlichen Einzeller werden vom UV- Licht geschädigt. Die Photosynthese wird gestört. Die Ozonhülle ist zu schwach und schwächt sich noch weiter ab. Schätzungsweise befinden sich noch rund 30 Millionen Tonnen FCKW in der Stratosphäre, das entspricht über einer Billion Tonnen Kohlenstoffen. Die tödliche Hinterlassenschaft des 20. Jahrhunderts.

Die Vereinten Nationen schlagen Alarm. Wenn das Phytoplankton weiter in der dramatischen Weise abnimmt, werden alle Versuche, das Weltklima zu stabilisieren, vergeblich sein. Wer hätte das gedacht: Das Phytoplankton übertrifft an Masse alle Pflanzen auf dem Festland um das Doppelte. Es bindet daher auch doppelt so viel Kohlendioxyd wie alle Bäume, Sträucher und Gräser zusammen. Der bisherige Verlust von rund 10 Prozent an Phytoplankton hätte dieselbe Wirkung, als hätten wir ein Fünftel aller Pflanzen vernichtet. Da können wir uns die globalen Wiederaufforstungsaktionen sparen. Diesen Wettlauf können wir nicht gewinnen.

Die Genetik soll die pflanzlichen Einzeller, vor allem die Blaualge, gegen das ultraviolette Licht resistent machen. Aber noch kein Wissenschaftler hat eine Vorstellung davon, ob dies überhaupt möglich sein könnte. Die Lungen der Erde atmen in den Weltmeeren und sind Einzeller.

Doch wenn das Phytoplankton stirbt, folgt ihm unweigerlich das Zooplankton als erstes Glied der Nahrungskette nach. Dann werden die Fische aussterben, die Meeressäuger, die Seehunde und See-Elefanten, die Pinguine und Seevögel. Die Meere, in denen das Leben vor knapp drei Milliarden Jahren geboren wurde und von wo aus es an Land kroch, würden zu toten Gewässern. Und das Sterben griffe auf das Land über.

Mich fröstelt. Für einen Augenblick lockt mich wieder die Vorstellung, mich einfach zurückzulehnen und alles um mich her als die gewaltigste und faszinierendste Tragödie zu betrachten, die sich denken läßt. Der ganze Planet eine riesige Bühne, Akteure und Publikum sind eins, die Kulissen sind echt, sind unsere Lebenswelt. Auch der Tod ist echt, er wird nicht nur gemimt. Gegeben wird das Stück »Aufstieg und Fall des Menschengeschlechts oder der kleine Irrtum der Evolution«. Drehbuchautoren sind die besten Köpfe der Menschheit – Wissenschaftler, Erfinder, Entdecker, Philosophen, Unternehmer, Politiker. Alles Männer. Schöne, neue Welt. Am Ende brauchte das Drehbuch keine Autoren mehr, es begann sich selbst fortzuschreiben. Die letzten Akte mit dem infernalischen Höhepunkt entstehen von alleine. Auch auf Dramaturgen und Regisseure kann seit 20 Jahren verzichtet werden. Das Publikum muß mitspielen, ist sogar der Hauptdarsteller. Die Tragödie gestaltet sich selbst, unerbittlich konsequent, streng auf die dramaturgischen Regeln achtend. Und kein Deus ex machina ist zu erwarten.

Nietzsche muß die Tragödie, die wir derzeit als hilflose und doch tatkräftig agierende Zuschauer erleben, vorweggeahnt haben. »In irgend einem abgelegenen Winkel des in zahllosen Sonnensystemen ausgegossenen Weltalls gab es einmal ein Gestirn, auf dem kluge Tiere das Erkennen erfanden. Es war die hochmütigste und verlogenste Minute der ›Weltgeschichte‹: Aber doch nur eine Minute. Nach wenigen Atemzügen der Natur erstarrte das Gestirn, und die klugen Tiere mußten sterben. So könnte jemand eine Fabel erfinden und würde doch nicht genügend illustriert haben, wie kläglich, wie schattenhaft, wie gleichgültig, wie zwecklos und beliebig sich der menschliche Intellekt innerhalb der Natur ausnimmt. Es gab Ewigkeiten, in denen er nicht war. Wenn es wieder mit ihm vorbei ist, wird sich nichts begeben haben.«

Wie grausam wahr! Denkt man sich die Erdgeschichte als einen Tag, so existiert das Wesen Mensch zehn Sekunden. Der Homo sapiens mit seinem Intellekt Bruchteile einer Sekunde. Verstand und Bewußtsein leuchteten nur kurz auf – wie ein Blitz, wie eine Idee. Dafür die Hunderte von Millionen Jahren währende Vorbereitung? Das soll der Endzweck der Schöpfungsgeschichte sein?

»Im Menschen ist so viel Entsetzliches – die Erde war zu lange schon ein Irrenhaus.« Von Nietzsche, dem kranken, leidenden Visionär geht eine fast masochistische Faszination aus. Er hat für sich den Zustand, den das »kranke Tier« geschaffen hat, vorweg durchlebt und durchlitten und ist an ihm zugrunde gegangen. Werden wir ihm folgen müssen?

9. JANUAR 2020, mittags

Die VSE erwägen, die Straße von Gibraltar mit einem Staudamm abzusperren, gekoppelt mit einem Kraftwerk. Anders sind viele Küstenstädte und Landstriche, allen voran das Nildelta mit Alexandria und Kairo, nicht mehr zu retten. Das Schicksal Alexandrias dürfte besiegelt sein, der steigende Meeresspiegel hat die Stadt bereits unter Wasser gesetzt. 250 000 Hektar des fruchtbaren Nildeltas gelten als unwiederbringlich verloren. Die Landkarte des Mittelmeerraumes verändert sich.

Der Gibraltar-Damm wäre das gewaltigste Bauprojekt der Menschheitsgeschichte, die Kosten astronomisch. Ein technisch-wissenschaftlicher, organisatorischer und finanzieller Kraftakt ohne Beispiel. Das Gelingen erscheint vielen Experten äußerst fraglich, dennoch weist diese Idee den einzig möglichen Ausweg aus der sich anbahnenden Katastrophe für den Mittelmeerraum, einer der Wiegen der Kultur. Allerdings dürfte auch ein Staudamm keinen Regen herbeizaubern, um die mittlerweile 800 Wasser-Entsalzungsanlagen zu entlasten. Der Nil hat in den letzten zehn Jahren 15 Prozent seiner Wassermenge verloren. Selbst in den Tropen Inner-Afrikas regnet es zu wenig. Dafür ersaufen die Küstenzonen. Die Klimaerwärmung hat die Temperaturunterschiede zwischen dem Meer und dem Festland nivelliert – von verheerenden Ausnahmen abgesehen, wenn die polaren Kaltluftfronten Wirbelstürme entfachen, die wie wild gewordene Stiere durch die Subtropen jagen.

9. JANUAR 2000, nach Mitternacht

Herbert K.s Geburtstag ausgelassen gefeiert, bis in den frühen Morgen. Die Runde saß gemütlich im Garten, ein warmer Südwest animierte dazu, den Wein im Glase nicht allzulange zu belassen. Eine Lust, zu sehen, wie meine Tina aufblühte, die unbestreitbare Tatsache genießend, ein Mittelpunkt des fröhlichen Treibens zu sein. Habe sie von jeher um die Fähigkeit beneidet, während des Sprechens, gleichsam intuitiv, witzige Einfälle zu produzieren, von denen sie dann selbst überrascht wird und die sie sich selber mit eruptivem, hellem Lachen dankbar quittiert. Ich dagegen brauche immer erst fünf Whisky, ehe mir der erste präsentierbare Witz einfällt.

Herbert K. stellte allen Ernstes die These auf, daß früher lustiger und unbeschwerter gefeiert worden sei als heute. Man müsse sich nur die Bilder eines Breughel ansehen, mit seinen vor Lachen berstenden, im Tanz sich die Glieder ausrenkenden Bauern. Es habe trotz der kaum noch vorstellbaren Armut eine Kultur des Frohsinns gegeben, die sich kaum noch finde, weil die Außenwelt mit ihren komplexen, kaum noch lösbaren Problemen in die Privatsphäre eindringe. Zwar habe diese Attacke des Draußen nicht zu einer sichtbaren Tristesse geführt, weil man – übrigens ebenfalls ganz im Gegensatz zu früher – sein Unglück nicht zeigen dürfe, wohl aber zu einer unübersehbaren Überdrehtheit. Man hat lustig und föhlich zu sein, weil das Fitneß signalisiere. Darin zeige sich das unbewußte Bemühen, die Außenwelt fernzuhalten. Feiern und Feste heute seien ein Beschwörungsritual und hätten etwas vom Pfeifen im Walde an sich, um die Angst nicht zuzulassen.

Wie stets sprach Herbert K. mit leiser, etwas mühsamer, aber Aufmerksamkeit fordernder Stimme, wie sie einem Bibliothekar und Bücherwurm angemessen ist. Noch während er an seiner These bastelte, staute sich in Tina sichtbar der Widerspruch, der dann auch mit Herberts letztem Wort hervorbrach. Das Fest oder die Feier sei ohne die ängstigende Mühsal des Alltags gar nicht denkbar, sie habe darin gerade ihre Ursache. In grauer Vorzeit, als der Mensch die Natur noch nicht begriffen und sie ihm in ihrer Übermacht vielfältige Angst eingejagt habe, sei das Feiern gleichsam erfunden worden, nicht nur als religiöses Ritual, sondern auch eines elementaren Bedürfnisses wegen. Sich fallenlassen, sich dem Augenblick der Freude überlassen, sei eine angeborene Eigenschaft, die auch an Tieren zu beobachten sei. Das Bedrohliche der Alltagsexistenz zu vergessen sei nicht gleichzusetzen mit Verdrängen. Die bettelarmen Indios auf dem bolivianischen Altiplano beispielsweise – und dabei berief sich Tina auf mich als Zeugen – feierten die ausgelassensten, fröhlichsten Feste, trotz oder gerade wegen ihres unsäglich mühseligen Alltags. Und eben Breughel. Dem entspräche die Beobachtung, daß die Feste und Feten bei denen am langweiligsten seien, denen die Mühsal des Alltags fremd ist.

Dieses tiefsinnige Intermezzo harmonierte dennoch mit der Unbeschwertheit des Festes. Vielleicht hatte Herbert K. es nur eingefügt, um sich versichern zu lassen, daß die Kultur des Feierns in seinem Hause in voller Blüte stehe.

10. JANUAR 2020

Nach genau 22 Jahren bin ich wieder Pkw-Besitzer! Wir sind sehr beeindruckt von unserem Gefährt, vor allem Sylvie, die sich an die alten Benzin-Dreckschleudern kaum noch erinnern kann. Wasserstoff- und Solartechnik, wie die Flugzeuge. Zumindest für die Flugzeuge war diese Technik schon vor 35 Jahren ausgereift, aber die Öl-Konzerne, die Fluggesellschaften und die Industrie haben sie hintertrieben. Die Treibstofftanks hätten mehr Platz benötigt und die Maschinen hätten nicht so hoch fliegen dürfen wegen des Ausstoßes an Wasserdampf. Die Rentabilität der Gewinnmaximierung stand auf dem Spiel. Nach der Rentabilität der Umwelt fragte niemand. Die Rentabilität von damals müssen wir heute teuer bezahlen.

Unser kleiner GS-141 schnurrt dahin wie eine große Katze. 55 PS, 125 km/Std., das reicht. Der Preis ist freilich happig. Aber man gönnt sich ja sonst nichts. Wird das Auto wieder zum Statussymbol wie im letzten Jahrhundert? Die Industrie ist optimistisch und voller Vertrauen in eine »neue automobilistische Zukunft, die auch wirklich eine Zukunft hat«. Diesmal sollen wir auf der richtigen Straße fahren. Ich habe da meine Zweifel. Wird jetzt wieder ein Run losbrechen, der in wenigen Jahren wieder jede Mobilität zum Stillstand bringt? Die letzten zehn Jahre fast ohne Auto waren doch recht angenehm. Wie viele Tausende verdanken diesem Umstand Leben und Gesundheit, ohne es zu ahnen. Vielleicht auch ich, wir. Unbegreiflich: Fast 20 000 Verkehrstote vor knapp 50 Jahren in der alten Bundesrepublik. Nahezu eine halbe Million Verletzte. Jedes andere derart unsichere Verkehrssystem wäre gemieden worden wie Pest und Cholera. Doch am Steuer des eigenen Autos zu sterben ist herrlich... Das elektronische Verkehrsleitsystem soll jetzt das Schlimmste verhüten. Mit der Freiheit der Automobilisten von einst wird es ohnehin vorbei sein. Außerhalb der Städte bestimmt die Elektronik den Verkehrsfluß. Wahrscheinlich wird es aber gerade deshalb schneller vorangehen, wenn die freie Fahrt für freie Bürger elektronisch reglementiert wird.

11. JANUAR 2020

Nach langer Zeit wieder Gäste, ein paar Freunde, Kollegen. Allgemeine Reflexion darüber, weshalb diese Art der Kommunikation so nahezu vollständig zum Erliegen gekommen sei. Fortsetzung des Themas vom letzten Samstag bei Herbert K. Bernhard B. hat einen allgemeinen Strukturwandel und obendrein das Fernsehen als verantwortlich ausgemacht. Die modernen Arbeitsweisen und die Kommunikationstechnologien vereinzelten den Menschen. Man könne heute alles per Bildschirm erledigen: Man arbeitet am Bildschirm, kauft per Bildschirm ein, erledigt seine Bankangelegenheiten, kommuniziert mit Geschäftspartnern und Freunden, ruft alle Arten von Informationen ab, sogar von Bibliotheken, Museen und Auskunftsdateien. Man habe die ganze Welt am Bildschirm, sogar den Psychologen und Seelentröster, wenn es sein muß. Bernhard B. gibt zu, daß er ab und zu auch von den Rendezvous-Dateien Gebrauch mache, wenn er sich mal alleine fühle und den Abend mit einer flotten Biene verbringen wolle. Kurzum, so schlimm fände er das Alleinsein gar nicht, es sei halt ein »Paradigmenwandel«, der auch sein Gutes habe: Man lerne sich selbst erfahren, man entdecke sich selbst und seine Möglichkeiten, auch die kreativen.

Sonja Röder konnte diesen »abstrusen Narzißmus« überhaupt nicht verstehen. Sie hielt dagegen, daß die Menschen mit ihren Ängsten nicht mehr fertig würden, weil sie mit ihnen nicht mehr umgehen könnten. Früher habe man seine Ängste und Schwierigkeiten im Kreis der Großfamilie oder auch im Freundeskreis bewältigt. Heute werde einem dies als Schwäche ausgelegt. Man müsse nach außen hin als stark und dynamisch erscheinen, alles im Griff haben. Dies hätte jedermann und jedefrau bereits so verinnerlicht, daß er Ängste nicht einmal mehr vor sich selber zulassen dürfe. Es handele sich um eine Zivilisationsneurose der Leistungsgesellschaft, die leider auch die Frauen ergriffen und zu Opfern gemacht habe. Auch die Kommunikationsfähigkeit der Frau gehe verloren, das partriarchalische System habe die Frau integriert und feiere einen seiner größten Triumphe.

Große Nachdenklichkeit nach Sonjas Einwand.

12. JANUAR 2020

Noch in diesem Jahr sollen die ersten funktionierenden Teilstücke des Staudammsystems in den Alpen fertig sein und in Betrieb gehen. Vor allem das Schmelzwasser im Frühjahr muß irgendwie reguliert werden, sollen Süddeutschland und die Po-Ebene wieder bewohnbar werden. Nach dem Absterben der Bergwälder läuft das Wasser ungehindert in die Täler ab. Neuartige rotierende, sich selbst erneuernde Filter sollen das angeschwemmte Erdreich abhalten.

Die Alpen! Einst ein Paradies zu jeder Jahreszeit. Hier trug die Natur stolz ihren Hermelin. Transzendierung menschlicher Sehnsucht nach Größe und Erhabenheit, staunenswerte Symbiose von Mensch und Umwelt. Heute eine Todesregion. Die Katastrophe des Jahres 2000. Das Entsetzen von damals, als die Hänge auf einmal in die Täler zu rutschen begannen, ist noch gegenwärtig. Die Erinnerung holt die Bilder in Sekundenschnelle vor die Augen. Millionen Tonnen Gestein und Schlamm, zu rasenden Lawinen oder unerbittlichen Muren komprimiert, fielen über Städte und Dörfer her. In einer Nacht, fast wie auf Kommando, nach wochenlangen Regenfällen. Die Ohnmacht des omnipotenten technischen Zeitalters. Der Schock, die tagelang verstörten Gesichter. Das Menetekel scheuchte die Leute in die Kirchen und lehrte sie wieder beten. Aber kein Gott hatte diese Katastrophe als Strafe geschickt, sie war »anthropogen«, Menschenwerk, gegen das sich die verwundete Natur in schmerzhaften Zuckungen aufbäumte wie in Notwehr. Die überlebenden Älpler hat es in die ganze Welt vertreut. Ein technisch-wissenschaftliches Zeitalter, das die Prognose bis zur Perfektion entwickelt hat, konnte das sich anbahnende Unheil nicht erkennen, das sogar die Blinden gefühlt haben.

Mit einem Schlag wurde Italien damals von Europa abgekoppelt und lag plötzlich am Rande der Welt, nur mit dem Flugzeug erreichbar. Und wie haben sie zuvor die ob der automobilen Transport- und Transitflut verzweifelten Österreicher und Schweizer drangsaliert. Noch mehr Pkw-, noch mehr Lkw-Kolonnen, noch mehr und breitere Straßen, längere Tunnels. War das damals die Wende? Wurde tatsächlich die Umkehr eingeleitet? War dieses epochale Ereignis die vierte narzißtische Kränkung, zumindest für die Europäer?

14. JANUAR 2020

Bestürzende Nachrichten aus Südostasien und Brasilien. Obwohl seit Jahrzehnten vorhergesagt und daher nicht überraschend, schreckt es einen doch: Bangladesh ist wohl nicht zu retten. Das Land wird unaufhaltsam ein Raub des Meeres. Die verzweifelte Anstrengung von Millionen Menschen, Dämme gegen die steigenden Fluten zu errichten, ist zum Scheitern verurteilt, auch wenn mehr als 2 000 niederländische und deutsche Experten zur Verfügung stehen. Die letzte Sturmflut vor einer Woche – die Presse nahm kaum noch Notiz davon – riß fast die Hälfte der Dämme mit sich fort. Was an fruchtbarem Boden nicht fortgespült wurde, versalzt und verdirbt. Wieder Zehntausende von Todesopfern. Über 100 Millionen Menschen leben auf diesem leckgeschlagenen, sinkenden Schiff. Wo sollen sie hin? Indien und Birma haben längst ihre Grenzen gesperrt. Sie lassen keine Maus durch, zumal sie ebenfalls mit dem unaufhörlich steigenden Meer zu kämpfen haben – das Gangesdelta, Kalkutta, nur eine Frage der Zeit. Alles ist nur noch eine Frage der Zeit. Die Unendlichkeit der Zukunft wird zu einem Morgen oder

Übermorgen. Bangladesh ist ein riesiges Gefängnis, das von Jahr zu Jahr schrumpft.

Noch nie hat jemand mit größerem Recht und moralisch legitimierter Hilfe gefordert als der Staatspräsident von Bangladesh, dieser zum Untergang verurteilten Nation: Wer denn diese globale Katastrophe verursacht habe? fragte er schon letzten Herbst vor der UNO die reichen Industrienationen. Natürlich, wer denn sonst. Und wer müsse im nachhinein deren kurzes, kaum ein Jahrhundert währendes Luxusleben bezahlen? Die Dritte Welt und zuvörderst Bangladesh. Wenigstens jetzt sollten sich die Industriestaaten zu ihrer Verantwortung bekennen und denen, die unschuldig sind am Ruin des Planeten, beispringen.

Bedauernswerter Mensch, bedauernswertes Volk! Das Aussprechen banaler Wahrheiten hilft nichts mehr. 4 000 Kilometer Deiche lassen sich beim besten Willen nicht aus dem Boden stampfen. Die Industriestaaten sind überfordert. Sie müssen an sich denken, obwohl der Untergang Bangladeshs ihren eigenen einläuten wird. Es ist zu spät.

In Brasilien nützen auch Deiche nichts. Der steigende Meeresspiegel drückt die riesige Amazonasmündung ins Landesinnere, das unlösbare Problem aller großen Flußmündungen (das auch Hamburg und Bremen bald zu spüren bekommen werden). Das Amazonasbecken wird sich in einen riesigen Meeresbusen verwandeln, das Salzwasser wird die Vegetation absterben lassen. Die Lungen der Erde bekommen die Wassersucht – mit denselben Folgen: erstikken. San Salvador, Bahia, Recife – bald verloren.

Mein Blutbild immer noch miserabel. Das Blei und Benzol bauen sich kaum ab. Oft tagelange Müdigkeit. Ich verkörpere buchstäblich den technischen Fortschritt. Bezahlen werde ich ihn allerdings alleine.

15. JANUAR 2020

Die Weltgesundheitsorganisation ist besorgt wegen der dramatischen Schwächung des menschlichen Immunsystems. Es nähmen nicht nur die verschiedensten Krankheiten weltweit zu, vor allem in den Großstädten, ihr Verlauf erweise sich auch bei bislang relativ harmlosen Infektionen als zunehmend risikoreich. Das Immunsystem funktioniere nur noch bei einer relativ optimalen Lebensweise, eine stabile psychische Konstitution eingeschlossen. Die Immunologen neigen in ihrer Mehrzahl der These zu, daß diese offenbar chronisch werdende Schwächung der Abwehrkräfte des Menschen mit der Umweltverschmutzung zu tun hat. Dem »täglichen Bombardement« mit Chemikalien verschiedenster Art – aus dem Wasser, dem Boden, der Nahrung, der Luft – so der Direktor der WHO, sei das menschliche Immunsystem offenbar auf Dauer nicht gewachsen.

Entsetzt sind Ärzte über die Beobachtung, daß bereits Neugeborene mit einem defekten Immunsystem zur Welt kämen. Das erkläre den drastischen Anstieg der Kindersterblichkeit, der bislang einzig mit Außenfaktoren wie unsauberer Luft in Zusammenhang gebracht worden ist. Bislang gehe man davon aus, daß die Föten diese Immunschwäche während der intrauterinen Entwicklung im Mutterleib »übernehmen«, der Defekt also noch nicht »genetisch fixiert«, vererbbar sei. Dieses wäre eine Katastrophe unvorstellbaren Ausmaßes.

WHO-Chef Birger Solberg appelliert mit dramatischen Worten an die Regierungen der UNO-Mitgliedsstaaten, alles in ihrer Macht Stehende zu tun, um die »Lebensqualität« zu verbessern. Ohne ein intaktes Immunsystem könne schließlich niemand überleben, weder das Individuum noch die Art »Homo sapiens«.

Da liegt der Gedanke nahe: Ist etwa auch AIDS auf diese Ursachen zurückzuführen?

17. JANUAR 2020

Regen, unaufhörlich stürmisches Wetter. Während Nordafrika und der Mittelmeerraum verdursten, ersaufen wir. Der Zusammenprall kalten und warmen Wassers nördlich der Azoren bewirkt eine tobende Waschküche, die ungeheure Wolkenmassen produziert, die von den Sturmwinden aber nicht nach Nordafrika, sondern nach Europa gejagt werden. Nordskandinavien und die Eismeerküste Rußlands leiden bereits wieder an Regenmangel. Kasachstan und Usbekistan werden allmählich und unaufhaltsam zur Wüste. Die alten Pläne leben wieder auf, Ob und Jenissej nach Süden umzuleiten. Aber Rußland sperrt sich, nicht ohne Grund. Was vor 40 Jahren schon ökologischer Wahnsinn gewesen wäre, könnte heute nicht richtig sein. Oder doch?

Eine Studie der Deutschen Meteorologischen Gesellschaft und der Deutschen Physikalischen Gesellschaft verheißt für die Zukunft einen kleinen temporären Trost: Über den nördlichen Breiten wird die Durchschnittstemperatur nicht weiter steigen, sondern sich auf dem jetzigen Stand einpendeln. Der Grund ist das Abdrängen des Golfstromes nach Süden durch das kalte Wasser des abschmelzenden Polareises. Möglicherweise wird sich aus diesem Grund auch der Meeresspiegel vorerst nicht in dem befürchteten Ausmaß weiter erhöhen, da das kalte Wasser ein geringeres Volumen hat. Dieser Schwebezustand soll etwa 50 Jahre anhalten. Diese Zeitspanne sei die letzte Frist, die Klimaerwärmung zu stabilisieren und den Prozeß des Treibhauseffektes umzudrehen, denn über den Polen ist es trotzdem noch viel zu warm. Sollte allerdings eine Klimawende gelingen, was niemand zu hoffen wagt, wäre dies das Ende des bisherigen Europa: Europa würde vereisen, weil der Golfstrom nicht wieder in unsere Breiten umgeleitet werden könnte. So oder so, die Wahl zwischen Scylla und Charybdis. Wir haben keine Chance, doch nutzen wir sie!

Dafür stehen nach Ansicht der beiden Gesellschaften im Wesentlichen nur zwei Möglichkeiten zur Verfügung: Den Kohlenstoffausstoß weltweit auf zwei Milliarden Tonnen zu begrenzen und jährliche Wiederaufforstung von mindestens 40 000 Quadratkilometern Fläche. Grundvoraussetzung sei allerdings eine drastische Reduzierung der Bevölkerungszahl. Mit gegenwärtig neun Milliarden Menschen ließen sich diese Ziele unter keinen Umständen realisieren. Langfristig dürfe die Menschheit zwei Milliarden nicht übersteigen, da andernfalls die Existenzgrundlage – Energie und landwirtschaftlich nutzbarer Boden – nicht gesichert werden könne, es sei denn auf Kosten der Umwelt. Die dann eintretenden Folgen seien aber nunmehr bekannt. Ein Teufelskreis.

Eine große Unbekannte mußte die Studie offen lassen: Die Wirkung der im letzten Jahrhundert produzierten rund 30 Millionen Tonnen FCKW, die gegenwärtig in der Stratosphäre ihre Wirkung tun und das Ozon zerstören – und das noch für rund 90 oder gar 150 Jahre! Der Ozonabbau entwikkelt sich sehr unterschiedlich. Sollte sich die negativste Annahme, der Worst case, erfüllen, werden die Strukturen der Weltzivilisation – sofern man von einer solchen sprechen kann – viel rascher und gründlicher zerschlagen als befürchtet.

Diese Perspektiven verdüstern die ohnehin triste Gegenwart. Süddeutschland, aber auch die Po-Ebene, werden allmählich unbewohnbar, Passau und Ulm, das Innenviertel und der Gäuboden kurzfristig nicht zu halten sein. Längerfristig sind auch Augsburg und die Lechebene bedroht. Regensburg evakuiert seinen nördlichen Teil Stadtamhof. Die Mauer, die die Stadt schon vor 40 Jahren gegen das Hochwasser gebaut hat, erwies sich als wirkungslos. Aus den baumlos gewordenen Alpen werden jedes Jahr 180 Millionen Tonnen Erde und Sedimente angeschwemmt. Daher werden auch die Staudämme mit ihren Kreiselfiltern auf lange Sicht nichts nützen: Sie werden mit der Zeit einfach zugeschüttet und laufen über. Man muß in den Alpen die künstliche Verbauung energischer vorantreiben, um zu retten, was eventuell noch zu retten ist. Egal, welche Pflanzen man nimmt, wenn sie sich nur an den Berghängen halten können. Jeder Italienreisende und selbst der hartgesottenste Lkw-Fahrer hat ein beklemmendes Gefühl, wenn er die Alpen durchquert. Vor allem die Leblosigkeit ringsum. Starres Gestein. Aus den Geröllmassen ragen die toten Stämme wie Gerippe. Einst waren es Wälder, die das Leben ermöglichten.

23. JANUAR 2020

Die vielen Niederschläge setzen die Verseuchung des Trinkwassers fort. Sie schwemmen die Chemikalien der immer noch unzähligen Müllkippen in den Boden, der obendrein noch schwer an dem giftigen Unsinn der landwirtschaftlichen Düngung trägt. Ganz Europa ist eine einzige Müllkippe. Die Institute registrieren fortlaufend neue, unbekannte chemische Reaktionen und Substanzen. Und da sich alles Leben aus dem Boden ernährt, trägt jedes Lebewesen das Gift in sich. Vom Regenwurm bis zur Milchkuh, vom Fisch bis zum Menschen. Bis zu mir. Scheußliche Vorstellung, daß sich in meinen Geweben Schwermetalle, Dioxine und sonstiges undefinierbares Giftzeugs befinden. Kein Wunder, daß die Lebenserwartung sinkt, obwohl die Medizin Triumphe feiert. Außer Hirn und (noch) Lunge ist der Mensch bald substituierbar.

Doch vorerst muß für weite Gegenden des Ruhrgebiets, Niedersachsens, Brandenburgs, Sachsens, Sachsen-Anhalts und auch Frankfurts Trinkwasser aus Skandinavien eingeführt werden. Die Sanierung der Müllkippen wird wohl ein ungelöstes Problem bleiben. »Wir müssen damit leben«, heißt es für gewöhnlich, wobei den meisten der unfreiwillige Zynismus dieser Sentenz nicht deutlich wird. Die Frage müßte lauten: Wie lange können wir damit leben? Der einzelne nicht sehr lange, die Gesellschaft mindestens Jahrzehnte, wahrscheinlich Jahrhunderte – mit Grenzwerten, die ständig nach oben korrigiert werden. Aber was ist mit der Kumulation der Grenzwerte? Dafür gibt es keinen Grenzwert. Im Vergleich zu unseren Urgroßvätern tragen wir etwa 60 chemische Substanzen in unserem Körper. Ein Wunder, daß wir überhaupt noch leben. Die damals wären unweigerlich gestorben. Wir hingegen passen uns an wie Ratten – bis zu einem gewissen Grade.

25. JANUAR 2020

Große Aufmachung in den Medien: Einer UNO-Studie im vergangenen Jahr zufolge konnte der weltweite CO_2-Ausstoß erstmals stabilisiert werden. Erstmals seit Beginn der Industrialisierung ein Erfolg, das wuchernde Wachstum im Energieverbrauch durch Verbrennen fossiler Stoffe zu stoppen. Begrenzung als Fortschritt! Ein verhaltenes Aufatmen sei uns vergönnt, auch wenn nicht verdrängt werden sollte, daß der Kohlenstoffausstoß im Vergleich zum Richtwert von 1990 hätte halbiert werden müssen. Statt dessen liegt er um 75 Prozent höher. Über zwölf Milliarden Tonnen Kohlendioxyd werden jedes Jahr in die Luft geblasen, drei Milliarden sollten es sein. Fortschritt! Auch der Grenzwert von 450 ppm Kohlenstoff in der Atmosphäre ist längt überschritten. 1990 galt es als das absolute Maximum, um den Anstieg der Klimatemperaturen auf zwei Grad begrenzen zu können. Die Messungen ergeben 480 ppm. Die Folgen kann sich jeder ausdenken.

Die Folgen! Der jetzt langsam auftauende Permafrostboden im Norden Kanadas und in Sibirien wird jedes Jahr zwei bis drei Milliarden Tonnen Methangas freisetzen. Aus den erweiterten Reisanbaugebieten quellen jährlich 500 Millionen Tonnen Methan. Und wenn die Ozeane zusammenbrechen sollten, weil das ungefilterte UV-Licht das Phytoplankton eliminiert, sieht es vollends zappenduster aus. Dann ist die größte Filteranlage für Kohlenstoff kaputt – und niemand wird sie reparieren können.

Wir sind in lauter Teufelskreise verstrickt. Die künftigen Generationen werden ihre Vorväter verfluchen. Sie werden ihre Gräber schänden und ihre Namen aus den Geschichtsbüchern tilgen – und hoffentlich wird ihre ohnmächtige Wut sie nicht noch tiefer in Verzweiflung stürzen.

»Wenn es uns nicht gelingt, den Eltern und Politikern heute schon die Dringlichkeit der Probleme vor Augen zu führen, setzen wir das Grundrecht unserer Kinder auf Gesundheit und eine intakte Umwelt aufs Spiel.« Eine Stimme aus dem Jahre 1987. Vorwort zum Bericht der UNO-Kommission für Umwelt und Entwicklung. Wer hätte sie gehört? Damals, als es noch Zeit war!

Erst vor 12 Jahren haben die USA, der größte Verschmutzer der Erdatmosphäre, ihre Kohlenstoffemissionen stabilisiert, erst vor sechs Jahren die Republiken der früheren Sowjetunion. Vor 16 Jahren die Europäer. Die spielen sich jetzt als die energischen Saubermänner auf und zwangen die Inder und Chinesen, den Bau von Kohlekraftwerken einzustellen. Und man kann diese Heuchelei noch nicht einmal anklagen, denn es zählt nur der Effekt. Hauptsache, dieser Wahnsinn wird gestoppt, egal wie und von wem und mit welchen Mitteln.

Wie lange es freilich dauern wird, bis die Chinesen ihre 350 Millionen Benzin- und Dieselautos aus dem Verkehr ziehen und die Inder ihre 200 Millionen, weiß niemand. In China haben sich die deutschen Hersteller eine goldene Nase verdient, in Indien vorwiegend die Japaner. Gleichzeitig taten sich die Regierungen in Berlin und Tokio viel darauf zugute, Vorreiter beim Umweltschutz zu sein. Zu Hause mit relativem Erfolg, nur: Es ist egal, wo auf diesem Globus die Luft verdreckt wird, ob in China oder in Deutschland. Es spielt keine Rolle.

Die Ausfuhr von Automobilen in diesem Ausmaß war schlimmer als der gesamte Rüstungs- und Waffenexport.

Die UNO-Kommission für Umwelt und Entwicklung 1987: »Die Erde ist eins, die Welt nicht. Wir leben alle in ein und derselben Biosphäre. Und doch übt jede Gemeinschaft und jedes Land wenig Rücksicht beim Kampf um das Überleben und den Wohlstand.«

Das verzweifelt Makabre an unserer Lage sind die Dokumente. Sie weisen schwarz auf weiß aus, daß unsere Väter und Großväter wußten, was sie ihren Kindern und Enkeln antun. Daß sie das Risiko kannten, sich der Gefahren bewußt waren. Aber sie dachten eben: »Nach uns die Sintflut.« Die Einstellung gewissenloser Verbrecher. Tatsächlich: Alle Verbrechen der Menschheitsgeschichte wiegen nichts im Vergleich zu diesem einen globalen, das sich freilich aus unzähligen zusammensetzt.

28. JANUAR 2020

14 Stunden wütete der Orkan. Die Schäden halten sich in Grenzen. Die Flutgefahr an den Küsten bleibt das größte Problem. Der gestiegene Meeresspiegel steigert natürlich die Wucht der Sturmfluten. Übrigens auch die Produktionsausfälle. Die tobenden Elemente erzwingen jedesmal eine unfreiwillige Arbeitsniederlegung.

1. FEBRUAR 2020

Dr. Weinröder hat mir nun auch diesen Schock versetzt: Er rät mir mit größtem Nachdruck zu einer Herztransplantation. Wir hätten doch alles ausführlich besprochen, so daß er davon ausgehen könne, daß meine Bedenken ausgeräumt seien. Die Probleme seien ja nun wirklich gelöst. Ein Drittel der über 50jährigen lebe jetzt mit einem künstlichen Herzen. Das sei längst zur Normalität geworden, der Eingriff Routine und ohne Risiko. Dafür wäre die Gefahr eines Infarktes ein für alle Male gebannt. Die microprozessorgesteuerten »modernen« Herzen paßten sich jeder körperlichen Anstrengung an und verbesserten sogar die Leistungsfähigkeit. Vor allem aber könnten sie keinen Infarkt bekommen.

Ich brauche Zeit, um diese Vorstellung allmählich an mich heranzulassen. Künftig soll ein Apparat anstelle des Herzens in meiner Brust schlagen, funktionieren. Auch wenn sich meine Leistungsfähigkeit nicht minderte, der Gedanke ist grauenhaft: Was aus Fleisch und Blut ist, reduziert sich auf ein Funktionieren, tatsächlich auf eine bloße Pumpe. Werde ich mir künftig noch ein Herz fassen können? Was sollte mir noch zu Herzen gehen? Tina, Andreas, Sylvie – von Herzen lieben? Von welchem? Mit welchem ... ?

Jetzt wie Hiob das Haupt verhüllen und sich stumm dem Schmerz überlassen. Wäre da nicht diese ohnmächtige Wut, die wilde Vergeltungsphantasien in mir aufwühlt! Die mich hindert, mich in das Unvermeidliche zu fügen. Die Lust, jetzt Bomben zu werfen. Diese Absurdität eines zivilisatorischen Systems, das sich längst verselbständigt hat und nun unterschiedlos alle frißt, ob sie es mitgestaltet oder bekämpft haben. Das System hat seine eigenen Zwecke, die nicht mehr die unseren sind. Es hat sich von uns emanzipiert und befreit wie ein Monster. Es folgt seinen eigenen Gesetzen, es beherrscht uns wie ein Drache, der blutigere Opfer fordert, als sich die schrecklichste Fabel je hätte ausdenken können. Die Zivilisation frißt ihre Kinder.

Tina ist rührend. Sie versucht, mir diese schweren Gedanken zu verscheuchen. Ich behielte mein Herz, auch wenn man mir das anatomische, den Muskel, herausnähme. Die

Liebe, die Gefühle, die Freude seien überall im Menschen. Trostvolle Banalitäten, sie tun mir gut. Dennoch: »Was drängst du denn so wunderlich, mein Herz, mein Herz?«

3. FEBRUAR 2020

Ein Drittel des Bruttosozialproduktes geben die Industriestaaten mittlerweile für den Umweltschutz aus. Von den Staatsausgaben mehr als die Hälfte. Und es wird noch nicht reichen. Die Länder Europas werden die Steuern weiter heraufsetzen müssen. Die Bürger akzeptieren das, sie sind bereit, den Gürtel noch enger zu schnallen. Die Staatsverschuldung ist an ihre Grenze gestoßen. Wir löffeln aus, was uns die Altvorderen eingebrockt haben. Die Hypotheken der Vergangenheit werden noch weit in der Zukunft unsere Enkel und Urenkel drücken. Das Deprimierende ist nur, daß mit Geld und neuen Technologien die Schäden nicht mehr zu beseitigen sind. Wir können nur noch Flickschusterei betreiben. Verzögern, die kleineren Übel wählen. Es ist keine Technologie denkbar, die es ermöglichen könnte, das Ozonloch zu stopfen, indem das FCKW wieder eingesammelt würde. Die Lufthülle läßt sich nicht mehr filtern. Wir können nur noch auf einen positiven Irrtum hoffen: Vielleicht ist die Regenerationskraft der Natur doch stärker als angenommen. Vielleicht – hoffentlich – irren sich die Computer bei ihren Berechnungen. Vielleicht – hoffentlich – können die Ozeane mehr Kohlenstoff schlucken als angenommen.

Dennoch ist der Antrag der europäischen Grünen in Straßburg berechtigt, alle Vermögen ab drei Millionen Mark Schätzwert zu enteignen und eine Steuerprogression einzuführen, die das Netto-Einkommen auf 15 000 Mark begrenzt. Die Gefahr bedroht alle in gleicher Weise, das Damoklesschwert hängt über allen Köpfen, ob arm, ob reich. Jedes Vermögen ist mit Umweltschädigung erwirtschaftet worden. Angesichts gleicher Gefahr muß es aber absolute Solidarität geben. Jeder nach seinen Fähigkeiten, jedem nach seinen Bedürfnissen. Und die Bedürfnisse müssen einer gesellschaftlichen Kontrolle unterworfen werden. Das Wecken künstlicher Ansprüche muß aufhören. Wie wenig Materielles bräuchte der Mensch, um glücklich zu sein. Wann werden wir Immaterielles produzieren – Liebe, Zuwendung, Zärtlichkeit, Verlangen nach Kunst, nach dem Kreativen, die Entdekkung des eigenen Selbst?

Wenn wir uns auf dieses ethische Minimum nicht einigen können, werden wir diese Bedrohung, was immer sie bereithalten mag, nicht bewältigen.

Solidarität mit denen, die diese Katastrophe nicht zu verantworten haben, aber unter ihr schon jetzt am stärksten leiden: den Menschen in der Dritten Welt. Ausgeplündert von uns und ausgeplündert von ihren eigenen Eliten. Die verhängnisvollste, nie vertraglich fixierte Kumpanei, die es vermutlich je gab. In Bangladesh, am Amazonas, in Ägypten saufen die Armen ab. In der Sahelzone verdursten sie. In Indien verhungern sie. Die Reichen aber haben sich abgesetzt oder werden sich rechtzeitig absetzen, hier wie dort, um ihr Dasein in italienischen Villen oder französischen Schlössern zu genießen.

Wer soll diese menschliche Springflut eindämmen, wer sie ernähren, woher die Energie nehmen, um eine halbwegs menschliche Existenz zu ermöglichen? Seit 50, 60 Jahren wird vor der Bevölkerungsexplosion gewarnt. Die Stupidität der Katholischen Kirche war ja nicht einmal das schlimmste. Zwecklos, nach Ursachen zu forschen. Es kamen wohl viele hinzu. Heute könnte man die Menschen durch Impfung problemlos sterilisieren. Man müßte freilich Gewalt anwenden. Die Inder, die Afrikaner, die Indios krepieren lieber, als sich zwangssterilisieren zu lassen. Als Europäer ahne ich nur das Ausmaß der Verletzung, das man ihnen zufügen würde. Im Norden die Täter, im Süden die Opfer. Gut, daß sie beizeiten, seit Menschengedenken, gelernt haben, Leiden zu ertragen, klaglos, ohne zu rebellieren.

5. FEBRUAR 2020

Fast mit der Stoppuhr in der Hand verfolgt die Weltöffentlichkeit die »Produktion der Biomasse«, das Wachsen der gepflanzten Wälder. Doch ein Wald wächst nicht in einem Jahr. Und die Erfolge scheinen eher bescheiden zu sein, auch wenn es keine Alternative zur »Produktion von Biomasse« gibt. Die Biomasse soll das CO_2 absorbieren. Den Berechnungen zufolge hätten zwei Millionen Quadratkilometer neue Wälder die Aufgabe, die Kohlenstoff-Konzentration in der Atmosphäre auf den Stand von 1980 zu bringen.

7. FEBRUAR 2020

Der Mensch denkt, Gott lenkt. Aber denkt der Mensch wirklich? Sind diese Kultur und diese Zivilisation wirklich dem Denken entsprungen? Hier haben schon andere ihre Zweifel angemeldet, am ehrlichsten einer der großen Denkmächtigen: »Ich glaube, daß der Versuch der Natur, ein denkendes Wesen hervorzubringen, gescheitert ist.« Max Born. Die Zivilisation entspringt nicht nur dem Denken, sondern mehr noch dem Wollen des Menschen. Und in das Wollen fließen so viele »denkfremde« Antriebskräfte ein, daß ein brisantes, irrationales Handlungsgemisch entsteht. Rücksichtslosigkeit, Egoismus, Selbstsucht, Neid, Konkurrenz – eine leistungsfähige Dynamik, der das »reine« Denken fremd ist. Ihr ist auch die Natur fremd.

Die sich entwickelnden Dürrezonen in den Breiten von 5 bis 35 Grad trocknen die alten Wälder aus. In Indien, Pakistan und Bangladesh kann auch die Polizei nicht verhindern, daß die Setzlinge, kaum daß sie ausgeschlagen haben, gleich wieder zu Brennholz werden.

Das langfristig Schlimmste aber ist die rapide sich verstärkende UV-Strahlung. Sie bremse das Pflanzenwachstum um 30 Prozent, teilte World Watch gestern mit. Wahrscheinlich bereits zwölf Prozent des Phytoplanktons in den arktischen und antarktischen Gewässern zerstört. Die feinen Eiweißzellen werden verätzt, wie mit einer Lötlampe. Herrgott! Das entspräche 24 Prozent Vernichtung der Biomasse auf dem Festland!

Es wird wohl nichts mit der raschen Vermehrung der Biomasse. Die Temperaturerwärmung steigert tatsächlich die Atmung der Pflanzen, beschleunigt vor allem den Abbau organischer Stoffe. Der Anstieg der Kohlenstoff-Konzentration geht also weiter. Eine Verringerung wäre nur durch Drosselung der Emissionen möglich.

Wahrscheinlich wird uns nur noch die Gentechnik helfen, wenn überhaupt. Egal, um welchen Preis, Hauptsache, diese Menschheit bekommt noch einmal den Kopf aus der Schlinge. Japanische Wissenschaftler sehen eine Chance, genetisch manipuliertes Phytoplankton zu entwickeln, das sich wesentlich rascher vermehrt und vor allen Dingen weitgehend resistent ist gegen UV-Strahlung.

Wenn sich die »Produktion von Biomasse« in den Weltmeeren mit dieser Methode um 50 Prozent steigern ließe – in dieser Größenordnung bewegen sich die Erwartungen –, wäre »eine entscheidende Schlacht im Kampf gegen den Treibhauseffekt gewonnen«. Dann würden die Meere den Überschuß an Kohlenstoff schlucken.

Der militärisch-euphorische Ton paßt gut. Unentwegt müssen wir gegen die Natur Schlachten schlagen. Erst an der Produktionsfront und zur Verteidigung des Lebensstandards, jetzt, um das nackte Überleben zu retten.

Nur, wer stopft das sich vergrößernde Ozonloch? Wer beschwört die Sonne, ihr aggressives Licht zu dämpfen? In Australien und Neuseeland grassieren unter dem Vieh seit Jahren schwere Augenkrankheiten. Man kann nicht jeder Kuh eine Brille verpassen.

Sah gestern im Fernsehen einen uralten Schinken: »Raumschiff Galactica antwortet nicht«. Beschuß von außen, Explosionen im Innern, die Mannschaft zerstritten und bekämft sich selbst, die Vorräte gehen zur Neige. Am Ende verliert sich das Raumschiff in den Weiten des Weltraums. Exakt unsere Situation im Raumschiff Erde.

11. FEBRUAR 2020

Den ganzen Tag über für mein geplantes Buch im Redaktionsarchiv gearbeitet. Es fällt mir schwer, mein eigenes Daseinsgefühl vor 30 Jahren nachzuerleben. Die politischen Themen und Probleme, die damals die Öffentlichkeit bewegten und die Schlagzeilen beherrschten, sind Nebensächlichkeiten geworden oder gar völlig verschwunden. Der Zerfall der Sowjetunion, der Bürgerkrieg in Jugoslawien, die militärische Abrüstung, die Kämpfe des deutschen Vereinigungsprozesses, die Stasi-Spitzel-Skandale, Europa, der Streit um Steuern und Wachstum, der Golfkonflikt, der Nahe Osten – das Leben damals erscheint mir im nachhinein als bunt und abwechslungsreich, die farbige Palette des Traditionellen, mit der die Menschheit seit jeher ihre jeweilige Gegenwart gemalt hat. Alle diese Krisen und Konflikte haben auch die Geschichte gestaltet. Was für eine sorglose Zeit, als Natur und Umwelt noch auf den »bunten« oder vermischten Seiten der Zeitungen erschienen – wenn überhaupt. Ihre Katastrophen waren eher Unterhaltung, Abwechslung. Tempora mutantur et nos mutamur cum illis. Wie sich die Zeiten ändern – aber haben auch wir uns geändert?

Dennoch bleibt nur der Blick zurück im Zorn: Diese Blindheit und intellektuelle Unzulänglichkeit aller, die damals irgendwie und irgendwo etwas zu sagen hatten, »Verantwortung trugen«. Aus heutiger Sicht unfaßbar. Wohin haben sie die Verantwortung getragen? Was ging nur in den Köpfen der Menschen von damals vor? Wie konnten Journalisten nur so blind sein? So unbedarft, so professionell-routiniert die falsche Politik vermitteln? Wir Heutigen werden es wohl niemals begreifen können! Schon damals war doch offensichtlich, daß Wohlstand und Lebensqualität nicht mehr identische Faktoren waren, daß sie nicht mehr zusammenfielen, keine Synonyma mehr waren, sondern zu immer schärferen Gegensätzen wurden. Jeder – zumindest jeder Journalist – hätte doch begreifen müssen, daß Steigerung des Wohlstands Beeinträchtigung der Lebensqualität bedeutete und – dementsprechend – Erhalt von Lebensqualität Einschränkung des Wohlstands. Wir haben uns damals für Wohlstand und gegen Lebensqualität entschieden.

Heute, kaum eine Generation später, beherrscht die Natur das gesamte politische Geschehen (und wir Journalisten tun so, als hätten wir es immer schon gewußt). Die Existenz der Menschheit ist auf sie hin ausgerichtet, alles Handeln orientiert sich an ihr. Eine Zwangsintegration des Menschen in seinen Ursprung, die aber den Widerspruch nicht mehr zu mildern vermag, weil sie zu spät kam. Mensch und Natur bleiben Antagonisten. Der Mensch hat sich wie ein Feind aufgeführt und die Natur zum Feind werden lassen. Jetzt gibt es keine Versöhnung mehr. »Der Planet schlägt zurück« – Titelüberschrift aus der »New York Times«, nicht von heute, sondern aus dem Jahr 1988! Auch das finde ich im Archiv.

13. FEBRUAR 2020

Im letzten Jahr wurden in Europa 15,23 Millionen Asylbewerber registriert, 2,61 Millionen wollten sich in Deutschland niederlassen. 96 Prozent von ihnen bereits an den Grenzen als Armutsflüchtlinge ausgesondert und zurückgeschickt. Brüssel beklagt die immensen Kosten der Repatriierung, für die in Zukunft die Fluggesellschaften aufkommen müssen, wenn die Einreisenden keine ordnungsgemäßen Papiere haben.

Große Probleme nach wie vor mit der VSE-Einwanderung aus Griechenland, Süditalien und der Türkei. Ehe die Leute verdursten, packen sie halt die Koffer.

Fremdenfeindlichkeit und Ausländerhaß besorgniserregend. Fast jeden Tag Anschläge und Tätlichkeiten. Die Kulturnation Europa. Die multikulturelle Gesellschaft? Statt dessen archaische Durchbrüche von Haß aufgrund von Angst, die Fremden könnten uns etwas wegnehmen. Teilen wollen sie. Heißt das wegnehmen? Vielleicht. Aber ist es nicht berechtigt? Zwecklos, der Angst und dem Haß komplexe Sachverhalte vermitteln zu wollen.

14. FEBRUAR 2020

Die sensationellste Nachricht des Jahres, des Jahrzehnts: USA, die Vereinigten Staaten von Europa von Rußland setzen in den Vereinten Nationen die sofortige Zwangssterilisation in allen Mitgliedsstaaten der UNO durch. Regierungen, die sich weigern, müssen mit einem Stopp jeder Entwicklungshilfe und obendrein mit einem Wirtschaftsboykott rechnen. Sterilisiert werden in den Industriestaaten jeder dritte Mann und jede vierte Frau im Alter von 18 bis 30 Jahren, in den Entwicklungsländern jeder und jede zweite von 12 bis 35. Geimpft wird allerdings jeder – die eine Hälfte wird wirkungsloses Placebo-Serum sein. Die Konflikte bei jedem Versuch, eine Auswahl zu treffen, wären andernfalls unkalkulierbar. Natürlich soll auch vermieden werden, daß sich die Nicht-Sterilisierten finden können und zusammentun. Da keiner von sich und dem anderen weiß beziehungsweise wissen soll, ob er zeugungsfähig ist, wird sich die Sterilisationswirkung erhöhen. Internationale Kommissionen sollen garantieren, daß die Auswahl der zu Sterilisierenden absolut willkürlich und strikt nach dem Zufallsprinzip erfolgt. Nicht einmal die Ärzte sollen wissen, welche der Impfstoffpistolen und Ampullen wirksam sind und welche nicht. Eine soziale Auslese zugunsten der oberen gesellschaftlichen Schichten soll es nicht geben.

Organisation und Durchführung der Impfaktion wird in jedem Land der Dritten Welt der Armee obliegen. Wo die Streitkräfte nicht ausreichen wie in Costa Rica oder auf den Pazifischen Inseln, werden UNO-Truppen diese Aufgaben übernehmen.

In der Begründung der UNO-Resolution heißt es, das Bevölkerungswachstum sei außer Kontrolle geraten (welch eine Erkenntnis – jetzt!), die Ressourcen des Planeten Erde, seine morphologischen und geologischen Strukturen sowie ökologischen und biologischen Systeme seien auf eine so hohe Zahl von Menschen nicht eingestellt. Die Grenzen der Belastbarkeit seien längst überschritten. Alle Versuche, die Kinderzahl pro Familie zu begrenzen, sei es mit behördlichem Zwang, sei es durch Aufklärung, seien samt und sonders gescheitert. Da man die Öko-Systeme nicht beliebig erweitern und die Ressourcen nicht vermehren könne, müsse das Bevölkerungswachstum »zurückgeschraubt« werden, um die Zukunft des Menschen zu sichern. Die Spitzen der Religionsgemeinschaften und Führer der Massenorganisationen werden aufgefordert, die unabweisbare Notwendigkeit dieser in der Geschichte der Menschheit einmaligen Aktion mit Verständnis aufzunehmen und sie unter Einsatz ihrer Autorität den Menschen zu vermitteln. Die Menschheit drohe sich selbst zu zerfleischen, wenn es nicht gelänge, ihre Zahl bei

2,5 bis maximal drei Milliarden zu stabilisieren, was im übrigen mehr als 120 Jahre dauern würde. Die schweren Konflikte an den Grenzen Bangladeshs zu Ostbengalen, im chinesisch-russischen Grenzgebiet oder jüngst der Masseneinfall von Brasilianern nach Argentinien vor drei Jahren, der zu einem barbarischen Krieg zwischen beiden Staaten geführt habe, seien erste und bedenkliche Anzeichen dafür, daß Verzweiflung, Hunger und Elend die Völker veranlasse, über einander herzufallen. Die Menschheit müsse sich ohne Ansehen von Rasse und Kultur, Religion und politischem System, arm oder reich, als Schicksalsgemeinschaft verstehen.

Bin einerseits so erleichtert, fast glücklich und euphorisch über diesen längst überfälligen Schritt, andererseits zutiefst erschrocken und deprimiert. Wieder zahlen die Massen der unterentwickelten Länder den höheren Preis. Die Opfer der Zerstörung des Planeten sollen, werden und müssen jetzt den entscheidenden Beitrag zur Regulierung der ihnen angetanen Schäden leisten. Jetzt nimmt man ihnen auch noch ihren einzigen Reichtum weg, die Kinder! Die Armen und Ausgebeuteten sind immer die Dummen, sie zahlen die Zeche der Reichen!

Aber bliebe ein Ausweg? Gäbe es eine andere Lösung? Wie anders ließe sich der Zusammenbruch des Zusammenlebens auf diesem Planeten vermeiden? Bleibt denn nicht nur Zwang, notfalls Gewalt, da alle anderen Versuche der Geburtenbeschränkung, von sozialen Sanktionen wie in China bis zu Aufklärungsaktionen und kostenloser Verteilung von Verhütungsmitteln in Indien, gescheitert sind?

Dennoch: Wie hoch wird der Preis sein? Diese Deprivation an Selbstwertgefühl der Zwangssterilisierten! Die Fähigkeit, ein Kind zu gebären, gab jeder Frau trotz des unsäglichen Elends noch ein Fünkchen Lebenssinn, das Bewußtsein, ein Kind zeugen zu können, jedem Mann ein Quentchen Selbstachtung. Was sollte es – tragischerweise – in Millionen Slums denn sonst geben, um sich als Mensch zu erfahren? Jetzt nimmt man ihnen auch noch diesen Rest an Menschsein, und auch noch mit Gewalt.

Setze wenig Hoffnung in die Zusage der Industriestaaten, mit allen Kräften dazu beizutragen, um etwaige negative Folgen zu begrenzen. Befürchtet wird ein Zusammenbruch sozialer Reaktionen, die Auflösung der Familien- und Gemeinschaftsstrukturen, die sich im Laufe von Jahrhunderten und Jahrtausenden herausgebildet haben. Massenaufstände und Revolutionen sind ebenso in Rechnung zu stellen wie – nach ihrer »erfolgreichen« Niederschlagung – Massenselbstmorde und tiefe Lethargie. Die Menschen werden sich von ihrem Gott oder ihren Göttern und vom Schicksal verlassen fühlen. Die, die es trifft, werden fragen: »Warum ich? Warum mein Partner?« Jeder wird sich und den anderen verfluchen – oder um sein Privileg beneiden. Was wird das Schicksal von Frauen sein, die keine Kinder zur Welt bringen? Werden die Männer nicht an anderen Frauen den Nachweis zu erbringen versuchen, daß sie zeugungsfähig sind? Oder von ihnen diesen Nachweis fordern? Und was dann? Ein Kampf um zeugungsfähige Partner? Ausgrenzung der Sterilisierten als Ballastexistenzen ohne Daseinsberechtigung? Neue Klasse der Parias?

Welch eine Barbarei, ein schauriger Beweis für die These, daß der Homo sapiens sapiens ein Irrläufer der Evolution ist.

Andererseits – hätte man die Entwicklung treiben lassen sollen? Hätte man die Lösung der Evolution abwarten sollen, die sie für wuchernde Populationen bereithält – Dezimierung durch Selbstausrottung, durch Krankheit und Hunger? Die Schrecken der Aids-Seuche, die Afrika und Südostasien entvölkerte, sind noch unvergessen. Die Gnadenlosigkeit der Natur und ihres Funktionsgesetzes, der Evolution, ist dem Bewußtsein und der Ethik nicht zuzumuten. Der Mensch ist redundant geworden, und das Redundante, Überflüssige, Überzählige, Vielzuviele verliert an Wert. Es wird billig. Der Wegwerfmensch.

Besonders makaber, daß nun die Streitkräfte der jeweiligen Staaten diese »Operation« planen und unter Kontrolle halten sollen (nicht freilich in Europa und Nordamerika, denn wir sind ja zivilisiert). Wer sonst? Besser Menschenleben verhindern, als Menschenleben vernichten.

17. FEBRUAR 2020

Ich schäme mich, ein Europäer zu sein.

Eruptionen des Protestes in Afrika, Asien, Lateinamerika, Bürgerkriegszustände in Pakistan, Indien, China und selbst noch in dem immer kleiner werdenden Bangladesh, kaum daß der UNO-Beschluß bekannt wurde. Die Impfaktion soll erst in sechs Monaten anlaufen, und schon schießt das Militär die Proteste zusammen. Die Verzweiflung der Massen – der Menschen – über das, was ihnen zugemutet werden soll, die Beraubung ihrer Zeugungsfähigkeit, ihrer Kreatürlichkeit und damit also ihres Menschseins, übertrifft alle Befürchtungen, jedenfalls in den Industriestaaten, wo man sich diesen existentiellen Eingriff tatsächlich nur als »Operation«, als chirurgischen Eingriff, als technisch-rationale Maßnahme vorgestellt hat.

Unzählige Opfer in Rio, Lomé, Bogotá, Nairobi und Kairo, Karatschi, Bombay und Kalkutta, Neu Dehli und Haiderabad, Dakka, Bangkok und Singapur, Peking und Shanghai. Der Süden ist im Aufruhr! Die Sicherheitskräfte nahmen weder auf Frauen und Schwangere Rücksicht, noch auf Kinder.

Teile der indischen Armee rebellieren, umsichgreifende Meuterei auch unter Einheiten der chinesischen Streitkräfte. Die Regierungen von Kenia, Uganda und Tansania widerrufen ihre UNO-Verpflichtung mit Hinweis auf die Millionenverluste durch Aids in den letzten Jahrzehnten.

Wer jetzt seiner Chronistenpflicht genügen muß, um diese Barbarei zu notieren und aktenkundig zu machen! Der Fluch der Vergangenheit muß und wird jetzt eingelöst werden. Letztlich baden wir aus, in Blut, in einem Meer an Verzweiflung, was unsere Väter uns hinterlassen haben.

19. FEBRUAR 2020

Wo hatte das alles nur seinen Anfang? Es gab viele Anfänge und Ursachen, einen erst neulich entdeckt: 1988 forderte ein Experte aus dem Hause Siemens in einem Aufsatz »Festlegen eines als tolerierbar anzusehenden Limits der Klimaerwärmung durch eine anerkannte Expertengruppe«. Und die »Experten« der früheren Kernforschungsanlage Jülich taten es dem Siemens-Experten gleich: »Sehr langfristig könnte ein Management des klimatischen Systems durchaus als ein Instrument zur Sicherung der menschlichen Lebenssphäre betrachtet werden. Dies könnte aber nur dann ein positiver Beitrag zur Entwicklung der Menschheit sein, wenn eine globale politische Vernunft die Eingriffe lenkt.«

Es hat sie also gegeben, die »Experten«, die Hazardeure, die bei klarem Verstand, dennoch als Schwachsinnige die Vernunft bemühend, mit dem Globus gezündelt haben, weil sie sich vom »Management des klimatischen Systems innerhalb eines tolerierbaren Limits« der Klimaerwärmung Vorteile und gute Geschäfte in klingender Münze versprachen. Der Rest der Welt war ihnen egal. Kurzfristiger Profit auf Kosten der künftigen Generationen – auf Jahrtausende hinweg.

Und dieses epochale Verbrechen bleibt ungesühnt. Die Verbrecher sind tot oder tattrige Greise, in Ehren ergraut. Man wird sie in Frieden sterben lassen, obwohl sie an krimineller Konsequenz und Monstrosität jeden Auschwitzhenker übertreffen.

Ihre Söhne und Enkel aber zwingen jetzt die Elenden in der Dritten Welt, die an dem Desaster unschuldig sind, den Preis zu bezahlen, indem sie sich einer entwürdigenden Behandlung unterwerfen müssen, die in der Geschichte der Menschheit ihresgleichen sucht. Kein Tyrann hat je versucht, Unterworfenen die Zeugung von Kindern zu untersagen.

Die Menschheit als Schicksalsgemeinschaft? Daß ich nicht lache!

22. FEBRUAR 2020

Sylvie und Clemens wollen heiraten! Freue mich unendlich für sie, auch wenn ich einen feinen Stich verspürt habe. Trennungsangst? Unsere Beziehung reicht in nicht reflektierbare Tiefen, ich weiß es. Schuldgefühle wegen ihrer Krankheit, wegen des Mißlingens eines idealistischen Wunsches?

Egal, meine Zweifel, daß die Verbindung dieser beiden

nicht von Dauer sein würde, kann ich also vergessen. Habe dem Burschen eigentlich immer die Reife zugetraut, zu erkennen, was für eine wunderbare Frau er mit Sylvie bekommt. Auch wenn sie krank ist. Gerade deshalb.

26. FEBRUAR 2020

Der Orkan über den britischen Inseln fordert in einer ersten Bilanz nahezu 1200 Todesopfer. Unter den gesunkenen Schiffen auch die »Helena«. Unverantwortlich von der Reederei, in dieser Jahreszeit bereits Vergnügungsfahrten vor die Felsküsten Norwegens zu unternehmen.

Gestern brach der bisher größte Eisberg in Grönland ab. Aufklärungssatelliten vermaßen ihn mit 210 Kilometer Länge und 74 Kilometer Breite. Er dürfte etwa 800 Meter hoch sein – über dem Meeresspiegel. Ein bizarres, in Grün, Blau und Weiß schimmerndes Gebirge, größer als Malta, treibt gelassen gen Süden. Rund 112 000 Kubikkilometer gefrorenen Wassers. Wieder so ein Menetekel. Aber atemberaubend.

Die Medien vermitteln das Ereignis als grandioses Naturschauspiel, was es ja letztlich auch ist. Eine Tragödie ist auch ein Schauspiel. Noch tragischer freilich, eine Tragödie, in der man selbst als Hauptdarsteller agiert, nicht als Tragödie zu erkennen.

2. MÄRZ 2020

Nach drei Monaten wieder europaweite Demonstrationen. Millionen auf der Straße, vielerorts Ausschreitungen und Verwüstungen. Angst und Verzweiflung können sich nicht mehr anders artikulieren, da sie den politisch und gesellschaftlich Verantwortlichen längst nicht mehr vermittelbar sind. In Paris und Rom Einsatz von Militär, die Champs-Elysées verwüstet, elf Tote, Hunderte Verletzte. 19- und 20jährige Soldaten oder Polizisten dreschen auf 19- und 20jährige Demonstranten ein. Die üblichen besorgten Aufrufe der Staatsregierungen und des Europaparlaments zur Besinnung und Mäßigung. Hilflosigkeit. Zu spät.

Die Grünen und die sozialistischen Fraktionen des Europaparlaments schlagen eine radikale Veränderung der Wirtschaftsstruktur vor. Statt Marktwirtschaft »korrektive Planwirtschaft«. Die Marktwirtschaft könne immer nur für Konsum und für einen wie auch immer zu definierenden Wohlstand sorgen, nicht aber für Lebensqualität. Den Schutz der Umwelt müsse der Staat durchsetzen. Die Umweltgesetzgebung der letzten 30 Jahre habe zwar schon zu erheblichen Eingriffen des Staates in die Marktwirtschaft geführt und die Investitionsentscheidungen der Unternehmen erheblich begrenzt, doch reiche dies noch längst nicht aus. Die Einführung von Umweltdelikten habe zwar den Katalog der Straftatsbestände enorm ausgeweitet, doch sei dies solange ungenügend, solange 80 Prozent der Waren nur mit umweltschädigenden und die Lebensqualität vermindernden Produktionsverfahren herstellbar seien. Das gelte auch für eine Reihe von Dienstleistungen wie beispielsweise den Lkw-Verkehr, der immer noch mit Benzin fahren dürfe.

Die Fraktionen verweisen auf eine Schweizer Studie, der zufolge von 60 ermittelten Sozialindikatoren 48 die Lebensqualität beeinträchtigten. Da die materiellen Grundbedürfnisse der Menschen in den reichen Industriestaaten längst befriedigt und die Märkte gesättigt seien, werde seit Jahrzehnten Unnötiges produziert, das die Umwelt schwer belaste. Man müsse darüber hinaus – der Antrag ist ja wahrhaftig der Sprung über den eigenen Schatten! – zwischen betriebswirtschaftlichem und volkswirtschaftlichem Nutzen unterscheiden. »Betriebswirtschaftliche Effizienz, die sich als Unternehmensgewinn niederschlägt, darf nicht länger Maßstab für volkswirtschaftlichen Erfolg sein. Da es auch in einer sozialen Marktwirtschaft nicht möglich ist, weil den in Wettbewerb stehenden Unternehmen nicht zumutbar, statt der kurzfristig berechenbaren Kosten eines Produkts auch dessen Folgekosten zu erfassen, um den volkswirtschaftlich tatsächlichen Preis festzusetzen, muß die Wirtschaftsstruktur so verändert werden, daß der Schutz der Umwelt nach Sicherung der materiellen Grundbedürfnisse absolute Priorität erhält. Die Zunahme des nach bisherigen Kriterien definierten Bruttosozialprodukts ist seit zirka 50 Jahren volkswirtschaftlich schädlich. Aus der Sicht der marktwirtschaftlich orientierten Wirtschaftstheorie und -praxis ist das Prinzip der Maximierung von Produktion und des Verkaufs rational, aus der Sicht der Erhaltung der Lebensbedingungen der Menschheit ist dieses Prinzip irrational.«

Das wird einen Aufstand geben! Die Lobbyisten aller Länder werden sich vereinigen und eine schlagkräftige Abwehrfront bilden! Hoffentlich begreifen die Bürger, was mit diesem Antrag ausgesagt ist: die Mehrheit der obersten politischen Autorität Europas gesteht ein, daß es um Kopf und Kragen geht, um die nackte Existenz, zumindest der nächsten Generationen. Ich hatte die Hoffnung bereits aufgegeben, daß eine politische Instanz von Gewicht noch die Energie finden würde, das fatalistische, von viel Gejammere und hektisch-halbherzigen Maßnahmen begleitete, aber ungebremste Dahintreiben tatsächlich wenigstens zu verlangsamen. Immerhin haben Grüne und Sozialisten im Europaparlament die Mehrheit, dazu in 14 der 20 VSE-Staaten. Daher könnte etwas daraus werden, wenn sie nicht von der eigenen Courage abgeschreckt werden. Nur müßten halt auch die USA mitmachen, die Japaner, die Asiaten, vor allem die Chinesen. Es müßte doch möglich sein, die Vernunft auch auf der globalen politischen Ebene zu organisieren. Die Probleme sind doch auch global!

Will mir die euphorische Stimmung nicht mit Zweifeln selbst verderben. Fürchte, daß sich Ernüchterung früh genug einstellen wird. Tina war jedenfalls baß erstaunt, als ich sie zur Begrüßung hochhob und kräftig im Kreise schwenkte. Dabei wurde uns beiden bewußt, wie selten solche Ausbrüche spontaner Freude geworden sind! Unser Bestreben, das Draußen von unserer Beziehung fernzuhalten, gelingt halt nicht immer. Sie als Lehrerin und ich als Journalist schleppen unsere Alltagserfahrungen vom Arbeitsplatz in die vier Wände. Wahrscheinlich unvermeidlich.

Dennoch mit großem Behagen im »Alten Rosenstock« zu Abend gespeist und eine epikureische Andacht mit zwei Flaschen »Winkeler Domdechaney« zelebriert. Tina schmollte

(»typisch Mann«), weil sie sich anschließend ans Steuer setzen mußte ...

8. MÄRZ 2020

Deprimierendes Medien-Echo auf den Antrag der Grünen und Sozialisten im Europaparlament! Daß die Wirtschaftslobby, die Liberalen und Konservativen aufschreien würden, war zu erwarten gewesen. Aber daß auch die Medien, die ständig nach wirksamerem Umweltschutz rufen und vorgeben, die Menetekel und Zeichen der Zeit erkannt zu haben, die einmalige, vielleicht auf absehbare Zukunft letzte Chance dieses Planes nicht erkennen, stimmt hoffnungslos. Natürlich, auch meine Zunft ist nur ein Abbild der Gesellschaft, wie konnte ich das , wenn auch nur für einen Moment, vergessen haben; natürlich, sie repräsentiert die verschiedenen Interessen, war nie eine Einheit, sollte es grundsätzlich auch nicht sein. Aber in diesem Falle, in dieser Existenfrage ja nicht einer Gruppe, eines Volkes, einer Denkrichtung, einer Glaubensgemeinschaft, einer Kultur, eines Kontinents, sondern der Menschheit, da fiele der Presse die Aufgabe zu, die Vernunft zu organisieren und zu artikulieren, den neuen kategorischen Imperativ: »Handle so, daß die Maxime deines Handelns die Existenzbedingungen auf dem Planeten Erde nicht gefährden!« Statt dessen diese Wenn und Aber, die letztlich zur Desorientierung beitragen.

Dabei war der Antrag der Grünen und Sozialisten keineswegs das Optimum des Notwendigen! Nach wie vor eine anthropozentrische Sichtweise: Die Lebensgrundlagen des Menschen sollen gesichert werden, es geht um unsere Lebensqualität. Die Natur wird nicht um ihrer selbst willen geschützt, sie steht keineswegs im Mittelpunkt, sondern immer noch der Mensch. Die Schöpfung ist auch hier keineswegs Selbstzweck. Wir sollen die Natur schützen, weil sie kaputtgeht, also wegen uns. Dieser große Rest an anthropozentrischer Hybris muß noch überwunden werden!

Die Medien werden dazu aber am wenigsten beitragen, sie sind keine gestaltende Kraft mehr, waren es wohl auch nie. Der Selbstanspruch, durch rationale und kompetente Kritik

Fehlentwicklungen vorherzusehen oder beizutragen, sie zu korrigieren: lächerlich! Nie eingelöste Selbstüberschätzung! Und dieses Versagen wird auch noch verfassungsrechtlich geschützt. Billiger hätten sich die Herrschenden nicht absichern können, freie Hand zu behalten. Die Zensur ist überflüssig.

14. MÄRZ 2020

Bürgerkrieg in Brasilien voll entflammt. In Sao Paulo stürmten Hunderttausende aus den Favelas die Innenstadt und nahmen mit, was nicht niet- und nagelfest war. Polizei und Militär machtlos. In Rio steht die Innenstadt in Flammen. Auch die Supermärkte in den Vororten geplündert.

Der Kampf wird sich aber auf dem Land entscheiden. Aufgebrachte Campesinos und Wanderarbeiter sollen in Minas Gerais und im Norden Hunderte von Haziendas besetzt und die Besitzer vertrieben haben. Der Militärkommandant von Recife weigert sich, seine Truppen auf die rebellierenden Massen schießen zu lassen. Massendesertionen. Teils grausame Exzesse: Gefangene Pistoleiros bei lebendigem Leibe verbrannt. Exzesse? Waren die Lebensbedingungen dieser Menschen etwa kein Exzeß? Sind die absaufenden Küstenzonen, ist die versalzende Amazonasmündung, in die der steigende Atlantik einbricht, kein Exzeß?

Bin sehr neugierig, wie rasch und unbürokratisch der flüchtende Geldadel in den EG-Staaten, wo er seine Milliarden deponiert hat, politisches Asyl finden wird. Die schwerreichen Ausbeuter bereiten ja auch keine Schwierigkeiten, weder werden sie auf den Arbeitsmarkt drängen noch mit dem Ankauf von Villen den Wohnungsmarkt belasten. Im Gegenteil, sie werden die Konjunktur fördern, wenn sie einen Teil ihres Reichtums hierzulande investieren. Sie werden daher auch keinen Ausländerhaß schüren. Mit anderen Worten, sie werden uns willkommen sein!

Stechen in der Brust, Ziehen im linken Arm. Wieder steht eine Nacht ohne Schlaf bevor.

20. MÄRZ 2020

Die Nachrichten aus Brasilien alarmieren die einen, die anderen stimmen sie hoffnungsvoll. Die EG-Regierungen sind »ernsthaft besorgt«, die USA »warnen«. Paradoxerweise hat ihr Druck auf die brasilianische Regierung, um die Rodung der letzten Reste des tropischen Regenwaldes am Amazonas zu stoppen, den Ausbruch der Revolution beschleunigt. Die ausgepowerten Campesinos, von den Pistoleiros der Großgrundbesitzer verjagt oder erschossen und um ihre Parzelle gebracht, konnten nicht mehr in den Urwald ausweichen, um sich ein Stückchen Land zu erschließen. So stieg der soziale Druck im Kessel, der jetzt explodiert.

Frühlingsanfang, dem Kalender zufolge. Anfang welchen Frühlings? 24 Grad, feucht-warm, die Rosen in voller Blüte wie schon seit Jahren. Für die Jüngeren normal, wir Älteren aber vermissen den »wahren« Frühling, die Jahreszeit des raschen Erwachens, der aufspringenden Knospen, des erst zögernden, dann unaufhaltsamen Aufbrechens von Lebenswillen. Die Zeit der neuen, herben, unbekannten Düfte, die Zeit der Sehnsucht.

26. MÄRZ 2020

Das Europaparlament nimmt das »Gesetz zur strukturellen Umwandlung der freien Marktwirtschaft in eine gesellschaftlich gestaltete korrektive Planwirtschaft« an. Die Mehrheit aber zu knapp, die Umbauphase – zehn Jahre – zu lang. Viele Sozialdemokraten bekamen kalte Füße, war nach dem Presse-Echo und dem Aufschrei der Lobby zu erwarten. Kompromisse, als ob man mit der Natur Kompromisse schließen könnte! Die kennt keine Kompromisse, sie ist kein Verhandlungspartner.

Die Hoffnung minimiert sich auf die Möglichkeit, daß dieses Samenkörnchen doch noch Wurzeln schlagen wird, auch wenn es längst zwölf geschlagen hat. Immerhin ist eine alternative Idee geboren, die einzige, die einen Ausweg weist.

Deprimierend, daß erst die Rechtsradikalen die Mehrheit

für den Antrag gesichert haben. Dies entwertet ihn nahezu total! Grauenhafte Koalition. Hat man das nicht vorhersehen können?

Wenigstens wird die FR die Rede des SPD-Abgeordneten Pierre Fornallaz dokumentieren: statt immer mehr umweltschädigenden Wohlstand durch überflüssige materielle Güter – Lebensqualität »erzeugen«. Neben sauberer Luft, reinem Wasser und giftfreiem Boden sollte das Wirtschaftssystem freie Zeit produzieren, damit der Mensch auch und gerade seine – bislang vernachlässigten – »immateriellen Bedürfnisse« befriedigen könne. Zeit hätten wir im Überfluß, wenn wir sie nicht mit unnötiger Arbeit und mit Konsum totschlügen. Freiheit für Selbstverwirklichung statt Gelderwerbs- und Konsumzwang und: Freizeitverbrauch! »Die empirisch-positivistische und analytische Denkart, die sich hauptsächlich aus dem naturwissenschaftlichen Weltbild der letzten Jahrhunderte ergibt, hat die Entfaltung des Menschen behindert. An dem Tag, an welchem der letzte Mensch auf dieser Erde sein Leben aushauchen wird, werden die Computer aller Wirtschaftsorganisationen höchste betriebswirtschaftliche Gewinne ausweisen. Spätestens an diesem Tag wird feststehen, daß diese Gewinne kein Maßstab für Lebensqualität waren!«

Auch solche Gedanken können also noch gedacht und ausgesprochen werden! Unter »immateriellen Bedürfnissen« versteht Fornallaz »die Vielfalt des Lebens erfahren«, »Entfaltung schöpferischer Schaffenskraft«, »Überwindung der Fesseln des heutigen Weltbildes«, »Öffnung zur Transzendenz«. Zu ergänzen wäre: Hinwendung zum Mitmenschen, Liebe geben und nehmen, Gefühle entdecken, Freunde suchen, kommunizieren, helfen, gegen Unrecht ankämpfen, sich für humane Zwecke engagieren. Statt sich mit immer mehr Information und Wissen zu begnügen: nach Erkenntnis streben und über Erkenntnis hinaus nach Weisheit. Öffnung zur Transzendenz. Qualität satt Quantität.

Doch sind wir nicht schon der unproduktive Charakter Erich Fromms? Orientiert am Haben und nicht am Sein? Der Typus Mensch, den das System braucht, um sich zu er[illegible] und zu reproduzieren? Egoistisch, hart, rücksichtsl[illegible] stungsstark, fleißig, unternehmensfreudig, risikobereit, zielorientiert, effizient, informiert, qualifiziert. Der gefühlskalte Fachidiot. Wird uns die Kraft der Erkenntnis noch zuwachsen?

Seltsam, daß wir computergläubigen Informationsfetischisten die Informationen, die wir über die Natur haben, ignorieren.

1. APRIL 2020

Geburtstag. Schon 53! Wo ist die Zeit geblieben? Wieviel bleibt noch? Der Gedanke an die Ende des Jahres anstehende Herztransplantation ist nicht zu verscheuchen. Gerade heute nicht. Mein ganz privater Tribut für das Produzieren von Wohlstand. Allerdings kein freiwilliger Preis. Bezahlt wird mit Lebensqualität. Mit meinem ganz realen Alltag bestätige ich die Theorie – und Hunderttausende mit mir. Mitläufer, Gestalter und Getäuschte. Aber doch auch Mitschuldige!

Dennoch ein schöner Tag. Sie haben mich mit einem Ständchen geweckt, Tina, Sylvie und Andreas. Mozarts »Im Frühlingsanfang«, eine jener musikalischen Köstlichkeiten, die sich in der Realität des 21. Jahrhunderts längst überlebt haben: »Erwacht zu neuem Leben, steht vor mir die Natur, und sanfte Lüfte wehen durch die verjüngte Flur...« Eigentlich ein Zynismus. Einst war der April der aufregendste Monat im Jahr. Voller Hoffnung und Sehnsucht. Trotz aller Rückschläge ging es aufwärts, unvermeidbar irgendwohin aufwärts, denn die Tulpen und Magnolien ließen sich durch nichts aufhalten.

Andreas drängte es dann, den Vater an seiner erworbenen Kompetenz teilhaben zu lassen. Der Junge geriet rasch ins Schwärmen, sein Studium hat ihn gepackt. Die Hoffnung, die eine verängstigte Menschheit vorab in die Gentechnik und Molekularbiologie investiert hat, wirkt bei den jungen Studenten als gewaltiger Motivationsschub: Man könne das Wachstum der Pflanzen schon heute verdoppeln, in Bälde sogar verdreifachen, und die meisten Nutzpflanzen obendrein auf kargen, bisher nicht oder nicht mehr nutzbaren

Böden prächtigst gedeihen lassen. Ganz ohne Düngemi weil sie ihre Nährstoffe selbst produzieren. Die Gene mache es möglich, kahlen Karst in rauschenden Forst zu verwandeln. An seinem Institut seien Gene von Disteln und Bohnen mit Erfolg in das Genom von Getreide- und Gemüsepflanzen eingebaut worden. Bald werde sich der Trend umkehren: Das Kohlendioxyd in der Atmoshäre werde abnehmen. Gleichzeitig werde man die Ernährungsbasis in der Dritten Welt sichern.

Ließ dem Jungen den Glauben. Den braucht er, auch wenn mich diese etwas unreflektierte Überzeugung doch leicht irritierte. Aber was soll ich ihn mit meiner Skepsis entmutigen. Vielleicht, hoffentlich! wird es tatsächlich so kommen. Die »gen-ethischen« Debatten sind vorbei. Die Genetik ist zum Strohhalm geworden, an den wir uns klammern. Geklonte Wälder, neue, fremdartige Pflanzen – Hauptsache, es wird Nahrung produziert gegen das große Sterben und Biomasse, die Kohlendioxyd schluckt.

Und der zivilisationsresistente Mensch! Mag auch der Preis für den erbgesunden – für den erbgenetisch reparierten – Menschen uns »Damaligen« zu hoch erscheinen, für die Jungen ist es nostalgischer Romantizismus, daher kein Thema. Mit der heutigen pränatalen Genomanalyse hätte es keinen Kant, keinen Hölderlin und Nietzsche, keinen Dostojewski und keinen Gustav Mahler gegeben. Sie wären alle als potentiell Kranke in fötalem Zustand abgetrieben worden. Leid und Schmerz sensibilisieren, die unerfüllbare Sehnsucht nach dem Normalzustand wird in Kreativität verwandelt. Das Abnorme und Kranke, wie hat es die Kulturentfaltung bereichert und vorangetrieben! Dagegen die triste Norm des Gesunden. Wie respektlos und unästhetisch. Ganz Gegenwart.

Sylvie wird mit ihrem Klavierspielen das System weder optimieren noch reparieren. Aber sie bietet Freude, die Fornallaz'sche Lebensqualität, jenen, die ihre Musik hören. Zum Beispiel mir. Kein Hüsteln und kein schweres Atmen, wenn sie spielt, kein Griff zum Luftspray. Ein kleines Wunder, wohl der entrückenden Konzentration zu danken, wie sie einem als heilende Kraft nur die Musik abverlangen kann.

Wenn die Kunst nur die Gebrechen der Welt heilen könnte! Der Selbstanspruch als ständig angebotene, aber nicht genutzte Möglichkeit. Alle Kunst entspringt dem ästhetischen Sensorium des Menschen, das sich aber aus der Natur entwickelt hat. Sie sagt, was harmonisch ist, was mit sich selbst eins ist, also was sein soll. Was aber sein soll, ist gleichzeitig das Gute. Platon nennt es die Idee.

Die Häßlichkeit der gestalteten Realität zeigt indes die Ferne von der Idee, mithin vom Guten, also von der Natur: statt Wälder Nutzholz, statt Tierhaltung Fleischproduktion, statt Bildung Wissen, statt Erkenntnis Information, statt Architektur umbauter Raum, statt Reisen Tourismus, statt Freizeit Freizeitverbrauch, statt Kunst Unterhaltung, statt Bedürfnisbefriedigung Konsum, statt Lesen Fernsehen; sogar die Zeit wird zu Geld und das Leben zum sinnlosen Zweck.

Platons Idee?

11. APRIL 2020

Die Justiz bekommt die Umweltkriminalität einfach nicht in den Griff. In den VSE jährlich 120 000 Fälle von Gewässerverschmutzung und 100 000 Fälle umweltschädigender Abfallbeseitigung. Aber nur in einem Viertel der Fälle wird Anklage erhoben. Die meisten Verfahren enden mit lächerlich geringen Geldbußen, Haftstrafen werden fast stets zur Bewährung ausgesetzt. Dabei werden, wie sich aus den Urteilsbegründungen und den staatsanwaltschaftlichen Ermittlungen ergibt, vier Fünftel dieser kriminellen Delikte bewußt oder sogar geplant begangen, in Kenntnis der Strafbarkeit und im Wissen um die Folgen.

Die widerrechtliche »Entsorgung« 100 Tonnen hochgiftigen Sondermülls wird so »hart« bestraft wie der Diebstahl eines Fahrrades: Geldstrafe, höchstens sechs Monate auf Bewährung. Angemessen wäre die Gleichstellung einer solchen Tat mit einem Tötungsdelikt, ergo mindestens acht Jahre Gefängnis.

Aber gäbe es denn eine Lösung, die nicht der Quadratur des Kreises gleichkäme? Letztlich sind alle diese umweltfreundlichen Vorschriften und Gesetze Augenauswischerei und Selbsttäuschung, solange dieses Industriesystem auf diese Unzahl gefährlicher Stoffe nicht verzichten zu können glaubt. Zwei Drittel aller Unternehmen, vor allem mittelständische, müßten Konkurs anmelden, wollten sie alle Auflagen des gesetzlichen Umweltschutzes erfüllen und damit die Kosten in die Kalkulation aufnehmen. Das System ist darauf angewiesen, daß Luft, Wasser und Boden, also die Existenzgrundlagen des Planeten, kostenlos, zumindest billig zur Verfügung stehende Produktionsfaktoren sind. Es existiert immer noch kein Verfahren, die Kosten ihres Verbrauchs und ihrer Zerstörung zu berechnen und auf die Preise für die Produkte umzulegen. Geschweige denn die Kosten, die von den künftigen Generationen zu bezahlen sein werden! Auf deren Kosten wir leben.

16. APRIL 2020

Die kommunalen Gartenämter beginnen wieder mit der kostenlosen Abgabe von Samen oder Setzlingen des Riesenknöterich. In unserem Wohngebiet ist die Anpflanzung obligatorisch, nachdem im letzten Jahr im Boden unzulässig hohe Dosen an Schwermetallen, vor allem Quecksilber, festgestellt worden waren. Wohnen seit Jahren auf Gift, enthalten in Schlacke und Bauschutt aus den achtziger Jahren. Für drei Jahre wird der Garten mit Riesenknöterich wuchern.

Wer hätte das gedacht: der Riesenknöterich, eine Wunderpflanze! Er ist mir wie ein guter Kamerad ans Herz gewachsen, seit ich um seine Fähigkeit weiß, giftige Schwermetalle aus dem Boden zu ziehen. Als würde er sich opfern wie ein Winkelried, denn anschließend muß er als Sondermüll beseitigt werden. Der Riesenknöterich, dein Freund und Helfer. Er läßt etwas von der zähen Regenerationskraft der Natur ahnen – für die Zeit nach uns.

19. APRIL 2020

Der Supereisberg treibt westlich von Island vorbei Richtung Süden. Forschungsstationen von 12 Staaten haben sich auf ihm eingerichtet. Erste Meßergebnisse zeigen, daß sich die Fließgeschwindigkeit des Grönlandeises in den letzten Jahrzehnten verdreifacht hat. Dieses Eis hätte erst in 70 bis 90 Jahren ins Meer gelangen dürfen, und dann zu wesentlich kleineren »Portionen«. Klimaerwärmung, Treibhauseffekt. Einer der vielen Beweise treibt also jetzt westlich von Island, und auf ihm sitzen Forscher, die redundante, überflüssig gewordene Ergebnisse sammeln. Quod erat demonstrandum.

21. APRIL 2020

Der Rechtsradikalismus nimmt offen faschistische Züge an. Er ist drauf und dran, den Konservativismus als politisch-geistige Bewegung aufzusaugen. Wären heute Staatswahlen in Deutschland, bekämen die Rechten ein Drittel der Stimmen, in Europa gar noch mehr. Frankreich, Spanien, Italien, aber auch Polen und Ungarn! Dieses Übel schwärt zäh seit 30 Jahren und droht nun offen auszubrechen. Es wird wieder heiß in Europa, wir werden uns warm anziehen müssen.

Gestern krochen die Ratten offen aus ihren Löchern: »Führers Geburtstag«. 75 Jahre ist es her, daß Gröhaz sich entleibte, doch der größte Henker aller Zeiten lebt und spukt fort, vergiftet auch dieses Jahrhundert. Man darf sich wieder offen zu ihm bekennen. Er wird zum Mythos, die Zeit heilt nicht nur Wunden, sie mildert auch das Verbrechen. Die Epoche verlangt nach der Gewalt als Lösung für alle Probleme, die die Vernunft nicht zu lösen vermag. Gewalt als Lösung und – wohl noch mehr – mysthische Erlösung aus Angst und Ohnmacht des unbewältigten Alltags, der zur Drohung gewordenen Zukunft. Und die Flüchtlinge werden zur Allegorie für diese Bedrohung. Die Faschistische Internationale, die Europa wirklich eint, also auch emotional und »geistig« und weltanschaulich? Ein Alptraum, der immer realistischer wird.

Noch ein kurzes Weilchen, und wir haben europaweit Zustände wie in der Weimarer Republik. Durchsatz an rechtsextremistischer Ideologie besonders bei der Polizei und an den Hochschulen besorgniserregend.

25. APRIL 2020

Sylvie sehr bedrückt, fast verzweifelt. Sie weinte. Clemens möchte Kinder haben – und sie hat ihm diesen Wunsch abgeschlagen. Vorerst jedenfalls. Die Zukunft der beiden bricht über sie herein. Es ist nicht mehr ihre Zukunft, kein Mensch hat mehr seine eigene gestaltbare Zukunft, über allen Zukunftsplänen – und Träumen – lastet das gemeinsame Erbe, unversöhnlich. Clemens' Wunsch ist so verständlich wie Sylvies Ablehnung berechtigt. Emotionalität, im Uralten verwurzelt, gegen Rationalität, Reflex der Moderne. Sollte einer von beiden nachgeben, wird er unglücklich sein. Und damit beide, als ob sie sich gleich trennen würden.

In dieser Existenzfrage wird kein Kompromiß mehr geduldet.

28. APRIL 2020

Antrag Frankreichs im Europaparlament, den Umweltschutz als Staatsziel der Vereinigten Staaten von Europa zu definieren und in der Präambel der Europäischen Verfassung an die Würde des Menschen zu koppeln. »Die Würde des Menschen ist unantastbar. Sie beruht auf einer intakten Natur als Existenzgrundlage allen Lebens. Schutz dieser Existenzgrundlagen und damit der Würde des Menschen ist oberstes Ziel allen politischen Handelns der Vereinigten Staaten von Europa.«

Großartig! Nach dem Beinahe-Super-GAU von Clermont-Ferrand vor zwölf Jahren und der eingesargten Altlast des Superphenix haben sie auch in Paris endlich begriffen, daß die Natur sogar die Grande Nation nicht braucht, wohl aber die Grand Nation die Natur. Wie üblich war der Preis für diesen Lernfortschritt verheerend hoch. Muß sich jedesmal ein Tschernobyl ereignen oder ein Zusammensturz der Endlagerstätte wie in Uralogorsk, ehe eine Lektion begriffen wird?

Was ist vernünftiges Verhalten? Für den Biologen und Evolutionstheoretiker ist die Antwort klar: Vernunft ist das Vermögen eines Lebewesens, sich in Einklang mit der Natur zu verhalten. Für den Indianer gibt es das Wort »Tier« nicht, sonder nur »vierbeinige Völker« – und das »zweibeinige Volk«, den Menschen. Alle Lebewesen sind eine Familie. Daher kann sich ein Tier nur vernünftig verhalten, es ist vernunftgesteuert. Auch wenn diese Vernunft determiniert ist, also ohne Freiheit. Aber was hat die Willensfreiheit gebracht?

Der Mensch hat diese Freiheit – als Preis für die Entfremdung von der Natur? Von der Vernunft der Natur? Freiheit als Widersacherin der Vernunft? Was aber wäre die Vernunft der Kultur? Handeln gemäß ihren Normen, ihrer Sitten und ihrer Ethik? Auch dieses Handeln wäre determiniert, eine Pflicht. Wo bliebe die Autonomie des Individuums, freiwillig und nach eigener Erkenntnis das Vernünftige zu tun? Kants Kategorischer Imperativ: »Handle so, als ob die Maxime deiner Handlung durch deinen Willen zum allgemeinen Naturgesetz werden sollte.« Autonomie ist, das Sittengesetz anzuerkennen, weil wir es uns selber geben und es selber wollen. Der selbstbestimmte Wille ist nach Kant die Absicht der Natur. Die praktische Vernunft.

Brillant, aber ein Zirkelschluß. Denn der Mensch hat zwei Naturen, eine biologische und eine kulturelle. Und wenn die in Widerstreit miteinander liegen, helfen der Kategorische Imperativ und das Sittengesetz nicht weiter.

Ausländerfeindlichkeit in Zeiten dumpfer Angst und psychischer Überforderung ist als Revierverteidigung biologische Vernunft, sie widerstreitet der kulturellen. Ökonomisches Erfolgsstreben ist kulturelle Vernunft, sie widerstreitet der ökologischen. Wenn ich also Ausländerfeindlichkeit und Erfolgsstreben ablehne, handle ich sowohl gegen die biologische als auch gegen die kulturelle Vernunft, gleichwohl vernünftig. Gibt es etwas, was höher ist als alle Vernunft? Eine dritte, eine Metavernunft, eine negative oder transzendentale?

Aber es gibt ja die biologische Vernunft: Liebe, Solidarität, Nähe, der Wunsch, glücklich zu sein. Und auch die kulturelle Vernunft: die Mühsal des Menschen zu lindern, Kreativität, Erkenntnis, Schönheit, Ästhetik. Somit wäre Vernunft dort zu erkennen, wo sich die biologische Vernunft und die kulturelle entsprechen. Dann aber bräuchten wir keine Öko-Ethik.

Das Dilemma des Menschen: Die biologische Vernunft ist auf vielfältige Weise in der Kultur unzweckmäßig geworden, und die kulturelle Vernunft hat sich gegenüber der biologischen immer wieder geirrt, weil das Normensystem und damit der Konsens über das sittlich Gute eine Kategorie der Geschichte sind. Es kann daher den Kategorischen Imperativ nicht in der Kantischen rationalen Form geben.

1. MAI 2020

Tag der Arbeit. Der vierte Orkan dieses Jahres rast über Mitteleuropa hinweg. Alarm an der Nordsee- und Atlantikküste. Wieder ducken sich die Niederländer hinter ihre Deiche, beten die Friesen, daß die Bollwerke halten. Werke menschlicher Arbeit schützen vor dem Ergebnis menschlicher Arbeit.

Wir sind zu tüchtig, zu effizient, die Wirkungen unserer Arbeit: betriebswirtschaftlich glänzend, nationalökonomisch zu kostspielig, gobalwirtschaftlich verheerend. Daher müssen wir uns jetzt gegen die Natur verschanzen.

Diese unentrinnbar-fatale Dialektik. Das wissenschaftlich-technische Zeitalter erzwingt eine chronische Debatte über das »Bildungssystem«. Was ist Bildung? Niemand vermag es zu definieren. Der kleinste gemeinsame Nenner: Bildung ist der Kanon an Kenntnissen und Fertigkeiten, die eine Orientierung innerhalb der technisch-wissenschaftlich gestalteten Kultur ermöglichen. Diese Kenntnisse sind zu vermehren, die Fertigkeiten zu steigern. Doch damit erhöht sich auch die Fähigkeit, die Natur und ihre Ressourcen effektiver und erfolgreicher auszubeuten. Bildung als Befähigung zur Erkenntnis? Zur Reflexion? Zur Ästhetik? Zur Weisheit? Das können wir uns nicht leisten, obwohl uns der Erfolg dieses Bildungssystems umbringt.

7. MAI 2020

Die Baumgrenzen sind in Europa in den letzen 25 Jahren um 320 Kilometer nach Norden gewandert. Fichte, Buche und Eiche haben den Apennin und die Abruzzen fast gänzlich verlassen. Dafür am Bodensee und Niederrhein schon mannshohe Palmen und Agaven. Die Klimaänderung verläuft dreimal schneller, als in den neunziger Jahren berechnet. Es gibt die unberührte Natur nicht mehr, nirgendwo.

Die Vereinten Nationen setzen die Verhaftung des indonesischen Staatspräsidenten und des Wirtschaftsministers durch. Endlich! Diese Typen, diese Verbrecher haben die letzten Regenwälder auf Borneo niederschlagen lassen – trotz der internationalen Proteste. Genauso mitschuldig freilich Japan und das Kartell der europäischen Holzimporteure, die die indonesische Regierung bestochen haben. Die indonesischen Regenwälder sind zu Lampions, Regenschirmen und Einwickelpapier verarbeitet worden. Sie verrotten – entsorgt – auf den Müllkippen Japans und Europas.

12. MAI 2020

In Brasilien hat das Volk gesiegt! Regierung und Armeeführung nach Kolumbien geflüchtet. Massenexodus der Eliten. Jetzt muß Europa der neuen Volksregierung helfen, gegen die Bedenken der USA! Strukturreformen müssen durchgesetzt werden. Demokratisierung aller Bereiche, die Massen selbst über ihre Bedürfnisse entscheiden lassen, in Einklang endlich mit dem schwer getroffenen Land. Das Land ist reich, könnte trotz der katastrophalen Umweltschäden die 240 Millionen Menschen immer noch ernähren, aber es braucht Kapital, braucht Know-how. Europa muß die geschätzten 140 Milliarden Dollar Fluchtgelder enteignen und rücktransferieren, der Volksregierung zur Verfügung stellen als Startkapital. Jetzt wird sich zeigen, ob den schönen Worten auch Taten folgen werden. Die Regenwälder retten, Aufforstungsprogramme durchsetzen. Das Schicksal Brasiliens ist auch unser Schicksal. Hilfe ist Eigennutz, keine Großzügigkeit. Die Ausbeutung durch die Multis muß aufhören! Brasilien und der ganze lateinamerikanische Kontinent müssen aus den Verflechtungen der Weltwirtschaft herausgelöst werden.

Das Europaparlament lehnt es ab, wieder eine intensive, auf Chemikalien gestützte Landwirtschaft zuzulassen. Man könne den Hunger in der Welt nicht dadurch bekämpfen, daß die Umwelt in den Erzeugerländern zerstört wird, heißt es aus Straßburg.

Nach Ende der diesjährigen Aussaat werden 34 Prozent der landwirtschaftlichen Fläche in den VSE nach den Methoden des integrierten Pflanzenschutzes bebaut. Ein erster Schritt, endlich, längst überfällig. Kartoffeln und Getreidesorten sind genmanipuliert, schädlingsresistent und raschwachsend, Stickstoff freisetzend, selbstdüngend. Statt Chemikalien Pilze und Bakterien für die Schädlings- und Unkrautbekämpfung. Gezielter Einsatz von Nützlingen gegen Schädlinge, ohne diese auszumerzen. Auch Schädlinge sind nützlich! Sorgfältige Beachtung für die Entstehung vernetzter Biotope. Der Acker soll als Ökosystem behandelt werden. Der Einsatz von chemischen Pestiziden und Herbiziden soll auf 20 bis 30 Prozent gesenkt werden. Statt dessen Bio-Herbizide. Das verringert die Investitionskosten erheblich, und die Bauern verdienen mehr, auch wenn der integrierte Pflanzenschutz die Erträge – noch – um etwa 20 Prozent vermindert.

Das aber ist der lebenswichtige Anteil, den wir in die Dritte Welt liefern, um den Hunger zu lindern. So weit sind wir also: Jede Lösung wird fragwürdig, weil sie gravierende Nachteile hat. Die Alternative verschwindet, damit auch die Chance des radikalen Wandels.

Tina nach der Korrektur der Klassenarbeit ziemlich deprimiert. Die Klasse nahm das neue Unterrichtsfach Umweltschutz zwar begeistert an, hat aber erhebliche Probleme, aktiv mitzuarbeiten. Passive Mentalität trotz großer Bereitschaft, Informationen aufzunehmen. Zum Thema »Regional handeln, global denken – Umweltschutz fängt zu Hause an« wußten zwei Drittel kaum etwas zu sagen.

Die integrative Kraft des Systems. Wenn schon nicht Zustimmung, dann wenigstens resignative Hinnahme.

24. MAI 2020

Verzweiflung bei den Winzern im Rheingau: Für den Riesling wird es zu warm. Die Rebenblüte ist abermals kümmerlich ausgefallen. Der Riesling verabschiedet sich – nach 1500 Jahren. Mit ihm eine Kultur. In Zukunft also Rüdesheimer Chianti. Prost! Dafür bald der »Rauentaler Baiken« am Hardanger Fjord?

30. MAI 2020

Die verheerenden Erdrutsche in den kolumbianischen und peruanischen Anden halten an. Grausige Erinnerung an damals vor 20 Jahren, an die Katastrophe in den Alpen. Die Gletscher schmelzen, als kochten unter ihnen Vulkane. Der El Nino hat sich offenbar etabliert, er wird zum Golfstrom der südlichen Halbkugel. Der Humboldt-Strom ist fast verschwunden, ganz nach Süden in die Antarktis abgedrängt. In dieser warmen Brühe kaum noch Fische. Und mit dem Fischer ein traditioneller Beruf ausgestorben. In Lima jetzt schon ganzjährig Nebel. Feuchtheißes Waschküchenklima, das die Hänge der Kordilleren hinaufkriecht. Die Götter der Inkas sind geflüchtet.

Der Amazonas überflutet jetzt fast 20 Prozent der Fläche Brasiliens.

Gleichzeitig freilich eine böse Entdeckung: Die Höhen- und Bergwälder der Anden haben ihr Wachstum eingestellt, regenerieren sich schon seit 20 Jahren nicht mehr. Auch dieser Tod kommt aus dem Norden.

4. JUNI 2020

Langes Gespräch mit Sylvie und Clemens. Erschütternd. Hatte plötzlich eine paranoide Vision. Es standen tatsächlich Kinder um den Tisch, schemenhaft, die Kinder der beiden, die stumm zuhörten und uns traurig anblickten. Ich aber wußte ihre Traurigkeit nicht zu deuten: Waren sie traurig, weil sie nicht zur Welt kommen durften – oder weil sie zur Welt kommen sollten?

Clemens nahm keine Rücksicht auf Sylvie, die sich in Hustenkrämpfen wand – und ich hielt ihn nicht ab. Er sah in mir so etwas wie einen Hauptgegner und versuchte, sie von mir fortzuzerren: Ihre Zukunftsangst sei Ergebnis meiner fatalen Skepsis, der Zweifel eines überinformierten Journalisten, der mit seinem Pessimismus anderen ihren Lebensmut und ihren Lebenwillen raube. Ich hätte mein Leben gelebt und meine Zukunft hinter mir, das täte ihm aufrichtig leid, aber ich sollte den Hoffnungen der nachfolgenden Generation mit etwas mehr Verantwortung gegenübertreten, ihr Recht auf Zukunft respektieren.

Mehr Verantwortung zeigen! Das saß. Seltsamerweise setzte ich mich nicht sonderlich zur Wehr, der Anflug von Zorn erstarb rasch. War ziemlich ratlos, konnte mir Clemens' exaltierte, aber irgendwie doch kraftvolle, leidenschaftliche Argumentation nicht erklären: Verdrängung und Überoptimismus aus nicht eingestandener Angst? Oder elementarer Lebenswille, der seine Bestätigung in künftigen Kindern sucht? Diese Bestätigung würde freilich auch uneingestandene Angst erfordern. Aber was soll dieses Diagnostizieren: Der Junge meinte es ernst, er formulierte das, was seinem Leben Sinn geben könnte.

Sylvies Krankheit und die Krankheit so vieler Kinder, das wachsende Risiko der Neugeborenen wollte er nicht gelten lassen. Jede Generation habe ihre Probleme und müsse mit ihnen fertigwerden. Sie werde sie aber niemals lösen können, wenn sie sich selber aufgebe. Ob wir uns im klaren seien, was der Verzicht auf Kinder, auf Nachkommen bedeute? Das freiwillige Todesurteil der Gattung Mensch. Der kollektive Selbstmord. Gerade ich, der ich immer wieder evolutionstheoretisch argumentiere, müßte eigentlich wissen, daß dies ein beispielloser Akt in der gesamten Natur wäre. Keine Art habe sich jemals freiwillig aufgegeben, die Arterhaltung sei – meinen eigenen Worten zufolge – der einzige Zweck der Evolution. Der freiwillige Verzicht auf Nachkommenschaft aufgrund von Zukunftsangst und Pessimismus sei auch nicht zu vergleichen mit den Sterilisationsmaßnahmen in der Dritten Welt. Die geplante Begrenzung der Bevölkerungsexplosion sei ein Akt der Notwendigkeit, also der Vernunft.

Bedauerlich, daß er gegen den Protest der Betroffenen durchgesetzt werden müsse, aber gerade dieser Protest sei eine gesunde, kreatürliche Reaktion. Es sei ein Unterschied, ob man einen wuchernden Baum zurückstutze, der sonst an Platzmangel einginge, oder ihn eingehen lasse.

Sylvies Protest war still und tonlos. Während er mich an den Rand meiner Fassung brachte, schüttelte Clemens nur unentwegt den Kopf. Sie habe sich oft gewünscht, nicht geboren worden zu sein. Ja, sie habe uns, ihren Eltern, insgeheim sogar oftmals den Vorwurf gemacht, nicht an sie, die Ungeborene, gedacht zu haben. Wir hätten ja die Risiken gekannt. Schon damals sei fast ein Fünftel aller Kinder krank zur Welt gekommen, heute mehr als ein Drittel, nahezu die Hälfte. Bei drei Kindern sei das Risiko für eines fast schon Gewißheit.

Nur die Liebe, die sie erfahren habe, und die gemeinsame Zeit mit ihrem Bruder hätten letztlich ihre Vorwürfe allmählich verstummen lassen.

Dennoch sei ihr Leben ein vielfältiges Verzichten gewesen, nicht nur der Verzicht auf Gesundheit, sondern der Verzicht auf alles, wofür Gesundheit Voraussetzung ist. Und das sei viel, so viel, daß es sich ein Gesunder nicht vorstellen könne. Es sei der Verzicht auf den Alltag des Normalen, des nicht Erinnert-Werdens durch die Krankheit. Es möge ja sein, daß ihr die Krankheit Bereiche erschlossen habe, die als Selbsterfahrung und Erfahrung mit der Welt wichtig seien, es sei vielleicht auch richtig, daß sie weniger Zukunftsangst habe als andere, Gesunde, weil sie irgendwie weniger zu verlieren habe, aber er, Clemens, müsse doch verstehen, daß es über ihre Kräfte ginge, wenn sie ihre Erfahrungen an eigenen Kindern noch einmal nacherleben müßte.

Und schließlich: Sie wünsche ihm, ihrem geliebten Clemens, nicht die Zweifel, die Selbstvorwürfe, die Sorgen und die Ängste, die ihre Eltern um sie auszustehen gehabt hätten. Sie verstünde Clemens' Wunsch nicht nur, sie werde selbst von tiefer Sehnsucht nach Kindern geplagt, was er ja auch wisse. Nichts sei in seiner Perversität schmerzlicher, als wenn sich der Mutterinstinkt gegen diesen Wunsch entscheiden müsse, gerade weil er so stark sei.

Ich fragte Sylvie, ob es nicht leichter wäre mit dem Ertragen des Risikos, wenn ihr künftiger Mann und Lebenspartner so ohne jeden Selbstzweifel und so aufrichtig Kinder wünsche. Man könne ja mögliche Erkrankungen bereits intra-uterin feststellen und dann weitersehen. Ziemlich hilfloser Einwand, aber letztlich führte er weiter. Sylvie bat um ein Ende des Gesprächs, weil sie neu darüber nachdenken wollte.

Ist der Graben zwischen den beiden unüberbrückbar? Tina teilt meine Sorge nicht, daß Sylvie zeitlebens unglücklich werden würde, wenn sie ein krankes Kind zur Welt brächte. Liebe und Fürsorge würden letztlich alle Zweifel verjagen, so wie es ja auch bei uns der Fall gewesen sei. Oder könnte ich mir vorstellen, es gäbe Sylvie nicht?

Nein, natürlich nicht, aber geht es um mich, um uns? Tief betroffen von der überfallartigen Ehrlichkeit Sylvies, als sie von ihrer Verzweiflung unseretwegen sprach. Sie wäre gegenüber ähnlichen Vorwürfen eines ihrer Kinder ungleich sensibilisierter, und der Vorwurf eines Kindes wäre gerade ihr gegenüber ungleich gewichtiger: »Wer, wenn nicht du, hätte es nachempfinden können. Müssen?«

Es dämmert, die erste Amsel hat bereits den neuen Tag ausgerufen, der zweite Herold schon geantwortet.

Wer mir jetzt einen Rat geben könnte.

12. JUNI 2020

Die Vereinten Nationen appellieren unter dem Druck der USA und der VSE an die zentral- und nordafrikanischen Staaten, den Elendsmarsch auf Europa endlich zu stoppen, ihn zumindest nicht mehr zu unterstützen. Das Unternehmen sei aussichtslos und werde nichts bewirken, außer daß sich die Zahl der bereits 30 000 oder 50 000 Verhungerten und Verdursteten vervielfache.

Eine der Spitzen des Zuges hat Timbuktu erreicht, der andere quält sich von Süden her durch Algerien und Marokko Richtung Tanger. Die täglichen Satellitenfotos zeigen die Gruppen und Grüppchen, die diese endlosen Trecks bilden, sich aber unerbittlich und mit einer unheimlichen

Kraft vorwärtsschleppen, die letzten Ressourcen aus sich selbst und aus dem Land ziehend, durch das sie kriechen. Die fundamentalistischen Regime Algeriens und Libyens haben sich bereit erklärt, die halbe Million Menschen mit Lastern durch die Wüste und über den Atlas nach Tanger zu transportieren. Sie weisen den UN-Appell zurück, denn das Anliegen der Massen sei gerecht. Allah wolle es so. Die Europäer hätten den afrikanischen Kontinent zerstört und ihn unbewohnbar gemacht, da sei es nur recht und billig, daß sie die Entwurzelten auch aufnehmen. Die islamischen Mullahs wenden sich an die christlichen Lateinamerikaner, ihrem Beispiel zu folgen und ebenfalls nach Norden zu marschieren, über den Rio Grande in die Vereinigten Staaten und weiter nach Kanada. Heimat sei nicht nur ein Stück Land, man müsse auf ihm auch leben können, um die Gräber der Väter zu pflegen und Kinder großzuziehen.

Ein beispielloser Protest! Noch nicht dagewesen in der Geschichte. Die Invasion des Elends. Unbewaffnete Bettler rüsten zum Sturm auf die waffenstarrenden Paläste der Reichen. Marokko und Tunesien machen gute Miene zum bösen Spiel, was bleibt ihnen auch anderes übrig. Es wäre ein Wunder, wenn sie dieses Drama als Staaten unbeschadet überstünden.

Die Vereinten Nationen gespalten, handlungsunfähig. Sie repräsentieren ja fast ausschließlich die Eliten in der Dritten Welt, denen vor den eigenen Völkern graut. Das Beispiel Brasilien hat es erneut ans Tageslicht gebracht. Was sich als Anspruch der Dritten Welt manifestiert, ist das Bestreben der Eliten, ein möglichst großes Stück vom globalen Kuchen zu ergattern. Die eigenen Völker sind ihnen egal. Das Elend hat zwei Ausbeuter: die eigenen Eliten und uns, die Reichen der Ersten Welt.

Nach vertraulichen Informationen überlegen die VSE, die in Tanger und anderen nordafrikanischen Häfen liegenden Schiffe vorab zu versenken, um ein Übersetzen nach Gibraltar oder nach Sizilien zu verhindern. Grauenhafter Gedanke, daß die mit Menschen vollgepferchten Schiffe auf See torpediert würden.

Renaissance der alten NATO als Weltpolizei, um die Interessen der Industriestaaten zu sichern. Die Vereinten Nationen, unsere bewährten Handlanger, werden der Aktion ohne Zweifel wieder das Alibi verschaffen und den »Oberbefehl« übernehmen, damit guten Gewissens geschossen werden kann. Und die Bundeswehr: Wird auch sie wieder mitmachen, wird sie auch unter einer sozialdemokratisch-grünen Regierung wieder schießen? Kommt der große Konsens, den die Angst gebiert? Europa, das gemeinsame Vaterland, fühlt sich bedroht, ein Feind ist aufgetaucht, wenn auch ohne Waffen. Aber hungrige Massen können ein schlimmer Gegner sein. Hunger ist eine wirksame Waffe, wenn nichts mehr zu verlieren ist.

60 000 Mann der Task Force nach Südspanien verlegt, 35 000 nach Sizilien und Malta, dazu Marine-Einheiten und Luftwaffe. Spanien und Italien, die »das Problem« auch allein lösen könnten, legen verständlicherweise Wert auf eine gemischte Truppe, an der sich auch die Osteuropäer zu beteiligen hätten. Sie wollen sich die Hände nicht allein schmutzig machen. Die Verantwortung für das möglicherweise unvermeidliche Gemetzel wollen Madrid und Rom nicht alleine tragen.

16. JUNI 2020

Der »Krieg« in Europa bereits in voller Schärfe entbrannt. Die Fronten sind unübersichtlich, verlaufen quer durch homogene Parteien und Organisationen. Interessantes psychisches Phänomen: einige hunderttausend halb verhungerter Schwarzer stürzen Europa in tiefe Bedrohungsängste, Angst vielleicht vor einer großen, gerechten Vergeltung. Die Vergeltung könnte darin bestehen, daß sie uns zwingen, das Werk doch zu vollenden und sie auch physisch zu töten. Die drohende Unmittelbarkeit der Tat, das Blut Wehrloser, Unbewaffneter zu vergießen, schreckt uns. Die Millionen Opfer, die der Reichtum Europas gekostet hat, waren eine indirekte Konsequenz, insofern mußten sie nicht wahrgenommen werden.

Die Rechtsradikalen und Nationalisten rufen schon zur großen Abwehrschlacht auf. Zehntausende werden sich als Freiwillige melden, um das fremde, schwarze, dreiste Pack ins Meer zu werfen und wie Ratten zu ersäufen, Linke, Liberale und Grüne gleich mit. Warum beschwören Krisensituationen immer wieder die Gefahr des Faschismus herauf? Warum statt des Disputs und der geistigen Auseinandersetzung der rasche Ruf nach der starken Faust? Im Zeitalter der totalen Kommunikation, der unbegrenzten Verfügbarkeit über Information. Weil sie Entscheidungen nicht ersetzen. Die gesellschaftliche Realität ist zu komplex und undurchschaubar geworden, Forrester, Galbraith, Hayek haben recht. Unbegreifbare Realitäten aber schaffen Angst – und Angst verlangt nach der Tat. Unsere intellektuellen Kapazitäten und unser sinnlich-emotionales Sensorium bewältigen die gesellschaftliche Realität nicht, unser evolutionärer Entwicklungsstandard genügt nicht mehr, die Welt zu managen, die wir selber geschaffen haben. Wir stehen vor der gesellschaftlichen Realität wie der Frühmensch vor der unbegriffenen Natur: hilflos. Aber auch die Natur bleibt unbegriffen, fremd, feindlich, »fremdenfeindlich«. Wir haben sie nicht in den Griff bekommen. Unsere Informationen setzen uns instand, zu verstehen, warum dieser Planet stirbt, sie haben uns aber nicht befähigt, dies zu verhindern.

Das Zeitalter der totalen Information und unbegrenzten Kommunikation gebiert als logische Folge die Irrationalität als Massenphänomen. Orientierung und damit zielgerichtetes Handeln bedürfen der Erkenntnisfähigkeit, nicht der totalen Information.

Auch Irrationalität und Massenwahn bringen freilich konsequente Verhaltensmuster und Handlungsziele hervor. »Schlagt sie zusammen!« – Aufruf eines NSDAP-Plakates von 1932: klare, eindeutige, Identifikation stiftende Aussage. Wenn der Faschismus dieses Mal wieder siegen sollte, dann wird er in ganz Europa triumphieren. Dann wird sich die weiße Rasse Platz schaffen auf dieser Erde, dann wird ein brutaler, banaler Polit- und Sozialdarwinismus alles erstikken, was seit Buddah, Sokrates, Christus und Kant an Orientierung für menschliches Handeln zu geben versucht wurde.

Der unheimliche Rückfall in das Verhalten der Jägerhorde: entweder wir oder sie. Also sie! Pardon wird nicht gegeben. Aber ist dies verwunderlich? Diesem Trieb verdankt sich schließlich der Mensch selbst. Mord und Totschlag waren die stärksten Stimuli für die Menschwerdung. Jetzt wird sich das Recht des Stärkeren durchsetzen – und das gehört uns. Aber das wird diesmal nicht genügen.

Das grausame, ungerechte Paradox: Es ist der Weiße, der sich an die Bedingungen der Natur nicht anpassen konnte. Aber er wird der letzte sein, der verschwindet, zuvor wird er die zum Verschwinden bringen, die sich hätten anpassen, die hätten überleben können. So war es immer seit den Kreuzzügen. Viele Siege, am Ende aber die Niederlage.

22. JUNI 2020

Die Zensur für Umweltdaten bleibt weiterhin im VSE-Raum bestehen. Wir Journalisten dürfen zwar unseren Code behalten, der uns Zugang zu den Datenbanken erlaubt, aber veröffentlichen dürfen wir nur von Brüssel gefilterte Informationen. Statt INAUM-1 eben INAUM-2. Die Veröffentlichung dieses Tagebuches würde mir zehn Jahre Gefängnis einbringen (sofern ich einen Verleger fände).

INAUM-1 entnehme ich, daß sich die Prognose von George Woodwell aus den späten achtziger Jahren zur Gewißheit erhärtet: Die Klimaerwärmung hat die Atmung der Pflanzen beschleunigt, so daß sie mehr Kohlendioxyd freisetzen als durch die Photosynthese verbrauchen. Das mache sich vor allem in den nördlicheren Breiten bemerkbar, wo der Schock der Erwärmung stärker ist. Theoretisch könnte zwar die absterbende Vegetation der nördlichen Breiten durch besser angepaßte tropische und subtropische Pflanzen ersetzt werden, aber die Unmengen verfaulenden Holzes, verbunden mit einem früheren und häufigeren Abwurf der Blätter, setzten in einem bislang weit unterschätzen Maße CO_2 frei, vermutlich 45 Milliarden Tonnen pro Jahr – die dreifache Menge des Ausstoßes von 2011, dem Rekordjahr der Luftverpestung. »Ich vermute, daß durch die Erwärmung der Erde auch der Zerfall organischer Materie beschleunigt wird«, schrieb Woodwell vor 35 Jahren. Und er prophezeite weiter, daß sich immer Wissenschaftler in genügender Zahl finden werden, die schlüssig nachweisen, daß das Baumsterben nicht auf die Luftverschmutzung zurückzuführen sei, sondern – leider – auf den Borkenkäfer. So wie es ja auch eine Erfindung der linken Weltverbesserer sei, zu behaupten, die Menschen in der Dritten Welt stürben Hungers, wo sie doch, wie aus den Statistiken zweifelsfrei hervorgehe, an Ruhr, an Würmern und anderen ansteckenden Krankheiten dahingerafft würden. Nur daß für diese Krankheiten der Hunger die Ursache ist, so wie für den Borkenkäfer die Luftverschmutzung und Erderwärmung – und diese letztlich auch für den Hunger –, unterschlagen sie. Auf so primitive Art und Weise lassen sich auch die Medien für dumm verkaufen – und die Politik greift diese Scheinargumente begierig als Entlastung auf.

24. JUNI 2020

Das produzierende Gewerbe und die Touristik werben nicht mehr mit der Sonne. Deren Image hat sich drastisch verschlechtert. Keine sonnengereiften Früchte mehr, die Sonne ist nicht mehr im Wein, die Waschmittel verzichten auf »Sonnenstrahlkraft« und die Urlaubsflüge »in die Sonne« werden eingestellt.

Da der Ozonschild uns die aggressive Sonnenstrahlung nicht mehr vollständig vom Leib halten kann, fällt die Sonne als Kronzeuge und Gütesiegel für die Werbung aus. Wer möchte schon bei ihrer Erwähnung an Hautkrebs denken müssen.

26. JUNI 2020

Mainzer Medientage, einmütiger Ruf nach Abschaffung von INAUM-1. Fort mit der Öko-Zensur durch Brüssel! Wir wollen wieder den Flugzeugabsturz vermelden dürfen und nicht berichten müssen, daß heute wieder alle Flugzeuge erfolgreich gelandet seien. Den Absturz wieder Absturz nennen und nicht »finale Landung« sagen müssen. Die Medien hätten schließlich eine andere Funktion als die des Tanzorchesters auf der »Titanic«, das Wiener Walzer spielte, während das Schiff sank.

Resolution einstimmig angenommen, mal sehen, wie sich Verleger und Intendanten verhalten werden. Vermutlich wird sich wenig ändern, denn das Publikum, die Leser, Zuschauer und Hörer, wollen die Wahrheit über den genehmigten, unvermeidlichen Rahmen hinaus nicht lesen, sehen, hören. Das Genehmigte ist ja schon schlimm genug und zerrt an den Nerven. Verdrängung, sonst wäre das Leben unerträglich, im übrigen hoffen, daß alles sich irgendwie einrenken werde, zumindest solange man am Leben ist. Danach die Sintflut.

Zweifle allerdings, ob das Orchester auf der sinkenden »Titanic« die Passagiere wirklich beruhigen oder gar ablenken konnte. Immerhin soll es eine Panik verhindert haben.

3. JULI 2020

Als habe die Welt ein Keulenschlag getroffen: Die Karibikstaaten erwägen, ihre staatliche Souveränität aufzugeben und sich faktisch aufzulösen. Die Verwüstungen der letzten Hurrikane – »Ronald« tobte vor 14 Tagen als neunter Wirbelsturm über Westindien hinweg – ließen eine geordnete Staatlichkeit nicht mehr zu. Die Schäden könnten auf Dauer nicht mehr beseitigt werden, die Staaten seien überfordert und am Ende ihrer Möglichkeiten. Die Ressourcen reichten für eine dauerhafte Regeneration nicht aus. Kuba, Jamaika, die Dominikanische Repubik, Haiti und die Bahamas wenden sich an die UNO sowie die Organisation Amerikanischer Staaten um Hilfe. Die »Bruderstaaten« sollen eine Aufnahme der Menschen aus der Karibik ins Auge fassen, da eine menschliche Existenz in dieser Region nicht mehr möglich sei. Die landwirtschaftliche Produktion sei nahezu zum Stillstand gekommen, da die Strukturen auf dem Land weitgehend zerstört seien und für einen Wiederaufbau keinerlei Perspektiven bestünden. Aber auch See- und Flughäfen seien auf Dauer nicht mehr benutzbar. Der Tourismus sei faktisch schon vor zehn Jahren zum Erliegen gekommen. Die paar tausend Perverse, die des Thrilling wegen in die Karibik kämen, um einen richtigen Orkan als Freizeitspaß zu erleben, fielen nicht ins Gewicht und wögen die Verluste nicht auf. Man müsse davon ausgehen, daß die Wirbelstürme zu einer Dauererscheinung geworden seien, unabänderlich aufgrund der dramatisch sich wandelnden Luftdruckverhältnisse über dem Atlantik. Die Lage sei katastrophal und hoffnungslos. Die Regierungen verfügten nicht mehr über die Fähigkeit, der sich häufenden Unruhen und Plünderungen Herr zu werden. Die Instabilität drohe zum Chaos auszuarten. Somit sei das wichtigste Merkmal staatlicher Souveränität entfallen.

Daher sei jetzt die Solidarität der internationalen Staatengemeinschaft gefordert. Die Regierungen der karibischen Inselstaaten erwarteten, daß sich die UNO und die OAS anders verhalten würden als Frankreich, das sich geweigert habe, Auswanderungswillige von den Französischen Antillen aufzunehmen, obwohl es sich um ein französisches Departement, also Staatsgebiet, handele.

Die Medien in aller Welt reagieren entsetzt. Trotz der verstörten Kommentare lastendes Schweigen in jedem Winkel der Erde. Die ersten Staaten kapitulieren! Ein Präzedenzfall und – wie oft habe ich die Formulierung in diesem Tagebuch schon gebrauchen müssen: ohne Beispiel in der Geschichte der Menschheit! Ein Teil der Menschheit, vielleicht der fröhlichste, unbeschwerteste, gibt sich auf. Resigniert. Das Ende der Geschichte wird jedermann vor Augen geführt. Die Zukunft hat uns eingeholt.

Und dennoch, der bitterste Rest ist noch nicht getrunken: Wenn der letzte Staat auf diese Weise kapituliert haben wird, wird sich gleichwohl nichts geändert haben. Man kann wohl ein anderes Plätzchen im Raumschiff Erde suchen, aber man kann es nicht verlassen.

Trotz allem, wenngleich dumpfen Gefühls, mit Sylvie die lange geplante Dampferfahrt in den Rheingau gemacht. Die Weinberge, mit metallbedampftem Plexiglas überdacht, das die Sonnenstrahlung reflektieren und die Temperaturen um jene drei bis vier Grad senken soll, die für den Riesling zuviel sind. Fremdartiger, absurder Anblick.

Das graue, kahle Gemäuer der Burgruinen, die hohlen Fenster wie blinde Augen. Kaum vorstellbar, daß hinter diesem toten Stein alle »unsere« Gefühle von Menschen durchlebt und durchlitten worden sind. Mit sehr viel Gier und sehr viel Angst. Aber außer diesen Ruinen ist nichts auf uns überkommen. Die, die dort oben oder unten in den Tälern gelebt haben, sind einfach verschwunden, haben anderen Generationen Platz gemacht. Leidlich gute Erblasser! Wir dagegen werden nicht verschwinden. Wir bleiben den nachfolgenden Generationen präsent, als Usurpatoren und Zerstörer ihres Erbteils. Wir machen ihnen mit unserem Abgang noch lange nicht Platz.

Kurz vor dem zur Hälfte evakuierten St. Goarshausen machte der Schiffer wieder kehrt. Schnaufend nahm es der weiße Kahn mit dem immer noch zornigen Rhein auf, der im Frühjahr länger als sonst gewütet hat. Rüdesheim, Bingen, Assmanshausen, Bacharach – der Strom hat die Bewohner schon längst von seinem Ufer die Hügel hinaufgescheucht, Vater Rhein ist feindlich und abweisend geworden und kein Freund des Menschen mehr, als den ihn die alten Lieder noch preisen. Dreimal im Jahr pflegt er aus seinem viel zu eng gewordenen Bett zu springen, um das Land ringsum zu ersäufen. In Mannheim, Ludwigshafen und Duisburg versuchen sie, ihn mit starken Mauern zu bändigen, doch schon ab Xanten bleibt nur noch die Kapitulation. Gegen den Blanken Hans konnten sich die Niederländer vorerst noch mit ihren Deichen halbwegs schützen, gegen den »Feind« in ihrem Rücken sind sie die nächsten zehn Jahre noch machtlos.

Sylvie genoß die Fahrt, die frische Brise tat ihr offenkundig gut. Sie stand ganz vorne am Bug und ließ sich den war men Wind durchs Haar streichen. Wie es früher am Rhein war, kennt sie nur aus alten Liedern, Stichen und Fotos. Daher stören sie auch die auf Stelzen gelegten Uferstraßen und Bahngleise nicht sonderlich. Die Pfalz bei Caub steht nun doch schon ständig bis zu den Knien im Wasser. Als der Dampfer an Rüdesheim vorbeistampfte, milderte die Abendsonne den metallenen Kitsch der Germania. Anlegen in Wiesbaden-Schierstein bei Dunkelheit. Tina holte uns ab. Dann einen guten Fisch gegessen.

6. JULI 2020

Nach dem ersten Schock: Die Weltgemeinschaft versichert die Karibikstaaten in einer feierlichen Erklärung in New York ihrer uneingeschränkten Solidarität und sagt ihnen umfassende Hilfe zu. Expertenstäbe sollen sich vor Ort ein Bild von der Situation machen und Vorschläge unterbreiten, wie ein Überleben garantiert werden könne. UN, GUS und VSE warnen vor Panikreaktionen. Eine Verbesserung der Infrastruktur – so eine erste Überlegung – könne helfen, die vorhandenen Ressourcen zu nutzen. Vordringlich sei jetzt, ein geregeltes staatliches und gesellschaftliches Leben zu ermöglichen und aufrechtzuerhalten. Im übrigen sei die Expertenansicht noch nicht vollständig widerlegt, daß es sich bei der Häufung der Orkane und Wirbelstürme um eine vorübergehende Erscheinung handele. Es bestehe immer noch Hoffnung, solange das Gegenteil nicht zweifelsfrei erwiesen sei. »Zufallshäufungen« habe es immer schon gegeben.

Und Bangladesh? Ägypten? Brasilien? Die Pazifischen Inselstaaten? Es wird eng auf dem Globus.

16. JULI 2020

Netzhautablösungen und Trübungen der Linse nehmen dramatisch zu. Schon Kinder leiden an starken Beeinträchtigungen der Sehkraft. Jeder Zehnte ab 60 Jahren ist bereits blind. Das Risiko, im Alter das Augenlicht zu verlieren, hat sich gegenüber 1990 verdreißigfacht! Obwohl kein Mensch mehr ohne Sonnenbrille auf die Straße geht.

Wir müssen die Schatten aufsuchen, aus der Sonne flüchten. Das Schattenreich. Wovor sich der Mensch der Antike gefürchtet hat, wir haben es uns jetzt geschaffen als unseren Alltag. Das Licht der Sonne erblicken. Die Sonne scheint über Gut und Böse – uralte Bilder und Metaphern: zerstört. Selbst die Sonne haben wir uns zum Feind gemacht. Die Sonne, die bis kurzem, bis vor 150 Jahren, für die Reproduktion allen Lebens sorgte – und für die Reproduktion allen Wirtschaftens des Menschen. Die Sonne, die den ewig scheinenden Kreislauf in Gang hielt, dem sich auch der Mensch verdankt.

Das Wachstum der Pflanzen hat sich um ein gutes Drittel verringert, die Zeugungsfähigkeit der Insekten läßt stark nach. Unter den Vögeln grassieren Augenkrankheiten – Verätzungen der Netzhaut. Besonders betroffen die Bussarde, die Mauersegler und die Schwalben, die in der Sonne fliegen. Franz von Assisis Sonnengesang. An meinem Hals trage ich aus Gold die Sonne der Azteken.

23. JULI 2020

Der neue Präsident der brasilianischen Volksregierung wirft den Industriestaaten unüberbietbare Heuchelei vor. Die Zwangssterilisation der Menschheit werde sich als Schlag ins Wasser erweisen, da es der Versuch sei, den zweiten Schritt vor dem ersten zu tun. Der erste Schritt wäre gewesen, Geburtenbeschränkungen in den Industriestaaten, zuvörderst in den USA und Europa durchzusetzen. Bustos Bandeira macht eine plausible Rechnung auf: Solange ein US- Amerikaner 70mal mehr Energie verbrauche als ein Brasilianer und 200mal mehr als ein Inder, zähle jeder ungeborene US-Amerikaner soviel wie 70 durch Zwangssterilisation »verhütete« Brasilianer oder gar 200 Inder. Fünf Millionen US-Bürger weniger – und der »vielbejammerte« (Bandeira) indische oder brasilianische Beitrag zur Übervölkerung wäre ausgeglichen.

Nun gut, diese Aufrechnung hinkt zwar – die Bodenerosion in Indien oder die Zerstörung der Regenwälder in Brasilien beispielsweise lassen sich nicht mit einer Energiebilanz erfassen – aber sie trifft doch den Kern der Sache, nicht zuletzt auch des moralischen Problems. Schließlich kann kein Zweifel daran bestehen, daß die stupide Hemmungslosigkeit der Europäer und US-Amerikaner den Globus ruiniert hat. Je weniger ihrer wären, desto besser wäre es um die Natur und damit um den Rest der Menschheit bestellt.

Bandeiras Gegenrechnung enthält aber politisches Dynamit. Sie zeigt, daß die Dritte Welt entschlossen ist, sich zu wehren. Sie will offenbar die politische Maxime dieses Jahrhunderts: »Retten, was noch zu retten ist«, nicht ausschlilich auf ihre Kosten ausgeführt wissen. Diese Gegenrechnung benennt mit coolen Fakten nicht nur die Hauptverantwortlichen der Umweltzerstörung, sondern zielt ins Herz der technischen Zivilisation, den Energieverbrauch durch das Verheizen fossiler Brennstoffe.

Heute nacht wieder das dumpfe Ziehen im linken Arm, Druck in der Brust, Atemnot, Angstanfälle. Mein Herz mahnt mich, daß es nicht mehr allzu lange mitmacht. Es will seine Ruhe haben. Nur wäre seine Ruhe auch die meinige. Zeit, es auszuwechseln. Werde mir also ein Herz fassen müssen.

30. JULI 2020

Die letzten 30 Kilometer am Unterlauf des Lech eingedeicht. Geschafft! Die bayrischen Alpenflüsse sind nun alle buchstäblich zu »Rinnsalen« gemacht geworden, selbst kleinere wie die Iller: Eingezwängt in Rinnen, sollen sie nicht mehr in dieser Häufigkeit das Land überfluten. Alles wird dem Menschen zum Feind und zur Gefahr, wenn es aus dem Gleichgewicht gerät.

Die Wassermenge der Alpenflüsse hat in den letzten Jahren um etwa 23 Prozent zugenommen – Folge der schmelzenden Gletscher. In schätzungsweise zehn Jahren soll sich das wieder einpendeln – dann werden die Gletscher verschwunden sein. Dickes Fragezeichen. Die Gletscher waren zusammen mit den Bergwäldern wichtige Rückhaltebecken und Regulatoren für die Niederschläge, die jetzt vor allem im Frühjahr direkt zu Tal stürzen.

10. AUGUST 2020

Freizeit ist Streß und Frust! Statt Erholung, Besinnlichkeit und Selbstverwirklichung hat das B.A.T. Freizeit-Forschungsinstitut Langeweile und Freudlosigkeit ausgemacht. Kaufen ist zum Krieg und Konsum zum Rausch geworden. »Kaufrausch heißt, erst dann zur vorübergehenden Ruhe zu finden, wenn eine bestimmte Sache gefunden und erworben wurde, unabhängig davon, ob man sie braucht oder sie sich leisten kann«, so Institutsleiter Professor Horst Opaschowski. Shopping gegen Langeweile, und sei es auf Pump.

Es geht in unseren Breiten längst nicht mehr um Bedürfnisbefriedigung, nicht mehr um das tägliche Brot. Der Kampf ums tägliche Brot läßt noch Raum für Zufriedenheit und Zeit für Glück. Man ist stolz auf seine geleistete Mühsal und Plackerei, sogar im Scheitern. Auf diesen Kampf ums tägliche Brot, auf die Mühe der Existenzsicherung, ist der Mensch genetisch programmiert. Die Evolution hat Mangel und knappe Ressourcen zur Voraussetzung, nicht den Überfluß. Gerade deshalb ist sie Vielfalt und Weiterentwicklung, Schönheit und Harmonie. Überfluß ist Selbstdomestikation, ist Verlust der Sinne und der Sinnlichkeit. Stillstand, Regression, Häßlichkeit. Unser Fortschritt! Konrad Lorenz' sarkastischer Spott: die »Verhaustierung« des sogenannten zivilisierten Menschen.

In der Dritten Welt, wo sie Hungers oder an der harmlosen Krankheit sterben, sind sie vermutlich glücklicher als wir hier. Immer dann, wenn sie einmal satt sind, auch wenn die erloschenen Blicke nicht wieder lebendig werden und die apathischen Bewegungen nicht rascher, außer wenn der Priester zum Fest ruft. Ihr Leben ist ein Drama, wie häßlich es auch sein mag, und der Tod die Erlösung. Die Not zwingt sie, an einen Gott zu glauben und mit Gott zu sterben. Aber sie leben und sterben mit Würde. Wir wie Haustiere.

19. AUGUST 2020

Computer-Simulatoren sind der letzte Hit. Die Produzenten können längst nicht so rasch liefern, wie die Nachfrage explodiert. Nervenkitzel, Sensationen, Abenteuer, Schweißausbrüche, Angstschreie, rasender Puls – und das alles zu Hause in Hauslatschen. Den Durchbruch brachte die Sudden-Change-Technik: Das Programm wird nicht mehr vorhersehbar, die Variationen und Kombinationen, die der Rechner per Zufall einführt, sind faktisch unbegrenzt. Jeder Knopfdruck führt zu einem Ausflug ins Ungewisse.

Besonders beliebt Autorennen, Fliegen, Tiefseetauchen, Hochalpinklettern, Fallschirmspringen, Weltraumabenteuer und natürlich Kriegspielen. Groß im Kommen und offenbar ein gewaltiger Markt: der Abenteuerurlaub im Heimsimulator und – natürlich – Sex!

Kaum zu glauben, wie echt die simulierte Wirklichkeit ist. Wenn man den Brillenhelm mit seinen integrierten Sensorfunktionen aufgesetzt hat, befindet man sich tatsächlich in einer anderen Welt, ist ihr fast wehrlos ausgesetzt. Totale Dreidimensionalität für die ganze Familie. Raumklang multidimensional. Die Sinne werden perfekt getäuscht. »Virtual reality«, schöne neue Welt, künstliche Realität. Halluzination.

Das ist mehr als ein technologischer Gag, hier boomt nicht nur die Freizeitindustrie, hier findet eine Epoche der Kulturgeschichte ihren logischen Schlußpunkt: Nachdem die »tatsächliche« Realität weitgehend zerstört worden ist, beginnt die Flucht in die künstliche, aber heile Welt. Die bewußte, eingestandene Selbsttäuschung. Die Programme, die den Computer-Simulatoren eingspeist werden, kennen kein Ozonloch und keine verätzten Augen, keine Klimaerwärmung, keinen Anstieg des Meeresspiegels, keine sterbenden Wälder und schmelzenden Gletscher. Nur die Wirbelstürme sind künstlich einprogrammiert. Die unzähligen, nur noch dokumentarisch bekannten Pflanzen und Tiere, vom Auerhahn bis zum weißen Nashorn, vom Steinadler bis zur Riesenschildkröte, sind alle wieder lebendig. Sogar mit Dinosauriern und Säbelzahntigern kann man sich im Kampf messen. Und Baden in kristallklarem Wasser, die Luft wie der Zephyr Arkadiens.

Das Eingeständnis des zivilisatorischen und moralischen Bankrotts.

Herzhaft gelacht, als Tina heute abend den späten Anruf vom Weßn Sepp entgegennahm. »Für Dich, vermutlich ein Grieche.« Der Sepp, mein Schulkamerad, ein Bayerwäldler, als Glasgraveur ein Künstler, als Schafzüchter die Allegorie des guten Hirten. Verwittertes Ledergesicht, sensibel wie ein Seismograph. Die klangliche Rekonstruktion seines Satzes, der für Tina griechisch klang, ergab: »Griaßgoda, hiaris da Wessensepp vodarau, doansma bittscheenet bessei, oba kannti midam Anton ren?«

Der Sepp teilte mir mit, mit trauriger, sehr leiser Stimme, daß ihm 31 seiner 54 Schafe verendet seien. Auch anderswo gehe das Vieh ein. Vermutlich liege es am Gift im Wasser oder am Gift in der Luft. »Anton, eitz is goar! Eitz samma mir dro.«

Langes Gespräch mit dem Sepp, viele Fragen meinerseits, Suche nach Ursachen, Anteilnahme, Analyse der globalen Probleme. Beginne aber erst jetzt seine Erschütterung zu spüren und zu verstehen. Der Sepp lebt mit den Tieren wie mit Familienmitgliedern, und seine Wohnung endet nicht an der Haustür. Ein Mensch wie er ist unfähig, die Naturzerstörung zu verdrängen, weil er selbst ein Teil der Natur ist und die Natur zum Leben braucht, nicht nur zum Erleben. Der Sepp wollte mir mitteilen, daß seine Überlebensfähigkeit gefährdet sei. Nicht wegen des materiellen Verlustes der 31 Schafe, sondern weil ihr Verenden das im Gang befindliche allgemeine große Verenden hat deutlich werden lassen, in das sich auch der Sepp einbezogen fühlt. Er hat es längst gewußt, aber es muß ihn dennoch getroffen haben.

Jawohl, Sepp, jetzt ist's aus, jetzt sind wir dran.

26. AUGUST 2020

Frankfurt verzeichnet einen bemerkenswerten Rekord: In diesem Jahr das 200. Todesopfer, das auf »Thrilling« zurückgeführt wird, dem neuen Freizeitphänomen. Während man früher die Zeit totschlug, wenn es – eher ausnahmsweise – einmal nichts zu tun gab, bringen sie sich heute selber um, weil sie mit der Zeit nichts anfangen können. Seit der neue Pkw-Typ als individuelles Tötungs- und Selbstmordinstrument nur noch bedingt taugt, ist die Sucht nach »Thrilling« epidemieartig angeschwollen. Nervenkitzel, mehr noch: Angstlust. Angst, am wirksamsten Todesangst, als Quelle von Lust. Tödliche Risikobereitschaft als höchstmöglicher Lebensgenuß. Das Leben, das eigene wie das fremde, ist in der Freizeit- und Konsumgesellschaft nur noch wenig wert. Seine Bedeutung bemißt sich für Unzählige einzig als Einsatzobjekt für Thrilling. Der potentielle Selbstmord als kollektiver Freizeitspaß.

Die Behörden machtlos, die Weigerung der Krankenkassen, für die Arztkosten verletzter Thrillingakteure aufzukommen, schreckt nicht ab. Zwar verhindern Gitter das Fassadenklettern an den Hochhäusern und das Bungeespringen von öffentlichen Gebäuden, aber niemand kann gehindert werden, sich am Seil von seinem Wohnhaus zu stürzen, von Baum zu Baum zu springen oder auf überhängende Felsen zu steigen. Natürlich vor möglichst vielen Augen. Wer stirbt schon gerne alleine. Das kümmerliche, der Öde zum Opfer gefallene Selbstwertgefühl des modernen Freizeitverbrauchers läßt sich nur durch die Aufmerksamkeit und den Beifall einer Zuschauerkulisse regenerieren. Während diese Kulisse anonym bleibt, hat der Thrillingakteur das Gefühl, ein Individuum zu sein, eine herausgehobene Persönlichkeit, der Redundanz entronnen, eben ein Mensch, der noch Interesse zu wecken vermag. Das dürfte auch den Gladiatoren des Alten Rom ein nicht zu unterschätzender Ausgleich gewesen sein, der ihnen die Gewißheit des unvermeidbaren Endes im Sand der Arena erträglicher machte.

Auffallend, daß die gaffende Masse verunglückten Thrillingakteuren kaum noch zu Hilfe kommt. Man läßt die Verletzten und Verstümmelten liegen, ihr Blut und ihre Schreie steigern das Thrilling, gehören einfach zum Spaß dazu. Da der Thrillingman oder das Thrillinggirl das vorab wissen und damit kalkulieren müssen, erhöht die Gewißheit, daß ihnen niemand helfen wird, auch ihren Thrillinggenuß, wie viele von ihnen nicht unglaubhaft versichern.

Der Frankfurter Rekordtote selbst war ein blutiger Anfänger. Wollte mit dem Mountain-Bike den Niedrigwasser führenden Main hinunterradeln. Dabei ist er ertrunken.

Thrilling – die totale Absage an die Freude. Hat es je eine Kulturepoche gegeben, aus der die Freude verschwunden war? Thrillingman und Thrilling-Gaffer sind gleichwohl die logischen Endprodukte des Konsumproduktionssystems. Freude durch Konsum – das war einmal. Gilt nur für den, der Not kennengelernt, zumindest gesehen hat.

Begreife allerdings jetzt besser die kollektive Apathie gegenüber der Zerstörung des Planeten. Ist es überhaupt Apathie oder nicht die Sehnsucht nach dem größtmöglichem

Thrilling!? Wie damals, in den 70ern und 80ern, als sie voller geheimer Todeslust auf die Atomwaffen starrten und sich wünschten, daß es endlich losginge mit dem Inferno. Die Plätze in der ersten Reihe waren schon hergerichtet und ausgebucht.

1. SEPTEMBER 2020

Ein Antikriegstag voller Drohungen und Waffengeklirr. Die VSE warnen die nordafrikanischen Staaten ein letztes Mal: Sie hätten dafür zu sorgen, daß der Elendsmarsch, der sich bei Tanger und an der Küste der Cyrenaika sammelt, gestoppt wird. Europa spaße nicht. Bei den ersten Versuchen, über die Meerenge bei Gibraltar zu setzen oder nach Malta und Sizilien zu gelangen, werde die »militärische Lösung« ihren Lauf nehmen. Europa fühle sich bedroht. Aber Verhungernde lassen sich nicht mit der Erschießung abschrecken.

Odnungsmacht NATO! 46 Hungerkriegen in Mittel-, Süd- und Ostafrika, in Ostasien und Lateinamerika hat sie in diesem Jahrhundert tatenlos zugesehen, ohne sich bedroht zu fühlen. Sieben militärische Interventionen zusammen mit den Amerikanern (natürlich stets unter Federführung und in der Verantwortung der UNO), aber nicht als Feldzüge gegen den Hunger, sondern zur Sicherung der »strategischen Ressourcen« und des investierten Kapitals. Südafrika, Kenia, China, Ägypten, die Philippinen, zweimal Saudi-Arabien. Und stünden nicht die Armutshorden bereit zum »Sprung nach Europa«, wären jetzt Brasilien und seine Volksregierung an der Reihe, »befriedet« zu werden. Die VSE und die USA denken nicht daran, das Fluchtkapital zurückzuleiten. Wir mästen uns mit dem Geld der brasilianischen Geldaristokratie, das den Massen abgepreßt wurde.

Seit 1987, dem Beginn des »Children Body-Counts«, 164 000 Straßenkinder in Brasilien von Todesschwadronen ermordet, wie Ungeziefer, befohlen von den Reichen, die jetzt die Wangen unserer Kleinen tätscheln. 21 der Mörder, fast durchweg Polizisten und Militärs, hat Bustos Bandeira an die Wand stellen lassen. Aufschrei in der »zivilisierten Welt«, die all die Jahre hinweg das Massenmorden an den Kindern zwar indigniert, aber doch stumm zur Kenntnis nahm. Die Hauptverantwortlichen freilich haben bei uns politisches Asyl gefunden. Mörder beanspruchen den Schutz eines Menschenrechtsartikels, der ihnen auch prompt gewährt wird. Fort und zurück aber mit den Opfern, die kein pralles Bankkonto haben!

9. SEPTEMBER 2020

Akuter Wassermangel in der Po-Ebene. Die Südhänge der Alpen als schier unerschöpflicher Speicher beginnen zu versiegen, sobald der Sommer kommt. Als habe jemand den Hahn abgedreht. Aber wer ist dieser »Jemand«? Jedermann! Wiederum zeigt sich: Es geht alles viel rascher als vorausberechnet. Im Frühjahr dagegen die verheerenden Überschwemmungen. Die Westalpen halten die Regenfronten ab, über der Po-Ebene beginnt sich ein ständiges Hochdruckgebiet chronisch einzurichten. Ein Drittel des Wassers verdunstet, ein Drittel wird auf die Felder und in die Weinberge geleitet, pures Gift, hochkonzentriert. Allein die Dioxinbelastung um das Sechzigfache über dem zulässigen Höchstwert! Die Kläranlagen von Turin und Mailand, Modena und Bologna sind immer noch nicht fertig. Seit 30 Jahren wird an ihnen gebaut. Hilf dir selbst, dann hilft dir Gott, aber erst dann!

12. SEPTEMBER 2020

Um ihre Beziehung zu retten, ist Sylvie mit Clemens' Kinderwunsch einverstanden – obwohl ihr die Ärzte abrieten. Jedes zweite Kind komme heute mit Hautschäden, Asthma oder Bronchitis zur Welt. Und Krebs. Vor allem die Neurodermitis-Erkankungen nähmen epidemisch zu. Die großflächig vergiftete Umwelt – Dioxin, aber nicht nur! – bewirke, daß sich jede genetische Anlage negativ entwickele. Die Kinder litten wegen des Juckreizes und der Atemnot – denn Asthma stellt sich meistens zusätzlich ein – unvorstellbare Qualen, gegen die man immer noch zu Cortison greifen müsse. Die Gentechnik hat noch keine Abhilfe schaffen können. Im

Gegensatz zu früher, das falle den Ärzten immer deutlicher auf, mildere sich die Neurodermitis auch nicht mit zunehmendem Alter. Während noch in den neunziger Jahren die Krankheit ab dem zweiten oder dritten Lebensjahr zum Stillstand gekommen, zumindest abgeklungen sei, spätestens aber die Pubertät fast eine Heilung gebracht habe, verschärfe sich das Problem heutzutage. Man hoffe aber, daß die Genetiker bald in der Lage sein werden, das Übel zu beseitigen.

Aber wann? Ja, wann! Um sicher zu gehen, soll Clemens sein Sperma untersuchen lassen. Mit den modernen Chemoanalysen lassen sich Schädigungen in den Eiweißverbindungen und Enzymen relativ sicher nachweisen. Meist sei es ja das toxisch belastete Sperma, das die Krankheit weitergebe.

Die Gentechniker arbeiten mit Hochdruck am transgenen Menschen. Gene von Schwarzafrikanern sollen vor den Verätzungen der ultravioletten Strahlung schützen, Gene von Schimpansen vor Neurodermitis. Was wird das Endergebnis der Reparaturversuche an der Evolution sein? Warum nur hat niemand mit derselben Energie an der Zivilisation repariert, solang es Zeit war?

14. SEPTEMBER 2020

Allgemeinwissen, Bildungsstand und sprachliche Ausdrucksfähigkeit des heutigen Durchschnittsakademikers erreichen nur noch ein Niveau, das um 50 Prozent niedriger liegt als vor 60 Jahren. Das »gute Buch« ist aus der Mode gekommen. Die Literatur ist am Ende, erreicht nur noch kleine, elitäre Zirkel. Ihre gesellschaftliche Funktion entspricht ihrem Stand zu Beginn des 18. Jahrhunderts. Der Schriftsteller ist zum armen Poeten geworden, ohne gesellschaftlichen Nutzwert. Ein Verlag nach dem anderen geht ein. Strukturanpassung des Geistigen. Nietzsches Exstirpation des Geistes. Nur noch Fachliteratur, Fachzeitschriften, Berufsspezifisches.

Damit geht eine eklatante emotionale und psychische Verarmung einher. Die Reduktion des Menschen auf eine frühere Entwicklungsstufe, Regression als Fortschritt. Und wer noch über emotionale und psychische Differenziertheit verfügt, kann sie – mangels Sprachfähigkeit – nicht artikulieren, sondern nur ausagieren. Der Verdummungsprozeß scheint unaufhaltsam.

16. SEPTEMBER 2020

Der letzte Monat war in Mitteleuropa der wärmste August seit Beginn der Temperaturmessung vor 160 Jahren, gleichzeitig der trockenste. Eines der vielen Rekordergebnisse, die in meiner Generation zu verzeichnen sind. Mein Kreislauf hat es mir deutlich vermittelt. Dramatischer Abfall des Luftdrucks. Das verheißt nichts Gutes.

21. SEPTEMBER 2020

Die Sterilisierungsaktion verläuft in Europa und den anderen Industriestaaten relativ problemlos. Auch Sylvie und Clemens haben sich der Prozedur unterzogen, beide sicherlich mit Beklommenheit. Ansonsten aber kaum Proteste, geschweige denn Widerstand wie in der Dritten Welt. Das freilich gibt auch wieder zu denken. Der Wunsch nach Kindern drückt ja mehr aus als den Wunsch nach einem Besitz. Das Bedürfnis nach Fürsorge, für andere da sein, nach Fortpflanzung des eigenen Selbst, um eine Form der Fortexistenz zu sichern (der Mythos, den eigenen Tod zu relativieren), sich Liebesobjekte schaffen, das eigene Leben bereichern, sich wiederentdecken in »eigenen Kindern«, Traditionen fortsetzen, den eigenen Namen erhalten. Oder einfach der Fortpflanzungsinstinkt.

Auf all das wird leichten Herzens verzichtet. Weswegen? Aus Sorge um das Schicksal der künftigen Generationen? Kaum. Aus Eigensucht, da die Früchte der eigenen Arbeit am besten alleine konsumiert und genossen werden wollen? Schon eher.

Die Einwände der Wirtschaft, die Produktionseinbußen befürchtet, sind abgewiesen. Weniger Produktion, weniger Umweltzerstörung. Wenn man das weiterrechnet gegen Null hin, ergibt sich sogar eine sinnvolle Aussage: keine Menschen, keine Produktion, keine Umweltzerstörung. Der Schöpfer könnte sich wieder daranmachen, seinen Planeten zu heilen, eine neue Genesis einzuleiten. Vielleicht gelänge das Werk dann besser, zumindest was den neuen Homo sapiens betrifft.

Für unsere Familie freilich ergibt sich eine makabre Konsequenz: Wird sich der Konflikt, der immer noch zwischen Sylvie und Clemens besteht, auf diese Weise von selbst erledigen? Scheußliche Vorstellung, aber leider real.

Auch Europa muß schrumpfen – und das sogar rasch. 12 Millionen Süditaliener, dazu doppelt so viele Griechen, Mazedonier, Albaner und Montenegriner werden in den nächsten Jahren in Westeuropa Aufnahme und Existenz fordern. Die Lebensbedingungen dort unten verschlechtern sich rapide (die Aufnahme von neun Millionen Älplern nach der Erdrutschkatastrophe von 2000 ist ja immer noch nicht bewältigt und verkraftet). Die Länder verglühen buchstäblich oder versalzen wegen der überdimensionierten künstlichen Bewässerung. Wenn die Lage halbwegs stabilisiert werden soll, müßte das Wasser aus den Entsalzungsanlagen wieder in den Boden verpreßt werden, statt es direkt auf die Felder zu leiten. Die Rede ist freilich von Tropfen auf heiße Steine. Griechenland, der südliche Balkan, Sizilien und Süditalien beginnen sich in lauter Oasen aufzulösen.

Interessant, daß die Geburtenrate im Nahen und Mittleren Osten dramatisch gefallen ist, ohne Sterilisationsaktionen, ohne Propaganda und ohne regierungsamtlichen Zwang. In Saudi-Arabien, den Emiraten, im Iran und sogar im Irak werden kaum noch Kinder geboren. Die Wissenschaftler können sich das Phänomen dieser massenhaften Unfruchtbarkeit nicht erklären. Vielleicht ein Anpassungsvorgang angesichts der sich verschlechternden Existenzbedingungen. Überleben heißt Anpassung, sowohl des Individuums wie der Art. Die Weisheit der Natur ist unserer wissenschaftlichen Zivilisation immer noch ein Buch mit sieben Siegeln.

25. SEPTEMBER 2020

Die Versicherungswirtschaft läßt nicht locker – mit stillschweigender Unterstützung der Arbeitgeber –, den Genetik-

Paß für jeden verbindlich einzuführen. Man kennt diese argumentativen Trojanischen Pferde ja nun schon zur Genüge: bessere Gesundheitsfürsorge, besserer Unfallschutz (der epileptische Flugzeugpilot!), Risikoberufe vermeiden, Familienplanung optimieren. In Wirklichkeit wollen sie den gläsernen Menschen. Wer ein Risiko-Gen hat und gefährdet ist, soll entweder überhaupt nicht oder mit höheren Beiträgen versichert werden. Er soll auch bestimmte Berufe nicht ergreifen dürfen.

Der bislang »originellste« Vorschlag: bei »wirklich und nach bestem ärztlichem Wissen und Gewissen hoffnungslos Todkranken« solle der Sterbezeitpunkt »aufgrund einer ethisch verantwortbaren Eugenik« um vier Tage vorverlegt werden. Der Todeskampf der meist ohnehin bewußtlos an die Apparatur angeschlossenen Patienten sei sinnlos.

Wahr ist aber gleichzeitig auch, daß die letzten vier Tage im Krankenhaus die teuersten sind. Die hätte man gerne eingespart. Wie gut, daß zu diesem Zweck eine ethische Argumentation gar nicht einmal so schlecht paßt. Aber wer die Ethik mit solch übler Chuzpe überlisten will, ruiniert sie nur.

Politiker und Unternehmer bekommen aber doch allmählich Angst vor der »Genokratie«. Der Genetik-Paß ist ihnen gar nicht geheuer – ihr Zögern hat einen einleuchtenden Grund: Kandidaten für politische oder unternehmerische Karrieren würden erst recht genetisch durchgecheckt. Wer weiß, welcher der heutigen Minister – einschließlich des Bundeskanzlers – und der Unternehmenschefs einer Genomanalyse standgehalten hätte und welcher der im zweiten oder dritten Glied Hoffenden einer künftigen standhielte. Vermutlich würden Berufswahl und Berufsberatung ins Unsittliche und Unmenschliche revolutioniert, ließe man es gesetzlich zu, die Genomanalyse zur Entscheidungsgrundlage zu machen. Die Frage ist, ob sich überhaupt noch jemand für den Beruf bewerben dürfte, für den er Interesse hätte.

Was für eine Welt, in ihren Möglichkeiten an subtiler Barbarei nicht mehr zu überbieten. Das ethisch Verantwortbare und das ethisch Verwerfliche sind nicht mehr auseinanderzuhalten. Uns sind die Kriterien abhandengekommen. Und Galileo Galilei sah es noch als Zweck der Wissenschaft an, das Los der Menschen zu erleichtern. Der Illusionist, das Gegenteil ist eingetreten. Die Fähigkeit des Menschen zur Wissenschaft macht ihn zum großen, tragischen Irrtum der Evolution.

26. SEPTEMBER 2020

Nun also ist das Unvermeidliche fixiert: Montag, der 15. November. Dann schneiden sie mir mein Herz heraus. Wahnsinnige Angst. Werde ich das überleben? Seltsam, diese Konfrontation mit dem möglichen Lebensende. Aber ich bin ja nicht allein. Tina, die Kinder sind bei mir. Das ist gut.

29. SEPTEMBER 2020

Die Sizilianer und Kalabresen machen gemeinsame Sache mit einem Teil der Afrikaner, der von Libyen aus nach Europa übersetzen will. Die Luftaufklärung der NATO hat zweifelsfrei ergeben, daß süditalienische Fischer in einer Art Seebrücke bereits Tausende Teilnehmer des Elendsmarsches übergesetzt haben. Sie tun es vermutlich aus Enttäuschung und verletztem Stolz darüber, daß VSE-Europa – einschließlich ihrer norditalienischen Landsleute –, sie von den Fleischtöpfen des Nordens abgeblockt haben. Die Solidarität zwischen Habenichtsen fällt leicht, wenn es gegen reiche Ausbeuter geht.

In den Gewässern vor Gibraltar patroullieren jetzt 134 Kampfschiffe der NATO, die feuerstärkste Armada, die jemals aufgeboten wurde. Auf spanischen, portugiesischen und italienischen Luftstützpunkten stehen Hunderte von Kampfbombern und Hubschraubern bereit. »Wir können das Meer zum Kochen bringen«, meinte stolz ein Kommandeur und voller zuversichtlicher Erwartung in die Fernsehkameras blickend. Bravo! Der Gegner freilich ist unbewaffnet, hungrig, halb verdurstet, verzweifelt und in Lumpen gehüllt. Les Miserables. Man sollte ihnen etwas zum kochen geben, statt sie zum Kochen zu bringen.

Wenn die Afrikaner ihren Zug jetzt abbrächen! Diese wohl größte Protestdemonstration in der Geschichte der Menschheit hat ihre Wirkung getan. Sie hat aufgerüttelt, hat geschockt, hat Nachdenken ausgelöst. Die Öffentlichkeit in Europa ist aufgewühlt, zumindest die übergroße Mehrheit, sie hat verstanden und ist bereit, den Gürtel enger zu schnallen, um Afrika zu helfen. Europa fühlt sich gedemütigt – und ist es auch.

Aber der Zug müßte gestoppt werden, der Führungsrat muß die prekäre Situation erkennen, auch das Dilemma der Europäer. Wie auch immer deren moralische Position zu beschreiben wäre, sie – und vor allem die Spanier und Portugiesen – können doch um Himmels willen nicht zusehen, wie über eine Million Afrikaner nach Europa strömt. Wie immer die historische Schuld Europas am Elend in der Dritten Welt zu bemessen wäre – sie ist gewaltig –, eine Kapitulation als föderativer Staatenbund ist ihm nicht zuzumuten.

Sobald das erste Kriegsschiff den ersten Trawler mit Hungermarschierern gerammt und auf den Meeresgrund geschickt haben wird, wird die Stimmung in Europa umschlagen. Diese Prognose ist billig. Allein schon aus Gründen der psychischen Rechtfertigung wird das Gemetzel an Halbverhungerten in einen Abwehrkampf gegen uneinsichtige, wildgewordene Fanatiker umgedeutet werden. Die Psyche keines Individuums und keines Volkes ertrüge ein derartiges Dilemma. Der Haß gegen den Wehrlosen, der den Starken provoziert, ihn zu töten, um ihn schuldig werden zu lassen, ist grenzenlos. Denn diese Provokation ist von einer jeden militärischen Heroismus übertreffenden Seelenstärke. Sie ist Todessehnsucht und kennzeichnet den Märtyrer. Diese Todessehnsucht mag einige der Hungermarschierer, vor allem ihre fundamentalistischen Führer, befriedigen, dient aber ihrer Sache nicht, schon gar nicht denen, die zu Hause ausharren und auf einen Erfolg dieser Aktion warten.

Sollten die VSE-Streitkräfte provoziert werden, Wehrlose zu töten, könnte das den endgültigen Durchbruch des Neofaschismus in Europa bedeuten. Mit allen Konsequenzen auch für die Dritte Welt. Hunderttausende »Freiwilliger« können kaum noch an sich halten, die einströmenden »Horden« totzuschlagen.

3. OKTOBER 2020

Das Thrilling wird zur Droge, fatal und pathologisch. Letzte Woche 16 Tote, darunter immerhin fünf Frauen. Im Gefolge dieser Sucht kommt das Duell wieder in Mode, ausgelöst ohne Zweifel durch den seit Jahren anhaltenden Massenandrang junger Europäer und Amerikaner, sich als Söldner in der Dritten Welt zu verdingen, um den Kitzel der Gefahr und den Rausch des Tötens »hautnah« zu erleben.

Eine Studie des Sigmund-Freud-Institutes verweist auf das »gesellschaftliche Vermitteltsein« des Aggressionsphänomens: Dieser Wertewandel beziehungsweise Paradigmenwechsel sei darauf zurückzuführen, daß in der öffentlichen Sphäre Gewalt und Brutalität heute allgemein akzeptiert seien. Im ökonomischen Bereich herrsche ohnehin ein allgemeiner, kruder Sozialdarwinismus. Aber auch im innerbetrieblichen Bereich seien Aufstiegschancen an den »erfolgreichen Nachweis aggressiver Verhaltensweisen gebunden«: Der Stärkere setzt sich durch. Der bereits Ende der vierziger Jahre von Erich Fromm kritisierte Verhaltenskatalog des sogenannten »unproduktiven Charakters« komme heute »als sozial erwünschtes Verhalten voll zum Tragen« und erfreue »sich allgemeiner, nicht mehr problematisierter Akzeptanz«.

Gewalt und Brutalität als Zeichen für den kollektiven Verlust des Ich? Nivellierung der sittlich autonomen Persönlichkeit zum Massen-Ich? Wenn ich genau hinhöre, kommt mir die Formulierung reichlich veraltet vor: sittlich autonome Persönlichkeit.

An der Realität ist nicht zu deuteln: Es verkaufen sich nur noch Filme und Videos, die Gewalt in ihrer blutrünstigsten Form darstellen. Der Sadismus feiert Triumphe, die Qualen der Opfer delektieren. Und zu den eifrigsten Konsumenten zählen – die Kinder.

Notabene: Mein Entsetzen über die Brutalität des jugoslawischen Bürgerkrieges Anfang der neunziger Jahre. Das geplante Hinmetzeln von Zivilisten, Frauen, Kindern, Alten.

Die organisierten, trainierten Vergewaltigungen, dann das Abschlachten, an Schweinen geübt. Der Abscheu war damals noch ein allgemeines Empfinden, Relikt des Entsetzens über die Nazi-Greuel. Heute dagegen: Die Exzesse sind »normal« geworden. Zur Norm geworden, werden als Greuel nicht mehr wahrgenommen, sind Teil der »militärischen Auseinandersetzung« innerhalb des gesellschaftlichen Prozesses.

Wo soll das alles nur hinführen.

11. OKTOBER 2020

Endlich! Gott sei Dank! Das nervtötende Warten Gewehr bei Fuß hat ein abruptes Ende gefunden. Die Regierungen Marokkos und Algeriens haben in letzter Sekunde den Großen Hungermarsch nach Europa gestoppt. Truppen enterten die bereitliegenden »Schiffe« – meist Fischtrawler, gecharterte Ausflugsdampfer und vor allem selbstgebastelte Boote und Flöße. Der Rücktransport soll umgehend organisiert werden. Erste Anzeichen von Seuchen registriert. Von der UNO und von Europa wird Hilfe erwartet. Ausgeschlossen, daß die ausgemergelten Massen den Rückmarsch schaffen. Nahrung, Medikamente und Transportkapazität müssen zur Verfügung gestellt werden, andernfalls ein Massensterben begänne, das den Zielen der fundamentalistischen Anführer doch noch zupaß käme.

Blickverengung. Wer sind diese radikalen, fundamentalistischen Anführer, die uns Europäern ein solcher Graus sind? Sicherlich Leute, die denken können und gerade deshalb keine andere Lösung für die Misere Afrikas sehen als diese Form von gewalttätiger Gewaltlosigkeit. Die eindringliche, konsequente, zum Selbstopfer bereite Aktion der Hilflosigkeit und Verzweiflung.

In nicht allzu ferner Zukunft wird ein einheitliches Band Reiche und Arme auf dieser Welt vereinen: Verzweiflung und Hoffnungslosigkeit. Nur werden die Armen von den Reichen wissen wollen, warum auch für sie keine Hoffnung bestehe, nachdem sie doch Jahrhunderte lang von der Hoffnung gezehrt haben. Und darin von uns Reichen kräftig bestärkt wurden.

17. OKTOBER 2020

Über dem Nordatlantik braut sich wieder ein gewaltiger Orkan zusammen. Die Plötzlichkeit des Geschehens, buchstäblich wie aus heiterem Himmel, hat etwas Überfallartiges, Infames an sich. Pausenlose Sturmwarnungen mit intensiven Mahnungen, sofort den nächstmöglichen Schutzraum aufzusuchen. Die Stimmen der Nachrichtensprecher klingen sehr nervös. Offenbar wissen sie mehr, als ihr Text trotz allem verrät. Das ist ja wie im Krieg! Das kenne ich aus den Erzählungen meines Vaters. So klangen die Warnungen, wenn wieder 1000 alliierte Bomber im Anflug waren.

An den Nordseeküsten werden jetzt die Schotten dichtgemacht, das Vieh von den Weiden getrieben. Frachter und Fischkutter hetzen zum nächsten Hafen. Wer jetzt noch weiter als 40, 50 Seemeilen draußen auf See ist, hat kaum noch eine Chance. Die Rettungshubschrauber der Seenotrettungsdienste schwirren aus. Thrilling live!

Über dem Rheingau aber sinkt die Sonne, als ob nichts wäre. Ihr können wir nichts anhaben. Stoisch wie ein gleißender Ballon schwebt sie träge auf den Schläferskopf hinab, entzündet den Wald und öffnet noch einmal die Lichtschleusen, die den Horizont fluten. Doch während sie sich mit ewig-stummer Geste davonwälzt, züngeln bereits die Vorhuten einer Wolkenwand herauf, mit bösen, schwefelgelben Rändern und Adern, eine nachtschwarze, dicke Decke hinter sich herziehend. Die letzten Reste des Lichts werden rasch erstickt.

Tina mahnte mich rufend, die Fensterläden zu verriegeln. Gleich! Draußen ist alles unter dem Medusenblick dieses über dem westlichen Horizont heraufspringenden schwarzen Tieres erstarrt. Selbst die Blätter der Birken wie aus grünem Glas. Kein Laut, kein Vogel, die Mücken verschwunden. So muß es gewesen sein, wenn der Scharfrichter das Beil hob. Alles hielt den Atem an, das gaffende Volk, die Soldaten, die Herren der Justiz, der Pfaffe, der Delinquent, für eine Sekunde Erstarrung und Totenstille auf dem lärmigen Marktplatz. Dann der erlösende Schlag, der aufbrandende Schrei.

Als die Birken draußen plötzlich aufächzten und sich mit den Kronen fast auf den Boden zurückbogen, niedergedrückt von einer unsichtbaren Faust, kam mein Sprung ans Fenster zu spät. Krachend knallten die Fensterläden gegen das Mauerwerk. Nur weil das Inferno noch einmal Luft holte, gelang es mir, eine Katastrophe zu verhindern und die Läden zu verriegeln.

17. OKTOBER 2020, Mitternacht

Seit nunmehr drei Stunden bebt das Haus, als ob riesenhafte Kung-Fu-Kämpfer immer wieder zum Sprungstoß ansetzten. Die Fensterläden werden jeden Augenblick aus den Halterungen gerissen. Gläser und Tassen klirren im Schrank. Wir können uns nur schreiend oder mit Gesten verständigen. Der dröhnende, auf- und abschwellende Lärm erinnert an eine gewaltige Orgel, deren sämtliche Register gezogen sind und auf denen der Körper des zusammengebrochenen Organisten liegt. Immer wieder der Blick zur Decke, ob das Dach noch halte. Polternde Geräusche, als würden Teile des Hauses weggefetzt oder etwas dagegengeschmettert. Nicht anders kann es in einem U-Boot sein, das mit Wasserbomben angegriffen wird. War das der Schrei eines Menschen? Rief jemand in höchster Not?

19. OKTOBER 2020

Stummes, lähmendes Entsetzen. »The day after«. Das Geschehen der Nacht wirkt in seinen Konsequenzen so unfaßbar und fremd, weil es von keiner Erfahrung und von keiner Vorstellung bestätigt werden kann. Schon will sich das Gefühl einstellen, einen Alptraum gehabt zu haben. Aber dann der Anblick des Draußen: Wo sind denn die Bäume geblieben? Keiner zu sehen, nicht einer steht mehr. Statt dessen riesige Reisighaufen aus Ästen und Stämmen und Blättern. Der Neroberg eine Trümmerwüste. Die alten Kastanien, Platanen, Buchen und Fichten, der Stolz dieses Nobelviertels, auf und gegen die Häuser geschleudert. Eingedrückte Fronten, abgedeckte Dächer. Ein Berg aus Schutt und Kleinholz. Aber auch in unserer Straße – Straße? – Dachziegel, ganze

Häuserteile, Türen, Dachrinnen. Autos liegen als Blechklumpen in Gärten. Kein Laternenpfahl zu sehen.

Das soll unser Garten gewesen sein? Bizarr. Der Zaun ist fortgerissen, verschwunden, die Sträucher, die Blumen. Ein Geflecht aus Trümmern und Teilen, wohin ich blicke, kaum daß sich die Haustüre hatte öffnen lassen. Das Haus, wie mit Maschinengewehren beschossen: Der Sturm hat den Mauerverputz abgerissen. Ein Rohbau. Drüben stocherte der Nachbar verstört in chaotischem Gewirr, zupfte und zerrte an einem Ast, bog ein Stück Blech zurück. Lahme, müde, hilflose Bewegungen, wir grüßten einander stumm mit schreckerfüllten, ungläubigen Augen.

20. OKTOBER 2020

Das unablässige Tuten der Feuerwehr und Rettungswagen hat etwas Tröstliches. Es zeigt an, daß nicht kapituliert wird, daß man noch helfen kann und will. Anpacken, Zuversicht, sich nicht unterkriegen lassen! Werde der Aufforderung der Behörden folgen und mich freiwillig zum Katastropheneinsatz melden. Sich jetzt nicht dieser Lähmung überlassen, nicht das Opfer der Gewißheit werden, daß auf Dauer alles Tun und alle Gegenwehr keinen Sinn hat. Alles, was lebt und stark ist, enstand schließlich in Gegenwehr zur Natur, als Selbstbehauptung.

23. OKTOBER 2020

Die vorläufige Opfer- und Schadensbilanz markiert den endgültigen Anbruch – Einbruch! – einer Zeitenwende. Eine Kriegserklärung! Vorerst nur die vage Ahnung des Ausmaßes, nur als Rückschluß des Wahrnehmbaren möglich. Ungewohnte, ängstigende Isolation, Informationen dringen kaum zu uns durch, dennoch krampft sich die Phantasie zusammen. Die Wirklichkeit drängt sich unerbittlich ins Gehirn, das sich gegen diese Surrealität zur Wehr setzt. Vergebens. Totaler Stromausfall, ganze Computernetze zusammengebrochen, trotz eigener Versorgung mit Solarenergie. Chaos. Das Nervensystem ist lahmgelegt. Stillstand. Aus.

Die Behörden informieren mit Lautsprecherwagen und Flugblättern. Irgendwo gibt es also Druckereien, die mit Notstromaggregaten arbeiten. Das Batterieradio und das Funktelefon halten notdürftige Verbindungen aufrecht, verhindern, daß uns der Schrecken vollends lähmt.

Allmählich sickert im Laufe des Tages durch, rundet sich ein vorläufiges Bild: West- und Mitteleuropa, dazu Teile Südskandinaviens, sind verwüstet. Etwa 830 000 Tote, die vierfache Anzahl an Verletzten. Die materiellen Schäden übertreffen die Verwüstungen des Zweiten Weltkrieges um das Doppelte! Wahrscheinlich 30 Millionen Obdachlose. Wozu die Armeen sechs Jahre brauchten, erledigte eine aus den Fugen geratene Natur in wenigen Stunden.

Brüssel und die nationalen Regierungen rufen den Notstand aus. Zwangsverpflichtung aller Erwachsenen von 18 bis 60 Jahren. Ausnahmen gelten nur für Familien, in denen es Verletzte, Kranke oder Kleinkinder gibt.

Vordringlich ist, die vernichtete Infrastruktur halbwegs wiederherzustellen. Wir brauchen Strom, Energie. Die Computer müssen wieder arbeiten. Hoffentlich halten sich die Schäden in Grenzen, hoffentlich sind nicht die Programme für das Funktionieren dieser Gesellschaft gelöscht! Alles andere wäre reparierbar. Das Transportsystem muß wieder in Gang gebracht werden, Brücken, Straßen, Eisenbahnschienen. Aber wie sich verständigen, wie eine halbwegs funktionierende Organisation aufbauen und aufrechterhalten – ohne Strom. Die Überlandleitungen gibt es nicht mehr, nahezu alle Strommasten wie Streichhölzer geknickt. Die seit langem kritisierte Unsinnigkeit dieser Art von Energietransport ist nun offenkundig.

Das Chaos in den Krankenhäusern und Kliniken. Die ganze lebensrettende Apparatur ist ohne Strom nur Schrott. Die Ärzte operieren nachts bei Kerzenschein.

Wir müssen neu improvisieren lernen. Neu lernen. Neu leben lernen.

25. OKTOBER 2020

Eine unendliche Müdigkeit hat sich unser bemächtigt. Das Bedürfnis nach Ruhe, nichts mehr zur Kenntnis nehmen zu müssen, sich ausklinken aus dieser aufdringlichen Realität. Unsere Vorstellungskraft ist überanstrengt, wir sind emotional leer. Früher ließ sich der Alltag mit der Vorstellungskraft transzendieren, heute reicht sie nicht mehr aus, um den Alltag zu begreifen. Sogar die Angst ist verschwunden. Nur noch totale Gleichgültigkeit, die Unfähigkeit zu trauern.

Die westirische Küste eine Wüstenei. Na und? Harlingen von der Sturmflut fortgerissen. Na und? Emden abgesoffen. Na und? Die berühmte Hotelmeile von Ostende ein Trümmerhaufen. Na und? Der Eiffelturm eingestürzt, ein Schrotthaufen. Okay. Zehn Millionen Hektar Wald plattgewalzt. Okay. Abgehakt, alles klar. Ruhe! Bitte nicht stören! Ach, ich bin des Treibens müde. Süßer Friede, komm, ja komm in meine Brust ... Und solche Sätze sind einmal mit aufrichtigem Empfinden geschrieben und vertont worden! Noch gar nicht so lange her und doch vor Ewigkeiten. Goethe, Schubert, Liszt. Sich in eine Idylle flüchten können, wie es sie früher doch gegeben hat. Ein Häuschen mit Garten, ein paar herbstreife Obstbäume, einige Rosenstöcke, Tina und die Kinder. Statt Angst nur Hoffnung und ein wenig Sehnsucht fürs Träumen. Wär' das schön.

Tina kommt mir so fremd vor. Sie bewegt sich wie eine mechanisierte Puppe. Spricht kaum. Nehme ich sie nur als fremd wahr oder steht sie unter Schock?

1. NOVEMBER 2020

Es geht wieder. Der Nervenzusammenbruch scheint halbwegs überwunden. Fieber, partieller geistiger Ausfall, Tina pflegte mich. Woher nimmt sie nur die Kraft? Jetzt muß sie ausspannen, jetzt muß ich mich um sie kümmern.

Beginne wieder wahrzunehmen, aber mit großer Distanz, als berührte mich das alles nicht sonderlich. Abwehr des inneren Schutzes halber, meinetwegen Verdrängung. Aber sonst würde man ja verrückt. Vielleicht, daß die Jüngeren sich besser anpassen können, da sie das Früher nur vom Hörensagen kennen. Ihnen ist diese kaputte Welt vertrauter, sie sind mit ihr buchstäblich aufgewachsen. Sie werden sich in ihr und mit ihr besser behaupten. Wenn sie nur nicht in eine große Nostalgie verfallen. Das wäre zwecklos. Wir leiden an unserer zerstörten Erinnerung. Weiß Gott, es gab schon bessere Zeiten. Allerheiligen. Aber wir müssen leben.

3. November 2020

Das große Rätselraten hebt wieder an: Wie war das möglich? Es hätte ja in diesem Ausmaß nicht kommen dürfen. Seit 20 Jahren kommen wir aus dem entsetzten, sprachlosen Staunen nicht mehr heraus. Die Sprache hat für diese stets sich übertrumpfenden Dimensionen noch keine Begriffe finden können. Wir können es letztlich gar nicht formulieren, nur empfinden. Das Desaster hat wieder einmal alle Prognosen und Vorhersagen, alle Berechnungen und Hypothesen über den Haufen geworfen. Es scheint, als sei eine neue Physik entstanden, als sei etwas Außerterrestrisches über uns gekommen. Verdammt noch mal, wie war das möglich? Das ganze meteorologische System ist durchcomputerisiert. Es schluckt jede Sekunde 300 000 Informationen, zeichnet alle 30 Sekunden ein Lagebild von der »Wetterfront«. Wie also konnte das so plötzlich über uns hereinbrechen? Wozu haben wir die künstliche Intelligenz entwickelt?

Auf der Venus mögen solche Orkane wüten, aber doch nicht auf diesem Planeten, dem schönen blauen, bekannten, vertrauten. Wie konnte der Luftdruck so rapide und tief abfallen, daß über dem Nordatlantik ein derartiges Vakuum entstand? Wo hat sich das Wasser derartig aufgeheizt, und wie entstand dieser Einbruch an Kaltluftmassen? Gewiß, das ständige, seit vier Jahren anhaltende Hoch über den Azoren, andererseits das schmelzende Polareis, das den Nordatlantik abkühlt. Scheinbar geringe Ursachen: Ein paar Wärmegrade hier, einige Kältegrade mehr dort – und dann diese fürchterliche, potenzierte, sich selbst steigernde Wirkung. Mit weit über 400 Stundenkilometern raste das Inferno über Land und Meer.

Das haben wir ja nicht gewußt, nicht wissen können: diese Fragilität und diese Vernetztheit der Natursysteme, sensibler noch als Spinnennetze. Nach Jahrmilliarden Evolution ist alles im Schwebezustand wie ein riesiges Mobile. Die Balance eines Teilchens hält das Ganze im Gleichgewicht. Was als unverwüstlich und belastbar erschien, wie für die Ewigkeit gemacht, hängt an seidenen Fäden. Ein globales Noli me tangere.

Gestammel eines kleinen Kindes, das ein Glas kaputtgemacht hat. Wie erkläre ich mir meine Erschütterung? Meine Verwirrung? Kein Zweifel, auch ich habe trotz vordergründiger rationaler Skepsis insgeheim diesem scheinbar omnipotenten System vertraut. Es konnte doch nichts schiefgehen. Wir hatten doch für alles eine Lösung, zumindest eine Erklärung. Jetzt stürze ich ins Bodenlose. Jetzt erst! In mir ist eine Stütze weggebrochen.

Freilich: Selbst wenn wir es nicht hätten wissen können, was beweist dies? Nichts anderes, als daß der Mensch ein Fremdkörper in diesem unendlich austarierten Netzsystem ist. Er hat sich nicht anpassen können, er ist herausgefallen, hat keinen Platz mehr. Alle anderen Lebewesen hätten ihren Platz – wenn es uns nicht gäbe. Arthur Koestlers Irrläufer der Natur.

Soll das künftig unsere Normalität werden? Sieht so unsere Zukunft aus? Ein sturmgepeitschter Planet? Wie werden wir denn leben? Etwa unter der Erde? Müssen wir uns verkriechen wie lichtscheues Gesindel?

Die Evolutionsbiologen sagen uns, daß es aus der Sicht der Evolution keine Katastrophe darstellte, wenn eine Art von der Bildfläche verschwände. Millionen Arten seien ja im Laufe der Erdgeschichte verschwunden und durch neue ersetzt worden. Die Stabilität der Natur ist der fortgesetzte, unaufhörliche Wandel. Warum also sollte nicht auch der Mensch verschwinden? Es würde sich nichts begeben haben, wußte schon Nietzsche. Nur unser Bewußtsein würde aus dem Verschwinden unserer Art eine Katastrophe machen, sonst niemand. Die Dinosaurier starben nicht in dem Bewußtsein aus, Opfer einer Katastrophe zu sein.

17. NOVEMBER 2020

Sie haben mich zu einem herzlosen Menschen gemacht. Aber das Ding funktioniert. Ja, es funktioniert! Ich fühle mich wohl, könnte Bäume ausreißen. Schlafe wieder gut, denn: Diese ständige Angst ist verschwunden. Diese Beklemmung, wenn der Schmerz aus der Brust in den Arm kriecht und ihn lähmt. Dieses Hineinhorchen in sich selbst, jeder Pulsschlag hält wach, fordert Aufmerksamkeit. Vorbei! Der Arzt ist sehr zufrieden. Wegen Herzbeschwerden würde ich dermaleinst nicht das Zeitliche segnen. Dieser Apparat bekommt keinen Infarkt. Mit Tina wieder viel und herzlich(!) gelacht.

22. NOVEMBER 2020

Plötzliche Depression. Weiß nicht, warum. Nur verzweifelt. Fühle mich als nutzloses Wrack. Ein Mann in den besten Jahren. Die Angst ist wieder da, anders, und doch so vertraut wie eh und je. Morgen Entlassung aus der Klinik.

23. NOVEMBER 2020

Über 40 Prozent der Landfläche des Planeten sind Wüste geworden. Rund 70 Millionen Quadratkilometer. Bildhafter und konkreter könnte nicht dargetan werden, daß wir die Erde verwüsten. Das UNO-Komitee zur Bekämpfung von Wüsten erinnert daran, daß diese Verwüstung in den letzten 40 Jahren sich verdoppelt habe. Die Bemühungen um Rekultivierung hielten mit den Versteppungs- und Verwüstungsprozessen nicht Schritt. Gegen die seit faktisch 18 Jahren anhaltende Dürre in den subtropischen Zonen, in Zentralchina und im Mittelwessten der USA könnten technische Mittel und Methoden nichts ausrichten.

27. NOVEMBER 2020

Wer einen Baum fällt, muß künftig als Verbrecher gelten. Das Zentrum für Wissenschaft und Umwelt in Neu-Delhi hat errechnet, daß der Wert eines 50 Jahre alten Baumes für die Umwelt mit 158 000 Dollar beziffert werden muß. Er produziert Sauerstoff für rund 24 000 Dollar. Ebenso hoch müssen der Schutz vor Erosion und die Fruchtbarkeit veranschlagt werden, die er dem Boden angedeihen läßt. Für 86 000 Dollar ist er an der Reinhaltung der Luft und an der Wasseraufbereitung beteiligt. Schließlich bietet er für 24 000 Dollar Vögeln, Kleintieren, Insekten und Pflanzen einen geschützten Lebensraum.

Aber wer berücksichtigt die natürlichen Ressourcen bei der Kostenrechnung und der Wirtschaftsplanung?

30. NOVEMBER 2020

Wenn die Astronomen auf einen Planeten irgendwo im All blicken könnten, so schön, so vielfältig, so unerschöpflich in seinen Möglichkeiten wie der unsere, dazu bewohnt von intelligenten, vernünftigen Wesen, die ihn hegen und pflegen – es wäre der schiere Zynismus. Der Schmerz wäre unerträglich.

Nicht anders wird es künftigen Historikern ergehen. Wer sich mit Geschichte befassen will, darf keine Gefühle haben. Andernfalls ertrüge er es nicht, zu wissen, daß noch vor 30, 40 Jahren unser Planet eine Chance hatte, daß seine Natursysteme noch nicht gekippt waren, daß man das Gespenst der Irreversibilität noch hätte bannen können. Alles noch zum Greifen nahe, fast noch Gegenwart. Doch keine Ewigkeit bringt sie zurück.

Vor allem aber muß jeder verrückt werden bei der Einsicht, daß die damals schon alles kannten und wußten. Öffentliche Debatten führten, warnten, beschworen, demonstrierten, Einsicht predigten und gelobten, alle Kräfte beschworen, an der Priorität nicht zweifelten, diesen Planeten zu erhalten. Schöne Worte formulierten.

»Uns bleiben noch 20 Jahre.« Vortrag von Dennis Meadows in Berlin. Wann? 1992, vor 30 Jahren. Also gestern! Seine »Grenzen des Wachstums« sind unvergessen. Das womöglich wichtigste Buch, das je geschrieben worden ist. Vergeblich. Es offenbart nur, daß Individuen dem Prinzip der Vernunft genügen können, daß aber der Mensch als Spezies eine Fehlmutation ist.

Warum nur zermartere ich mir das Gehirn mit fruchtlosen Überlegungen? Die Lust an der Selbstqual? Der Protest dagegen, daß Paradiese oder Goldene Zeitalter immer nur Vergangenheit sind, existent nur in der Legende? Ich habe es aber doch selbst noch erlebt. Ein Zeitzeuge. Ich bin doch einer der vielen, noch lebenden Vertriebenen aus dem Paradies. Wir haben uns selbst vertrieben. Ich habe Grund zu schweigen. Aber unsere Kinder und Enkel werden schreien!

4. DEZEMBER 2020

Einstimmiger Beschluß der Vollversammlung der Vereinten Nationen, eine zentrale Exekutive für globalen Umweltschutz zu schaffen und sie ihrer Rechtshoheit zu unterstellen. Sie wird aber vollständig unabhängig sein und Weisungsrecht gegenüber den Regierungen der UNO-Mitgliedsländer haben. Die Nationalstaaten verzichten beim Umweltschutz auf einen Teil ihrer Souveränität.

Ausdrücklich wird in der Satzung betont, daß dem neunköpfigen Exekutivrat weder aktive Politiker noch Diplomaten angehören dürfen, sondern unabhängige Persönlichkeiten. Die Exekutivräte werden von der Vollversammlung berufen. Vorschlagberechtigt sind nicht Regierungen, sondern Akademien, Universitäten und Forschungsinstitute.

Endlich! Ein erster Schritt zu einer Weltregierung. Absolut richtig, die Probleme sind ja auch global.

Vor 18 Jahren ist diese Idee noch an den USA und an China gescheitert. Meine Freude hält sich in Grenzen. Eher Traurigkeit. Wieder ein tragisches Zuspät.

Es ist fünf nach zwölf. Aber dennoch retten, was zu retten ist.

10. DEZEMBER 2020

So, das wär's. Bergmann und Klopreis von der TH Aachen haben nachgewiesen, daß bei einer Veränderung der Luftchemie, vor allem des Verhältnisses von Kohlendioxyd und

Sauerstoff, die evolutionsbiologischen Folgen unabsehbar sind. Die Evolution mit ihrer ungeheuren Artenvielfalt habe sich am besten entwickelt bei einem CO_2-Anteil zwischen 200 und 270 ppm Luftanteil. Dem entspricht eine mittlere Erdtemperatur zwischen 12 und 16 Grad, was Eiszeit oder Warmzeit bedeutet.

Ein plötzlicher Anstieg des CO_2-Anteils hat in der Erdgeschichte immer eine Reaktion der Mikrolebewesen bewirkt, der Viren, Bakterien oder Pilze. Es entstanden neue Arten und Formen. »Hieraus folgt eine Erhöhung des Risikos von Krankheiten, wenn nicht gar Seuchen für Pflanzen, aber auch für Tiere und den Menschen.« Mit anderen Worten: Es setzte ein großes Aussterben ein wie im Perm vor 270 Millionen Jahren. Das Immunsystem der größeren Lebewesen war an die neuen Mikroorganismen nicht angepaßt.

Der Kohlendioxyd-Anteil in der Luft beträgt heute 385 ppm! Wenn also Bergmann und Klopreis recht haben sollten – was Gott der Gütige verhindern möge – werden neue Viren und Bakterien entstehen und uns dahinraffen. War das einst Panik auslösende AIDS ein erster Todesengel, der es aber noch gut mit uns meinte und nur warnen wollte? Aber wenn jetzt mehrere dieser Todesengel, und noch schrecklichere, auf uns herabschweben sollten? Wenn ein Regiment apokalyptischer Reiter über uns hereinbrechen sollte?

Die Evolution hat sich immer wieder von solchen Schocks erholt, hat sogar das Beste daraus gemacht und die Lebenskraft ihrer Geschöpfe gestärkt. Nur hat es Millionen von Jahren gedauert. Aber eine ausgestorbene Spezies hat sie auch nicht wieder zum Leben erwecken können.

Adventszeit, die Zeit der Ankunft. Welcher? Wer kommt? Es kommt irgend etwas.

Das Todesurteil der Menschheit ist eine kleine pysikalische Größe und lautet: 385 ppm. Parts per million CO_2 pro Kubikmeter Luft. Und auf diese Formel soll sich die Evolution des Menschen 15 Millionen Jahre lang hinentwickelt haben? War das der Zweck der Anthropogenese? Deswegen dieses unauslotbare Maß an Opfern? Soll das der Schlußpunkt der Kulturentwicklung und der Zivilisation sein?

Welch ein prosaisches, kümmerliches, lächerliches Ende! Welch ein Abgang: ein elendes Verrecken. An sich selbst.

24. DEZEMBER 2020, Mitternacht

Die ungeheuerliche Weihnachtsbotschaft: Sylvie erwartet ein Kind! Vor sechs Stunden haben es die beiden uns gesagt. Jetzt erst gewinne ich allmählich meine Fassung wieder. Werde ich eines klaren Gedankens fähig sein? Nach dem ersten Entsetzen eine lange Zeit der Fassungslosigkeit, des Nicht-begreifen-Könnens. Dann die dammbruchartige Flut der Freude. Tränen, die Augen sind leer und brennen. Ein Kind! Und es soll gesund sein, kerngesund! Wage den Gedanken nicht zu denken – ihn vor allem nicht zu Ende zu denken –, er könnte ein feines Gebilde sein, das sich wieder ins Nichts auflöst, wenn man es fassen, begreifen möchte. Einfach bei der Tatsache bleiben: Ein Kind wird kommen, im Juli, im Sommer. Advent. Für uns jetzt Wirklichkeit.

27. DEZEMBER 2020

Allmähliche Beruhigung, die Wogen der Gefühle, die über Tina und mich hinwegegangen sind, glätten sich. Aber die Freude bleibt. Reines Glücksgefühl. Telegramm von Andreas aus Berlin: Er ist ganz aus dem Häuschen und fühlt sich schon als stolzer Onkel.

Wütend verscheuche ich alle düsteren Gedanken, die sich diesem Kind nähern wollen. Wie ein Berserker, der eine Festung verteidigt, stehe ich auf den Zinnen, die unser privates Glück krönen, bereit, alles abzuwehren, das es stören könnte. Der Sinn und Zweck dieses Kindes liegt darin, daß es da ist. Und dieses Tagebuch werde ich vernichten.

In diesen wenigen Tagen seit Heilig Abend bin ich ein anderer Mensch geworden. Auch Tina nicht wiederzuerkennen: dynamisch, jung, mädchenhaft, sprudelnd. Natürlich ist mir der Grund bewußt: dieses Zeichen der Hoffnung, der fleischgewordenen, gestalthaften, sich unaufhaltsam entwikkelnden Hoffnung. Das Symbol für Sein und Existenz. Das

Wunder der Menschwerdung vollzieht sich an diesem Kind aufs neue.

Das große Planen beginnt, der Nestbau. Ein großer Empfang wird vorbereitet. Die Federführung liegt – natürlich – bei Tina und Sylvie. Clemens und ich sind ausführende Organe. Auch die Zukunft wird strukturiert: Wir zwei Alten werden ins obere Stockwerk des Häuschens ziehen, die junge Familie wird sich im Parterre ausbreiten. Sylvie wehrt sich dagegen, »wie ein rohes Ei« behandelt zu werden. Es gehe ihr gut, sie habe keinerlei Beschwerden. Tatsächlich ist an ihr figürlich noch nichts zu bemerken. Aber ein warmer, etwas versonnener Glanz liegt über ihrem Gesicht, als lächle sie in sich hinein. Ihre Zweifel und Ängste sind durch die Kraft des Faktischen offenbar beseitigt. Ich hoffe: für immer. Das Kind ist nach bisherigem medizinischen Befund völlig gesund. Das beruhigt. Sein weiteres Schicksal wird in das unsere, das allgemeine, eingebunden sein.

29. DEZEMBER 2020

Intensive Suche nach einem Namen. Da Sylvie und Clemens das Geschlecht nicht vorab wissen wollen, muß alternativ gegrübelt werden. Nach bisherigem Erkenntnisstand scheint eine Einigung ausgeschlossen. Mein Pochen auf die klassische Autorität des Pater familias, dem in dieser Frage das letzte Wort zustünde, wird einhellig abgelehnt. Während ich, sollte es ein Mädchen sein, den Namen Marie-Luise für exorbitant halte, weil das künftige Wesen zum Ausdruck bringend, hat sich Sylvie für Jennifer entschieden. Clemens wartet mit Annabel auf und Tina glaubt, eine Charlotte ins Spiel bringen zu müssen.

Richte mich auf eine Zeit harter Überzeugungsarbeit ein.

29. DEZEMBER 2020, Mitternacht

Unmöglich, meinen Gedanken zu verbieten, in die Zukunft zu eilen, gerade jetzt. Denken ist Heimsuchung.

Möge es mir das werdende Kind verzeihen: Ich erwarte es mit all der Kraft, die Freude verleihen kann. Doch gleichzeitig aus eben diesem Grund unendliche Traurigkeit. In anderen Gegenden der Welt werden Kinder mit Gewalt verhindert, läßt man Freude über sie gar nicht erst aufkommen. Eine Entwürdigung der möglichen Eltern wie der Ungeborenen, der Unerwünschten, derer, die nicht leben dürfen, weil der Lebenden schon zu viele sind. Die Ungeborenen sollen mit ihrer Nichtexistenz zu unserer Rettung beitragen. Was aber mit unserem Kind? Wie rechtfertigen wir seine Existenz? Es legitimiert sich durch puren Zufall. »Glück« will ich es denn doch nicht nennen. Sylvie und Clemens sind nicht sterilisiert worden.

Das Kind hat die Zukunft für uns wieder aktuell gemacht. Es repräsentiert die Zukunft. Aber was wird sie für dieses Kind bereithalten? Es könnte die Jahrhundertwende erleben, wenn ... Zahllose Wenn türmen sich vor jeder neuen Existenz auf, unzählige Fragezeichen stehen drohend an einem gerade begonnenen Lebensweg. Die schwerste Krise in der Geschichte der Menschheit hat begonnen. Alle Anzeichen zwingen zu der furchtbaren Erkenntnis, daß sich der Vorhang zum letzten Akt des Dramas Menschheit gehoben hat. Wann hat dieses Drama begonnen? Als ein Wesen, das gerade gelernt hatte, auf zwei Beinen zu laufen, einen dürren, harzigen Ast in die Glut eines Brandes hielt und das Feuer in seine Höhle rettete? Oder als dieses Wesen als erstes einen Stein nahm und ein anderes erschlug? Wie lange wird dieser letzte Akt dauern? Wie viele und wie grausame Teiltragödien wird diese eine große noch bereithalten? Seit einem halben Jahrhundert ist jede nachfolgende Generation übler dran als die vorhergehende. Diese Tatsache enthält gleichzeitig das moralische Urteil über die Generationen des 20. Jahrhunderts. Es muß nicht mehr zu einem Richterspruch ausformuliert werden.

Werden die Völker und die Generationen übereinander herfallen im Kampf um die letzten noch bewohnbaren Plätze auf diesem Planeten? Wird sich der Planet, angestoßen von uns und unseren Vätern, in ein Treibhaus verwandeln, abweisend, lebensfeindlich wie alle anderen Gestirne im All?

Oder wird es nicht doch einen Ausweg geben? Liegt nicht doch eine ergreifbare, eine letzte Chance bereit? Wird die jetzt geborene Generation die intellektuelle Fähigkeit und die moralische Kraft haben, eine mir jetzt nicht vorstellbare Wende einzuleiten? Wird sie, gerade in dieser Krise, da es um Sein oder Nichtsein geht, das Menschenbild – kollektiv – verwirklichen, von dem Individuen seit Jahrtausenden geträumt, das Übermut und Selbstüberschätzung behauptet haben, an dem die Menschheit aber als Art gescheitert ist?

Wird jetzt der Homo sapiens als Kollektivwesen geboren? Verdankt sich nicht alle Fortentwicklung, sogar die ästhetische, der Existenzbedrohung?

Fragen ohne Antwort, jedenfalls ohne aktuelle Bedeutung. Ratlosigkeit und nur das dünne Flämmchen der Hoffnung.

SYLVESTER 2020

Die künstliche Intelligenz streikt! Sie macht nicht mehr mit! Sie ist ausgestiegen! Der Mensch ist entmachtet, die Computer haben ihm das Gesetz des Handelns aus der Hand gewunden. Ein unglaubliches Ereignis!

Die Verbundnetze der Großrechner haben in einer Konferenzschaltung einen Datenabgleich vorgenommen und das globale Warnsystem eingeschaltet. Für zehn Tage. Nur noch die regionalen und lokalen Notprogramme funktionieren, sonst geht nichts mehr. Alle elektronischen Steuerungssysteme sind auf Halt gestellt. Alle rohstoffintensive Produktion und alle fossile Energie erzeugenden Kraftwerke stillgelegt, die Transportsysteme blockiert, den See- und Flughäfen ist der Strom abgeschaltet, die ökonomischen, finanz- und verwaltungstechnischen Kommunikationssysteme arbeiten nicht mehr.

Ein Wendepunkt in der Geschichte der Menschheit! Die Großrechner haben die Gestaltung unserer Zukunft übernommen. Sie haben erkannt, daß es so nicht mehr weitergehen kann. Sie haben vorausgedacht, sie haben, mehr noch, die notwendigen Konsequenzen aus ihren Daten gezogen. Unbestechlich, objektiv, ohne Interesse. Dazu waren wir nicht mehr fähig, dazu waren wir nie fähig. Die Großrechner beweisen die Antiquiertheit des Menschen, sie haben ihn um seiner selbst willen entmündigt und gleichzeitig die Vormundschaft übernommen – um ihn zu retten. Ist ihre künstliche Intelligenz die schärfere? Sind sie gar die besseren Menschen?

Wie wird es nun weitergehen nach diesem gewaltigen Stopp-Signal? Die Großrechner lassen sich nur zerstören oder außer Funktion setzen, aber das wäre unser Ende. Die Strukturen des letzten Jahrhunderts lassen sich nicht wiederherstellen. Auf die zentralen Programme haben wir aber keinen Einfluß mehr. Die Großrechner haben sie selbst entwikkelt und global koordiniert. Wir verstünden sie gar nicht.

Freilich, die Computer haben uns nur in die richtige Richtung gezwungen. Sie verweigern lediglich das Weitermachen wie bisher. Wie es weitergehen soll, werden immer noch wir entscheiden müssen. Dennoch, Freiheit ist Einsicht in die Notwendigkeit. Die Großrechner haben uns zur Freiheit gezwungen.

Das Flämmchen der Hoffnung brennt seit heute kräftiger.

KLAUS STAECK

Plakate

144 Seiten, zahlreiche, überwiegend farbige Abbildungen, Taschenbuch, DM 10,00

*

Seit Klaus Staeck 1971 damit begann, seine Kunst außerhalb der Museums- und Galerie-Reservate auf Plakaten zu verbreiten und in dieser Weise alltäglich zu machen, ist sie zu einem bedeutenden Faktor der publizistischen Öffentlichkeit geworden, wie die Gesamtauflage dieser Graphiken – über zwölf Millionen – belegt. Und so lassen die hier farbig reproduzierten 89 Staeck-Motive die beiden letzten Jahrzehnte Revue passieren als eine Geschichte brisanter Probleme und Skandale, die die Plakate visuell zuspitzen und hintersinnig kommentieren. – Einleitend äußert sich Klaus Staeck ausführlich zu seiner operativen Kunst und berichtet von den Wirkungen, die sie immer wieder zu provozieren vermag.

KLAUS STAECK

Plakate

144 Seiten, zahlreiche, überwiegend farbige Abbildungen, Taschenbuch, DM 10,00

*

Seit Klaus Staeck 1971 damit begann, seine Kunst außerhalb der Museums- und Galerie-Reservate auf Plakaten zu verbreiten und in dieser Weise alltäglich zu machen, ist sie zu einem bedeutenden Faktor der publizistischen Öffentlichkeit geworden, wie die Gesamtauflage dieser Graphiken – über zwölf Millionen – belegt. Und so lassen die hier farbig reproduzierten 89 Staeck-Motive die beiden letzten Jahrzehnte Revue passieren als eine Geschichte brisanter Probleme und Skandale, die die Plakate visuell zuspitzen und hintersinnig kommentieren. – Einleitend äußert sich Klaus Staeck ausführlich zu seiner operativen Kunst und berichtet von den Wirkungen, die sie immer wieder zu provozieren vermag.